集成电路大师级系列

Analog Circuit Simulators for Integrated Circuit Designers

Numerical Recipes in Python

基于Python的模拟电路仿真器

[美] 迈克尔·萨林 著
（Mikael Sahrling）

张悦 王鹏 胡远奇 郭继旺 译

机械工业出版社
CHINA MACHINE PRESS

图书在版编目（CIP）数据

基于 Python 的模拟电路仿真器 /（美）迈克尔·萨林（Mikael Sahrling）著；张悦等译 . -- 北京：机械工业出版社，2024.8. --（集成电路大师级系列）.

ISBN 978-7-111-76261-4

Ⅰ. TN710.4

中国国家版本馆 CIP 数据核字第 20245ZJ908 号

机械工业出版社（北京市百万庄大街 22 号　邮政编码 100037）
策划编辑：王　颖　　　　　　　责任编辑：王　颖
责任校对：梁　静　丁梦卓　　　责任印制：刘　媛
涿州市京南印刷厂印刷
2024 年 10 月第 1 版第 1 次印刷
186mm×240mm・20.25 印张・477 千字
标准书号：ISBN 978-7-111-76261-4
定价：99.00 元

电话服务　　　　　　　　　　网络服务
客服电话：010-88361066　　机 工 官 网：www.cmpbook.com
　　　　　010-88379833　　机 工 官 博：weibo.com/cmp1952
　　　　　010-68326294　　金 书 网：www.golden-book.com
封底无防伪标均为盗版　　　　机工教育服务网：www.cmpedu.com

|The Translator's Words| 译者序

对电路设计者来说，了解和掌握模拟电路仿真器的使用非常重要，这些仿真器在多年的开发中变得日趋复杂。本书旨在帮助读者更好地理解仿真器的工作原理，以及更熟练地使用相关仿真工具。

本书的作者是资深电子工程师 Mikael Sahrling，他长期致力于开发用于测试和测量以及通信行业的高速电气接口，具有 25 年的集成电路开发经验，曾在 Semtech、Maxim Integrated、Tektronix 和 IPG Photonics 等众多行业领先的模拟芯片公司工作，并担任首席模拟设计工程师。

本书重点介绍模拟电路仿真器的内部工作原理，并阐述了在开发过程中出现的各种难题的解决方案。本书选择 Python 作为代码环境以展示算法原理。内容结构上，本书第 2 章概述了基础数学知识，重点强调了非线性方程及其在牛顿 – 拉夫森（Newton-Raphson）算法中的解，并描述了矩阵方程和包括迭代算法在内的常见求解方法。第 3 章描述了有源器件，主要是 CMOS 晶体管的建模技术，特别是常用的 BSIM 和表面电位模型的基础知识，以及电路设计师应该注意的事项。第 4 章讨论了线性电路仿真器及特定电路的应用示例。第 5 章讨论了仿真器在非线性电路中的应用，并介绍了稳态仿真器。第 6 章提供了使用仿真器的实用建议，强调了一些限制因素并提出了对策。第 7 章包含仿真器涉及的更深入的数学背景知识。本书还提供了大量的示例和练习，以确保读者更好地理解仿真器的工作原理。附录包含全书所有示例中使用的完整 Python 代码[⊖]。

本书由北京航空航天大学集成电路科学与工程学院的张悦教授（前言、第 1 章、部分第 3 章、第 5 章和附录）、胡远奇教授（第 4 章）、王鹏教授（第 2 章、第 6 章和第 7 章）以及北京华大九天科技股份有限公司的郭继旺（部分第 3 章）翻译，全书由张悦审校和统稿，王冠达、郝作磊、王宏羽、柏忆宁、孙晋怡、吕严谨、张越、孟炀等对本书的翻译亦有贡献，在此对他们表示衷心感谢。由于水平所限，翻译不妥或错误之处在所难免，敬请广大读者批评指正。

张悦

于北京航空航天大学集成电路科学与工程学院

⊖ 请访问 www.cmpreading.com 下载本书网络资源。——编辑注

前言 |Preface|

　　本书聚焦有源和无源电路设计中常见的日趋复杂的仿真器，旨在帮助电路设计师掌握其中复杂的功能。本书从基本的算法开始介绍仿真方法，并在此基础上，增加更复杂的理论来逐步建立对仿真方法的理解，再通过说明这些原理的示例代码，帮助读者更好地理解仿真器的工作原理，而无须深入了解算法和代码是如何为仿真器工作的。在本书中，我们将构建一些简单的仿真器来演示基础知识。然后，读者可以自行扩展代码并学习更复杂的技术。虽然本书的目标不是构建完整的现代仿真器，但是我们坚信，通过数值实验，读者将更深入地了解现代仿真器实现背后的困难和潜在的不足。随着对工具的进一步了解，读者将更有效地使用真实仿真器。本书提供了许多参考文献供感兴趣并想深入研究的读者使用。本书还提供了大量的示例和练习，以确保读者理解仿真器的一些微妙的工作原理。

　　仿真器的使用与建模技术密切相关，尤其是对于有源器件。因此，本书专门用一章来讨论建模技术和可能影响仿真结果的各种限制因素。

　　最后一章描述了作者从快速迭代的半导体行业的多年设计工作中获得的仿真器实践经验。这一章介绍了如何使用包含相应工艺角的代工厂模型，以及如何高效地对小电路模块直至完整芯片进行最优仿真等问题。

　　我们首先在第 2 章中介绍了基础知识，即如何将微分方程转换为差分方程和常见的数值求解算法。对于简单的一维情况，该章重点强调了非线性方程及其在牛顿 – 拉夫森（Newton-Raphson）算法中的解，还描述了矩阵方程和包括迭代算法在内的常见求解方法。第 3 章描述了有源器件，主要是 CMOS 晶体管的建模技术，特别是流行的 BSIM 以及表面电位模型的基础知识，进一步强调了现代代工厂在建模时所做的一些常见假设，以及作为电路设计师应该注意的事项。此外，本章还简要介绍了双极晶体管，并提到了建模的一些难点。第 4 章讨论了线性电路仿真器及特定电路的应用示例。第 5 章将关于仿真器的讨论扩展到非线性情况，还包括了稳态仿真器。第 6 章提供了使用仿真器的实用建议，强调了一些限制因素并提出了对策。第 7 章包含仿真器操作中更详细的数学背景知识，其中概述了各种积分方法的一些关键定理和属性。附录包含全书所有示例中使用的完整 Python 代码。

　　没有众人的帮助和支持，本书是不可能完成的。首先是我的家人，Nancy 和 Nicole

都坚定不移地支持我。Pirooz Hojabri 从一开始就对这个项目充满激情。此外，我的同事 Dongwei Chen 和 Vincent Tso 详细阅读了整本原稿，并提供了许多有价值的改进意见。Shahrzad Naraghi 和 Thomas Geers 也是如此。我间接认识的加州大学伯克利分校的一些教授也为本书提供了很大的帮助。Bart Hickman 等人对代码片段进行了检查，由于他们的注释，代码的可读性变得更高。

Mikael Sahrling

符号表 |Symbols|

本书常用的符号及含义如下。

符号	值 / 单位	含义
C		电容
C_{gs}		栅 – 源电容
C_{ds}		漏 – 源电容
C_{gd}		栅 – 漏电容
C_{ox}		单位面积上的氧化电容
D	$D=\varepsilon E$	电通量密度
E		电场
ε		介电常数
g_m	S	晶体管跨导
g_o		晶体管输出电导
γ		CMOS 噪声密度校正因子
J_{ij}		雅可比矩阵
j	$j^2=-1$	虚数单位
L		电感
N_a		受体掺杂浓度
ω	$\omega=2\pi f$	角频率
q	1.602×10^{-19}C	电子电荷
Q		电荷
R	Ω	电阻
Y	S	导纳

| Contents | 目录

绪　　论

本章将向读者介绍本领域的基础知识，不需要读者有专业的知识背景。这部分将着重介绍工具使用的工程背景，并突出本领域在历史和现代工程中的重要意义。

1.1　背景

半导体工业是现代社会的奇迹之一。得益于半导体行业在近七十年的蓬勃发展中所取得的巨大进步，高科技产品不断走进我们的生活。在 1965 年，英特尔创始人之一的戈登·摩尔（Gordon Moore）提出了摩尔定律：在单位面积上集成的晶体管数量每两年就会翻一番。呈指数级增长的摩尔定律一直延续至今（见图 1-1）。

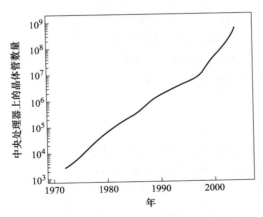

图 1-1　摩尔定律：CPU 上的晶体管数量约每两年翻一番

另外，消费者越来越高的数据处理需求推动了摩尔定律的发展。随着流媒体技术的出现，观众可以将完整的电影下载到个人设备中观看，但这也给数据传输速率带来了巨大的挑战。在本次工业革命初期，商业化的集成电路最多只有几百个晶体管。而如今，中央处理器（Central Processing Unit，CPU）已经集成了数百亿个晶体管。

晶体管的栅极宽度是评估晶体管器件的重要指标之一。目前，采用最新的"全环绕栅极"技术，晶体管栅极宽度可缩短至 3nm 以下，而一个原子的尺寸在 0.1nm 左右，仅是该栅极宽度的三十分之一。因此这些器件的效应研究涉及量子物理领域，这早已屡见不鲜。量子效应（比如隧穿效应，即电子可以以一定的概率出现在势垒的另一侧）已经成为最近十余年来漏电流问题的根源。

设想一个现代工业级集成电路芯片上有几十亿个晶体管，开发如此大规模集成电路的关键在于掩膜技术。最新的集成电路技术可能需要 50 个左右的掩膜版，平均每个掩膜版花费数十万美元，这部分成本占设计工程成本的很大一部分，芯片的总成本可能因此高达数千万美元。要知道，这些高昂的成本是花费在大规模生产之前的。如果设计存在问题，掩膜版需要重新制作。那么，如何确保如此大规模的芯片能够"一版成功"，从而避免掩模版的成本过高？答案是使用仿真器，其中既包括用于核心数据处理的数字电路仿真器，也包括研究连接外部接口的模拟电路仿真器。

1.2   仿真器的发展

使用仿真器进行电子电路的验证由来已久。首次尝试可追溯到 20 世纪 60 年代。当时美国国防部支持了专用的电路仿真开发项目。随后使仿真器公开可用的进一步尝试是由加州大学伯克利分校开展的。在那里，一批拥有非凡视野的年轻教授和研究人员开发了通用电路仿真器（Simulation Program with Integrated Circuit Emphasis，SPICE）。然而，该技术方案在一开始存在争议，那个年代的许多从业者认为，仿真器不可能很好地捕捉操作，这种努力是徒劳无功的。取而代之的想法是使用面包板和分立器件对设计进行原型设计，然后在芯片上进行小型化。

伯克利团队坚持使用 SPICE，现在它被认为是原始的主代码，此后的大多数仿真器都使用 SPICE 引入的许多相同功能来解决数值问题。事实上，SPICE 这个词已经名词动词化了，大家常用"spiceing"来指代进行电路仿真。自然而然，经过几十年的不断更新迭代，相比于始初版本，当前的代码已经复杂太多了。

1.3   关于本书

人们经常问我，作为一名电路设计工程师为什么要写一本关于仿真器的书。对此，我想从两个方面来回答：首先，我认为仿真器是电路设计工作中常使用的工具，因此对其应该至少有基本的了解。如果能了解这些仿真工具的优缺点，你将成为更好的用户。其次，这些仿真工具的内部原理本身就非常迷人，让人了解越多就越着迷。

本书聚焦模拟电路仿真器的内部工作原理，并阐述了其在开发过程中出现的各种难题的解决方案。本书选择 Python 作为代码环境以展示算法原理。Python 几乎适用于所有操作系统，因此代码示例几乎可以随时随地运行和检验，同时代码本身也十分易于阅读和使用。本书介绍的代码并不是为了拓展成任何成熟的专业仿真器，而是面向感兴趣的读者的简易代码测试平台。书中精确代码实现背后的所有算法都可以在公开发表的期刊和书籍中找到。本书的目的是展示仿真器核心算法的基本工作原理，并不涉及任何商业机密。

此外，本书展示的算法都基于非常简单的示例，而不是复杂的数学理论。这是为了让读者能够更快地掌握算法的基本思想。我们只在第 7 章中介绍更详细的数学理论，该章遵循更传统、更严格的方式。

作者希望所提供的基础数学原理和大量代码示例可以激发读者自己去探索如何使用和优化仿真器，并了解学习仿真器过程中的注意事项。除了提供的代码示例外，本书还提供了专业仿真器的结果，以向读者展示内容的准确性。感兴趣的读者可以阅读后面的章节去了解仿真器算法背后的数学理论基础。这些数学理论是为了本书的完整性而存在的，对于能熟练使用的读者，不包含任何新内容。

最后，本书的其中一章介绍了使用模拟仿真器设计集成电路模拟部分更主观的方法。这部分主要基于作者多年从事半导体行业的经验，并结合了从特定角度获得的教训。对于如何让大规模市场化芯片的设计和生产联系更加紧密这个问题，其他经验丰富的工程师可能会有不同角度的观点。但是，作者描述的方法几乎不存在争议，并且已经产生了多个集成电路引入市场的成功案例。

第 2 章回顾了仿真器中常用的一些基本数值范式。第 3 章概述了器件的建模，特别是互补金属氧化物半导体（Complementary Metal-Oxide-Semiconductor，CMOS）晶体管。该章是为了指出建模可以对仿真结果产生很大的影响，而掌握这一点对有效使用仿真器至关重要。第 4 章和第 5 章是本书的核心内容，从简单的线性电路算法到模拟高度非线性现象的周期稳态算法详细介绍了仿真器的实现。第 6 章通过一些示例重点介绍了在实际设计环境中使用仿真器的好方法，以及在大规模仿真中使用工艺角（Corner）模型的好方法。最后，第 7 章介绍了前几章中提到的常用仿真器算法背后的数学理论及更多细节。

希望本书能启发读者进一步探索仿真器。感兴趣的读者可以从 http://www.fastictechniques.com 获得更多的代码和最新的勘误表以及其他信息。

数值方法概述

本章讲述了一系列成熟的研究课题，在短短几页中难以对它们进行公正的评价，作者希望以一种能引起读者兴趣的方式来呈现这些材料。在现代生产工程和科学研究中，数值方法是解决各种问题至关重要的方法。工程界和科学界都积极参与了这些方法的开发和使用。为了尽可能多地覆盖这些庞大的主题，本章将聚焦读者在电气工程背景中可能接触的方法，因此将重点介绍微分方程某些类型的近似。同样的事情也适用于矩阵方程，这里我们只使用简单的例子来强调基本思想。近几十年来非常成功的更高级的迭代方法也会在附带的 Python 代码示例中以简要的形式提及。非线性方程以及如何有效地求解同样是另一个热点研究领域，长期以来已经开发了许多方法，并在当前科学 / 工程界中广泛使用。其中，艾萨克·牛顿和约瑟夫·拉夫森等研究人员做了很大的贡献，他们提出的非线性方程求解方法相对容易，成为最重要的方法之一，我们将在这里做详细介绍。该解法将在基础层面上进行演示，在这里不做赘述，相关的入门课程中介绍的基本数值计算方法将会帮助我们理解。我们将在本章中首先讨论微分方程及其数值求解方法，包括所谓的初值问题的求解，即系统在某个时刻的状态已知，之后会根据控制方程发展。我们也将展示在电路仿真器中常用的求解案例。本章还将介绍非线性求解方法，并开展矩阵求解器的描述。我们并不会深入介绍这些方法背后的数学理论，而是使用示例来展示基本思想，对于感兴趣的读者，可以在第 7 章以及本章末尾的参考文献中找到对这些问题的更深入的讨论。本章介绍的主题十分重要，希望读者自己更深入地进行探索。

2.1 微分方程：差分方程

使用数值方法求解系统随时间演化的困难在于当系统中存在某种记忆时，特定时间点的解取决于先前时间点的解。大多数情况下，这种记忆效应是用微分方程表示的，而它们的数值近似往往是重要的误差来源。本节将简要回顾这些近似，特别是那些在电路分析中常见的近似。除了一些例外情况，我们将讨论在数值分析中所谓的初值问题。

我们将从近似连续时间 / 空间微分方程背后的基本思想开始，并展示简单的伪代码示例。这些电路分析中通用的微分方程均来源于典型的电路元件。

2.1.1　初值问题

让我们从简单的一阶方程开始：

$$-\frac{u(t)}{R} = C\frac{\mathrm{d}u(t)}{\mathrm{d}t}, \quad u(0) = 1 \tag{2-1}$$

式中，C、R 是常数。该等式描述了一个电阻值为 R 的电阻器和一个电容值为 C 的电容器的并联组合（见图 2-1）。

此方程有一个众所周知的解析解：

$$u(t) = \mathrm{e}^{-t/(RC)} \tag{2-2}$$

我们如何在数值上近似这个方程？基本微积分中的导数定义为

图 2-1　初始条件 $u(0)=1$ 的
RC 并联电路

$$\frac{\mathrm{d}f(t)}{\mathrm{d}t} = \lim_{\varepsilon \to 0} \frac{f(t+\varepsilon) - f(t)}{\varepsilon}$$

由此可以很自然地找到一个数值近似值：

$$\frac{\mathrm{d}f}{\mathrm{d}t} \approx \frac{\Delta f}{\Delta t} = \frac{f(t+\Delta t) - f(t)}{\Delta t}$$

通过对导数的这种近似，我们可以发现如下微分方程：

$$-\frac{u(t)}{R} = C\frac{u(t+\Delta t) - u(t)}{\Delta t}, \quad u(0) = 1$$

或整理为

$$u(t+\Delta t) = u(t)\left(1 - \frac{\Delta t}{RC}\right), \quad u(0) = 1 \tag{2-3}$$

这个公式被称为前向欧拉法或者欧拉显式法。它是最直接的求解方法，但由于糟糕的不稳定性问题，使解存在数值误差而无效，所以它几乎从未在实际情况中使用。我们将在第 4 章中看到这种方法的例子，稳定性问题将会显而易见。

通过差分方程来表示微分方程有很多可供选择的方法，但要考虑不稳定性、精度和其他因素。下面将给出求解差分方程的常用方法的概述，并在适当的地方提及各种问题。对于完整的分析，我们将在第 7 章给出这些方法的深入分析和大量的文献。

上述讨论是初值问题的一部分。在某一时刻（通常选 $t=0$）解是已知的，而这个问题变成求这个时刻之后方程的解。这是一个广阔的研究领域，在科学和工程学科中有许多应用。其中一个应用就是电路分析，在本节中，我们将讨论电气工程中常用的通用算法，即欧拉方法、梯形方法和二阶 Gear 方法。这三种方法实现了当今电路仿真器中绝大多数的数值求解。正如我们前面提到的，这里我们将通过几个例子，让读者更好地理解它们是如何工作的，详细分析请参阅文献 [17] 和第 7 章。

作为例子，我们将考虑以下这个简单方程的数值求解：

$$i(t) = C\frac{\mathrm{d}u(t)}{\mathrm{d}t} \tag{2-4}$$

2.1.2 欧拉方法

欧拉方法（前向欧拉法和后向欧拉法）或许是最简单的数值公式。我们从最明显的求解开始，前向欧拉法如下：

$$i(t_n) = C\frac{u(t_{n+1}) - u(t_n)}{\Delta t} \rightarrow u(t_{n+1}) = u(t_n) + \Delta t\frac{i(t_n)}{C} \tag{2-5}$$

此方程看起来很简单，但是正如我们之前提到的，它很容易变得不稳定，并且解可能很快就会失控，有时不得不采取非常小的时间步长来避免问题。这里不讨论根本原因，而将其放在第 7 章来解释。但从根本上讲，这就是它从未在实际求解中应用的原因。一个非常小的变换可以解决这个问题：

$$i(t_{n+1}) = C\frac{u(t_{n+1}) - u(t_n)}{\Delta t} \rightarrow u(t_{n+1}) = u(t_n) + \Delta t\frac{i(t_{n+1})}{C} \tag{2-6}$$

注意，电流是用新的时间步长来评估的！这是微分方程的隐式形式。未知数出现在等号的两边，这就是关键，事实也同样证明，式（2-6）不会受到前向欧拉法的那种不稳定性的困扰，这被称为后向或隐式欧拉法。大多数仿真器都提供了这种方法，我们将在后面看到它的求解相当简单。

2.1.3 梯形方法

梯形方法（Trap）是基于微分方程在短时间内的积分并使用梯形作为近似函数的一种方法。这里不讨论细节，但会发现导数近似为

$$\frac{df}{dt}(t + \Delta t) \approx 2\frac{f(t + \Delta t) - f(t)}{\Delta t} - \frac{df}{dt}(t) \tag{2-7}$$

除了最后一项和第一项的系数 2 之外，它看起来类似于欧拉公式。但是，它有一个非常典型的缺点，即反常振铃，我们将在第 4 章对其进行讨论。从数值上来看，该方程很容易求解。我们用前面的例子得到完整的公式如下：

$$\frac{i(t + \Delta t)}{C} = 2\frac{u(t + \Delta t) - u(t)}{\Delta t} - \dot{u}(t), \quad u(0) = 1$$

或整理为

$$u(t + \Delta t) = u(t) + \frac{\Delta t}{2}\left[\frac{i(t + \Delta t)}{C} + \frac{i(t)}{C}\right], \quad u(0) = 1 \tag{2-8}$$

式中，$i(t)/C$ 替换了时间 t 的电压导数。以这种方式编写，可以将其称为 Crank-Nicolson（克兰克 – 尼科尔森）方法（见文献 [4]），其中在时间 $t+\Delta t/2$ 计算电压导数，电流是时间 t 到 $t+\Delta t$ 区间内的平均值。这样，式（2-8）的导数项和式（2-8）的左侧都在相同时间对同一点进行估值。这就提高了精度。另一个有趣的发现是，可以将梯形方法视为前向和后向欧拉方法的平均值。

如果我们将电流的更新代入另一个子例程，那么伪代码将如下所示：

```
subroutine SolveDiffTrap
u(0)=1
deltaT=RC/100
for(i=1,i<N,i++) do
    u(i)=u(i-1)+deltaT*(i(i+1)/C+i(i)/C)/2
end for
end subroutine
```

2.1.4　二阶 Gear 方法

　　C.William Gear 于 1971 年出版了一本书（见文献 [5]），此书从此成为经典之一。他构造了一组具有不同截断误差的差分方程，这些方程具有一些非常好的特性。他展示了如何系统地建立高阶差分方程，以及 SPICE 早期如何在数值求解器中加入多个这样的方程。近几十年来，二阶版本已被证明是使用最广泛的，而在现代仿真器中，二阶 Gear 选项是一种标准的集成方法。

　　二阶 Gear 方法的导数求解如下：

$$\frac{\mathrm{d}f}{\mathrm{d}t}(t+\Delta t) \approx \frac{1}{\Delta t}\left[\frac{3}{2}f(t+\Delta t) - 2f(t) + \frac{1}{2}f(t-\Delta t)\right]$$

　　与之前的求解相比，它看起来有很大的不同。这个方法比梯形方法的精度稍低一点（我们将在第 4 章中看到原因），但不会受到其"振铃"弱点的影响。从数值上来看，这也很容易求解；除了初始值和两个时间步长后的解之外，只需要一个初始导数。基于前面的例子，这个方法的完整公式可以表示为

$$\frac{i(t+\Delta t)}{C} = \frac{3u(t+\Delta t)/2 - 2u(t) + u(t-\Delta t)/2}{\Delta t}, \quad u(0)=1$$

或整理为

$$u(t+\Delta t) = u(t)\frac{4}{3} - \frac{u(t-\Delta t)}{3} + \frac{2\Delta t}{3C}i(t+\Delta t), \quad u(0)=1 \tag{2-9}$$

　　和前面一样，忽略电流更新的例程，伪代码如下：

```
subroutine SolveDiffGear2
u(0)=1
u(1)=1
dcltaT=RC/100
for(i=2,i<N,i++) do
    u(i)=4u(i-1)/3-u(i-2)/(3C)deltaT-2I(i)/(3C)
end for
end subroutine
```

　　二阶 Gear 方法是多步差分方法的一个例子，其中我们需要知道两个时间步长后的解。

2.1.5　总结

　　以上三种方法在实际仿真器求解微分方程过程中经常使用，并且根据要研究的电路，通常会选择最适用的方法，我们将在接下来的内容中展示这些情况的示例。

2.1.6　求解方法：精度和稳定性

我们已经学习了用差分方程来表示微分方程的三种不同方法。现在让我们试着在精度和稳定性方面对它们进行量化。

2.1.6.1　精度

解的精度取决于要求解的电路、时间步长以及使用的积分方法。微分方程数值近似的精度可以通过它们的截断误差来估计。构建差分近似的一种方法是在某个点附近使用函数的泰勒级数：

$$f(t+\Delta t) = f(t) + f'(t)\Delta t + \frac{1}{2}f''(t)\Delta t^2 + \cdots + \frac{1}{n!}f^n(t)\Delta t^n$$

假设所有高阶导数都可以忽略，就可以得到一阶精确的近似为

$$f(t+\Delta t) = f(t) + f'(t)\Delta t + \frac{1}{2}f''(t)\Delta t^2 + \cdots$$

整理可得

$$f'(t) = \frac{f(t+\Delta t) - f(t)}{\Delta t} + o(\Delta t) \tag{2-10}$$

式中，符号 o 表示无穷小量。

这是精确到一阶的欧拉正向近似，它意味着截断误差约为 Δt。类似地，可以证明梯形方法近似和二阶 Gear 方法近似具有二阶精度，其中误差为 Δt^2。这实际上意味着，如果解是一条直线，一阶导数不随时间变化，所以二阶导数为零，我们已经讨论过的三种方法在求导时都不会有截断误差。如果解是二阶多项式，那么欧拉方法将开始出现截断误差，必须减小时间步长以降低其影响。梯形方法和二阶 Gear 方法可以在求解二阶多项式时没有截断误差，但遇到高阶解时会出现误差。一般来说，阶数越高，精度越高，但是代价是长时间的评估。因此，大多数仿真器在导数计算中更多使用的是三阶近似值。

全局的精度比较难预测，因为它非常依赖被仿真的电路。我们将在第 4 章再次讨论这些问题。

> 如果解是一个 n 阶的多项式，那么精确到这个阶的差分近似将没有截断误差。

2.1.6.2　稳定性

微分方程数值求解的稳定性显然是一个重要的课题，多年来已经得到了很好的研究（例如，第 7 章和文献 [17]）。我们将在这里展示 2.1.2 节、2.1.3 节和 2.1.4 节中所讨论方法的稳定区域。

一般稳定性理论

系统稳定的含义可能因应用程序而异。在这里，与大多数电路理论书籍一样，我们将采用稳定性的有界定义，也就是说，如果信号始终保持在某个有限范围 B 内，则该解被认为是稳定的。我们也将遵循文献中的共同思路，并使用简单的线性系统来研究数值稳定性。

为了分析稳定性，我们考虑如下常系数齐次线性微分系统：

$$\frac{dx}{dt} = Ax$$

式中，假设当 $t \to \infty$ 时，$|x(t)|_{max} \leqslant B$。这个方程被称为测试方程。一组线性方程（比如测试方程）精确的通解为

$$x(t) = \sum_{i=1}^{n} c_i e^{\lambda_i t} v_i$$

式中，λ_i（通常是复数）和 v_i 是通过解如下方程得到的系统特征值和特征向量：

$$Av_i = \lambda_i v_i$$

如果我们假设系统是稳定的，就意味着 $Re(\lambda_i) \leqslant 0 \; \forall i$。所有的特征值都在左半平面或虚轴上。图 2-2 显示了具有正实数特征值的解如何由于指数在右侧平面上随时间线性增加而爆炸性溢出的，而具有负实数特征值的解在左侧随时间减小。

事实证明（见文献 [5-6，9，17]），要研究数值近似的稳定性，只需要将其应用于测试方程，并检查在哪个时间步长下，数值解会随着时间衰减，或保持在某一限定范围内。

稳定区域

稳定区域现在是由 $\Delta t \lambda_i$ 定义的复平面的一部分，其中数值结果随时间趋近零。我们将概述四种积分方法，并简单地展示结果。详细信息见文献 [5-6，9，17] 和第 7 章。

欧拉方法

在欧拉求解中，后向欧拉法比前向欧拉法稳定得多。前向欧拉法的稳定区域如图 2-3 所示，由图 2-3 可知，如果系统本身是稳定的，换句话说，所有的特征值都有负实部，前向欧拉求解仍然会变得不稳定。实际上，$\Delta t \lambda_i$ 的乘积结果只有在灰色小圈内才会稳定分布。我们只需要花更少的时间步长来求解稳定的状态，这将在第 4 章中进一步进行量化，展示其在实践中的意义。

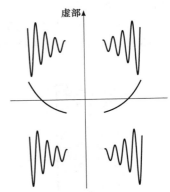

图 2-2 用来指示解分布与特征值关系的复平面。对于实数特征值，解严格服从指数分布。如果特征值是正数，解单调递增，反之则单调递减。对于复极点，解会发生振荡，其振幅会根据特征值实部的正负号而相应地增加或减少

后向欧拉法的稳定区域如图 2-4 所示，解的分布与前向欧拉法完全不同。即使系统本身不稳定，该方法也是稳定的；需要注意的是，灰色区域延伸到右侧平面。第 4 章将用后向欧拉法对系统进行研究。读者肯定会倾向后向欧拉法的特殊性，即使是实际中不稳定的系统，用后向欧拉法可能也会仿真得很好。

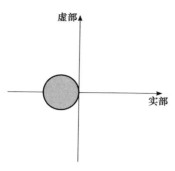

图 2-3 前向欧拉法的稳定区域

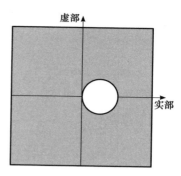

图 2-4 后向欧拉法的稳定区域

梯形方法

梯形方法偶尔会受到梯形振铃的影响，这将在第 4 章中详细讨论。除了这种影响，梯形方法的稳定区域如图 2-5 所示，这个区域比欧拉方法的稳定区域要合理得多。如果系统是稳定的，则梯形方法是稳定的；如果系统不稳定，则梯形方法会显示出这一点。这就是为什么梯形方法通常是首选方法的根本原因。

二阶 Gear 方法

二阶 Gear 方法具有如图 2-6 所示的稳定区域。该图类似于我们刚刚讨论的后向欧拉法，如果系统有一些正实特征值，则该方法仍然保持稳定。

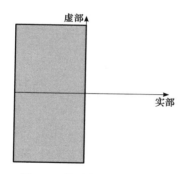

图 2-5 梯形方法的稳定区域

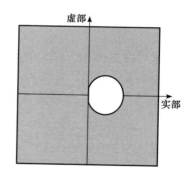

图 2-6 二阶 Gear 方法的稳定区域

二阶方法（如梯形方法和二阶 Gear 方法）是电路分析中最常用的方法。由于稳定区域很小，因此几乎从未使用过前向欧拉法。

2.2 非线性方程

正如我们在前几节中看到的那样，求解线性微分方程涉及稳定性和精度等问题。我们需要根据所需的精度来选择方法，以避免出现不稳定区域。一大类方程是非线性的，这带来的额外困难需要特别重视。诸如系统进入奇怪模式的混沌解问题并不少见。非线性系统的研究十分重要，也有许多相关工作。在本节中，我们将描述用电路仿真器解决非线性初值问题的一种常用方法，即牛顿–拉夫森法。

牛顿–拉夫森法

求解如下的一维方程：

$$f(x) = 0 \qquad\qquad (2\text{-}11)$$

围绕 x_0 处进行泰勒展开无法直接求解方程，但可以接近。我们发现

$$f(x = x_0 + \Delta x) = f(x_0) + \frac{\mathrm{d}f}{\mathrm{d}x}(x_0)\Delta x = 0 \qquad\qquad (2\text{-}12)$$

也可以写为

$$\Delta x = -\frac{f(x_0)}{\mathrm{d}f/\mathrm{d}x(x_0)} \qquad (2\text{-}13)$$

显然，如果高阶导数为零，就可得到一个线性方程，并且通过计算 Δx 可以得出方程的解。在实践中，高阶项仍然有贡献，我们需要迭代几次才能得出正确的解。该方法通常易于求解，并且它是几乎所有非线性求解器数值求解中的标准方法。我们将在第 5 章使用高阶版本。如果迭代起点足够接近解并且解函数是光滑的（函数本身或其导数没有不连续性），则牛顿方法保证收敛，因为此时高阶导数很小。显然，对于不连续或导数不连续的函数，该方法很容易混淆。这在历史上是晶体管模型存在收敛问题的最众所周知的原因之一。在最新的晶体管模型实现中已经保证了导数的连续性（见图 2-7）。

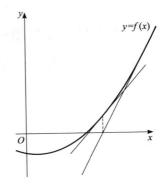

图 2-7　牛顿–拉夫森算法前两次迭代的图示。曲线 $f(x)$ 的斜率预测下一次迭代。从图中可以看出，如果曲线是一条直线，第一次迭代就会找到正确的解；如果不是，随着迭代接近正确答案，曲线看起来会越来越“直”，最终找到正确答案

2.3　矩阵方程

到目前为止，我们只讨论了非常简单的求解方法系统。事实上，我们感兴趣的值是电压和相应的电流。相关方程是完全可解的，同时我们使用差分方程对其进行改写。事实上，我们得到的是一个一维矩阵方程。如果我们有更多相互依赖的节点，那么我们最终得到一个高阶矩阵方程也就不足为奇了。第 4 章中将展示如何建立这样一个电路网络方程组。矩阵方程在电路中出现是很正常的，因为我们需要求解的节点电压和电流数量是有限的。所以在数值求解系统中，矩阵方程几乎无处不在[12-15]。因为大多数仿真器假设的某种网格中的元素或是常数，或是低阶多项式，并且这种网格点的数量是有限的，所以可以自然而然地构建矩阵方程。另一种说法是解空间以某种方式量化，因此我们最终得到有限数量的未知数。

毫无疑问，矩阵方程及其解是最重要和最活跃的研究领域之一。当前的矩阵求解器远远好于几十年前的矩阵求解器，而且它们已经常常被用于公共和非商业用途。

不同的系统会有不同的矩阵特性。对于电路分析系统，矩阵通常是稀疏的，因为非零元素的数目与矩阵的行和列的数目相同。在数学文献中，人们经常说矩阵的阶数（用符号 $\mathcal{O}$ 表示）与行/列数 $\mathcal{O}(N)$ 相同，而不是人们期望的 $\mathcal{O}(N^2)$。这极大地简化了矩阵的建立和求解。我们将在接下来的几节中提到其中一些方法，并为感兴趣的读者提供大量的参考资料以供进一步研究。其他系统可以有稠密矩阵，然而求解方法会有所不同。

正如本书一开始提到的，我们将仅提供各种方法的示例，让读者实际地了解它们是如何工作的。在本书的其余章节中，我们将使用 Python 环境中内置的矩阵求逆例程。对于感兴趣的读者，本书提供了参考文献，读者可以自行探索矩阵求逆。证明和基本定理将在第 7 章和文献 [11，18] 中展示。

2.3.1　基于 N 个未知量的基本矩阵方程

简单的矩阵方程如下所示：

$$\begin{cases} a_{11}x + a_{12}y + a_{13}z = r_1 \\ a_{21}x + a_{22}y + a_{23}z = r_2 \\ a_{31}x + a_{32}y + a_{33}z = r_3 \end{cases} \tag{2-14}$$

其矩阵形式可表示为

$$\begin{pmatrix} a_{11} & a_{12} & a_{13} \\ a_{21} & a_{22} & a_{23} \\ a_{31} & a_{32} & a_{33} \end{pmatrix} \begin{pmatrix} x \\ y \\ z \end{pmatrix} = \begin{pmatrix} r_1 \\ r_2 \\ r_3 \end{pmatrix} \tag{2-15}$$

式中，我们通常记

$$\boldsymbol{A} = \begin{pmatrix} a_{11} & a_{12} & a_{13} \\ a_{21} & a_{22} & a_{23} \\ a_{31} & a_{32} & a_{33} \end{pmatrix} \tag{2-16}$$

$$\boldsymbol{x} = \begin{pmatrix} x \\ y \\ z \end{pmatrix} \tag{2-17}$$

$$\boldsymbol{y} = \begin{pmatrix} r_1 \\ r_2 \\ r_3 \end{pmatrix} \tag{2-18}$$

从而有

$$\boldsymbol{A}\boldsymbol{x} = \boldsymbol{y} \tag{2-19}$$

$\boldsymbol{x}$ 向量被称为未知数，而 $\boldsymbol{y}$ 通常被称为右侧项（right-hand sight，rhs）。右侧项通常是

已知的，矩阵项也是已知的。在这种情况下，矩阵的大小为 3×3，如果行数等于列数，则它是一个方阵，称为潜在可解系统。如果行数大于列数，则是超定系统，不可能有解；如果行数小于列数，则是欠定系统，没有足够的信息求出完全解。在这里，我们将只讨论大小为 $n \times n$ 的方阵，其中 n 也指未知数的数量。在接下来的几节中，我们将简要地讨论用数值技术来求解未知量。

2.3.2 矩阵求解器

矩阵求解器是一个热点研究领域，新的高效算法层出不穷。研发对任意问题稳定且准确的矩阵求解器（逆变器）是一项艰巨的任务。通常会做出各种简化假设来限制问题并使其更易于管理。在本节中，我们将讨论传统算法，然后快速回顾最新提出的算法。

就本书的目的而言，我们使用的精确矩阵求解器原则上不太重要。我们鼓励读者在线搜索可用于自学的免费实例。如果读者有意使用外部矩阵求解器来构建用于商业目的仿真器，则需要先获得相应的许可。

2.3.2.1 高斯消元法

高斯消元法是一种常见的求解矩阵方程的方法，通常是线性代数基本类的一部分。它同时产生解和逆矩阵。逆矩阵往往会受到舍入误差的影响，使用它来求解其他右侧项会导致精度不佳。它的主要弱点是需要知道右侧项并随着计算进行改变，对于不需要逆矩阵的情况，其所需要的时间比其他方法多 3 倍[11]。

下面详细讨论这个方法，因为它说明了一些常见的问题。考虑一组如下方程：

$$\begin{cases} 3x + 2y + z = 7 \\ x + 3y + 2z = 5 \\ 2x + y + 3z = 12 \end{cases}$$

在矩阵形式下，上式变为

$$Ax = b$$

式中，

$$A = \begin{pmatrix} 3 & 2 & 1 \\ 1 & 3 & 2 \\ 2 & 1 & 3 \end{pmatrix} \quad x = \begin{pmatrix} x \\ y \\ z \end{pmatrix} \quad b = \begin{pmatrix} 7 \\ 5 \\ 12 \end{pmatrix}$$

很容易得出以下性质：

- 矩阵方程中的行是可以互换的，这只是一个方程排序的问题。例如，第二个方程可以和第一个方程交换位置，而不改变方程的解。
- 当然，我们可以随意将行添加到一起，并带有权重，只要我们也对右侧项执行相同的操作即可。例如，行 1–3 × （行 2）将产生不包含任何 x 的新行 $-7y-5z=-8$。当使用此新行代替原始两行之一时，不会添加或减少任何信息。
- 我们也可以交换 A 中的任意两列，但必须交换 x 中的相应行：

$$A = \begin{pmatrix} 3 & 1 & 2 \\ 1 & 2 & 3 \\ 2 & 3 & 1 \end{pmatrix} \rightarrow \boldsymbol{x} = \begin{pmatrix} x \\ z \\ y \end{pmatrix}, \quad \boldsymbol{b} = \begin{pmatrix} 7 \\ 5 \\ 12 \end{pmatrix}$$

高斯消元法使用上述一个或多个步骤将矩阵 A 简化为单位矩阵，由此右侧项便成为解。下面通过求解上述矩阵方程来具体说明：

$$\begin{cases} 3x + & 2y + & z = 7 \\ x + & 3y + & 2z = 5 \\ 2x + & y + & 3z = 12 \end{cases} \rightarrow \left\{ R_2 \rightarrow R_2 - \frac{1}{3} R_1 \right\} \rightarrow \begin{cases} 3x + & 2y + & z = 7 \\ & \frac{7}{3}y + & \frac{5}{3}z = \frac{8}{3} \\ 2x + & y + & 3z = 12 \end{cases} \rightarrow$$

$$\left\{ R_3 \rightarrow R_3 - \frac{2}{3} R_1 \right\} \rightarrow \begin{cases} 3x + & 2y + & z = 7 \\ & \frac{7}{3}y + & \frac{5}{3}z = \frac{8}{3} \\ & -\frac{1}{3}y + & \frac{7}{3}z = \frac{22}{3} \end{cases} \rightarrow \left\{ R_3 \rightarrow R_3 + \frac{1}{7} R_2 \right\} \rightarrow$$

$$\begin{cases} 3x + & 2y + & z = 7 \\ & \frac{7}{3}y + & \frac{5}{3}z = \frac{8}{3} \\ & & \frac{18}{7}z = \frac{54}{7} \end{cases} \rightarrow \left\{ R_3 \rightarrow \frac{R_3}{54/21} \right\} \rightarrow$$

18/7 在这里叫作主元。对于大于 1 的数，这种除法不是问题。但是想象一下如果它接近零，误差将被放大，反演将失败！在这里，我们发现：

$$\begin{cases} 3x + & 2y + & z = 7 \\ & \frac{7}{3}y + & \frac{5}{3}z = \frac{8}{3} \\ & & z = 3 \end{cases}$$

它被称为阶梯形矩阵或上三角形矩阵。我们发现，沿着对角线对方程进行操作，使得求解未知量变得轻而易举：

$$\begin{cases} x & & = 2 \\ & y & = -1 \\ & & z = 3 \end{cases}$$

整个方法称为"无主元的高斯消元法"（见文献 [11]），只要被除的单位矩阵因子（主元）不为零或不太接近零，就可以很好地求解。对于大型矩阵，它在实践中几乎无法求解。通常这些主元都很小，需要做一些变换。通常，通过行列交换在所需的变量前增加一个较大的系数，以避免发生零除的情况。在仿真器中，通常有一些与主元相关的选项，比如 pivrel（设置主元的最大相对值）和 pivabs（设置主元的最小可接受值），后者设置矩阵求解器如何处理主元。在现代仿真器中，几乎没有必要调整这些参数，但最好能意识到它们的存在。

现代仿真器几乎不需要调整与消元相关的参数。

2.3.2.2　LU 分解

　　一种流行的矩阵求解方法是 LU 分解方法。在这里，通过将矩阵写成另外两个矩阵 L 和 U 的乘积，使 $A=LU$，就消除了右侧项的问题。L 矩阵填充了包含对角线的左下三角形区域，而 U 填充了对角线上为零的右上三角形区域，这种矩阵方程的表示方法提供了另一种回代过程，就像之前一样，但它不再依赖右侧项，只要矩阵不变，它通常是一种更好的方法：

$$Ax = (LU)x = L(Ux) = b$$

　　通过代换 $y=Ux$，可得到一组新的方程：

$$Ly = b$$

和

$$Ux = y$$

　　它的优点是求解三角方程非常简单，通常逐行直接替换。有关如何对一般情况进行分解的详细信息，请有兴趣的读者参阅文献 [11]。这里可以使用前面的例子，我们注意到高斯消元步骤产生了梯形或上三角形矩阵：

$$U = \begin{pmatrix} 3 & 2 & 1 \\ 0 & \dfrac{7}{3} & \dfrac{5}{3} \\ 0 & 0 & \dfrac{18}{7} \end{pmatrix}$$

在这种情况下求 L 很简单，因为

$$A = LU = \begin{pmatrix} 1 & 0 & 0 \\ l_{21} & 1 & 0 \\ l_{31} & l_{32} & 1 \end{pmatrix} \begin{pmatrix} 3 & 2 & 1 \\ 0 & \dfrac{7}{3} & \dfrac{5}{3} \\ 0 & 0 & \dfrac{18}{7} \end{pmatrix} = \begin{pmatrix} 3 & 2 & 1 \\ 1 & 3 & 2 \\ 2 & 1 & 3 \end{pmatrix}$$

通过进行特定的矩阵乘法并识别 A 中的元素，我们发现

$$l_{21} = \frac{1}{3}, \quad l_{31} = \frac{2}{3}, \quad 2l_{31} + \frac{7}{3} l_{32} = 1 \rightarrow l_{32} = -\frac{1}{7}$$

$$L = \begin{pmatrix} 1 & 0 & 0 \\ 1/3 & 1 & 0 \\ 2/3 & -1/7 & 1 \end{pmatrix}$$

　　读者肯定会注意到矩阵系数实际上是我们为高斯消元法所做的行运算结果，但符号相

反。我们从 $Ly = b$ 中发现

$$y = \begin{pmatrix} 7 \\ 8/3 \\ 54/7 \end{pmatrix}$$

最后，从 $Ux = y$ 中可得到

$$\begin{pmatrix} 3 & 2 & 1 \\ 0 & 7/3 & 5/3 \\ 0 & 0 & 18/7 \end{pmatrix} \begin{pmatrix} x \\ y \\ z \end{pmatrix} = \begin{pmatrix} 7 \\ 8/3 \\ 54/7 \end{pmatrix}$$

通过回代替换可得到

$$\begin{pmatrix} x \\ y \\ z \end{pmatrix} = \begin{pmatrix} 2 \\ -1 \\ 3 \end{pmatrix}$$

可以看出 LU 分解过程如下：L 矩阵只做行变换，因此右侧项需要针对 L 进行相应的调整。在这些操作之后，只需要使用 U 进行回代来得到结果。和以前一样，在高斯消元法中，消元是分解矩阵的关键步骤。在现代仿真器中，很少需要调整消元算法中主元的参数。最初提到的优点是分解（或因式分解）与右侧项无关，实际求解中的消元比本例中明显更加巧妙（见文献 [11]）。

2.3.2.3 迭代方法

真正影响矩阵求解速度的是迭代方法，其可能对大型稀疏系统非常有利。基本思想是从对 $Ax = b$ 解的猜测 x_0 开始，通过对 $x_1 = x_0 + \beta z_0$ 计算新解来最小化残差 $y = A(x - x_0)$，其中 z_0 是某个确定选择的方向。这一直持续到达到所需的精度（$|y|$ 的大小）为止。有许多不同的方法可以做到这一点，例如共轭梯度法、双共轭梯度法、广义最小剩余法等（见文献 [11, 18]）。这些方法是基于 Krylov 子空间方法的更大类算法的一部分。它们通常很容易在数值上求解，适用于电路系统中经常遇到的稀疏矩阵（见文献 [18] 对这些技术的详细讨论）。它们的工作原理比前面讨论的技术更难理解，我们将在第 7 章提供更多的细节。下面展示一个称为广义最小残差法的迭代算法示例。基本上，该方法使用最小均方（Least-Mean-Square，LMS）法最小化残差 $|Ax_m - b|$。这种方法还有很多细节，我们强烈建议读者在文献 [11, 18] 和第 7 章中进一步研究。Python 代码的实现案例可以在 2.6 节中找到。

具体示例

为了阐明这些方法，使用上一节中的示例矩阵方程：

$$Ax = b$$

式中，

$$A = \begin{pmatrix} 3 & 2 & 1 \\ 1 & 3 & 2 \\ 2 & 1 & 3 \end{pmatrix} \qquad x = \begin{pmatrix} x \\ y \\ z \end{pmatrix} \qquad b = \begin{pmatrix} 7 \\ 5 \\ 12 \end{pmatrix}$$

假设初始解为

$$\boldsymbol{x}_0 = \begin{pmatrix} 1 \\ 0 \\ 0 \end{pmatrix}$$

然后运行 Python 代码。受迭代影响的结果见表 2-1。

表2-1 广义最小残差法中残差与迭代次数的关系。经过16次迭代，误差小于1%

迭代次数	x	y	z	误差 $= \dfrac{\lvert (x - x_{\text{exact}}) \rvert}{\lvert x_{\text{exact}} \rvert}$
1	1	0	0	0.886 405
2	1.839 753	1.007 704	1.175 655	0.726 282
3	2.048 373	1.266 386	0.755 07	0.852 666
4	1.126 685	0.953 778	2.074 173	0.623 188
5	1.584 919	0.547 796	2.073 904	0.494 658
6	2.165 718	−1.175 96	3.276 05	0.098 063
7	2.080 217	−0.971 18	2.829 113	0.051 038
8	2.144 762	−1.028 99	2.809 989	0.064 31
9	2.046 818	−0.937 41	2.838 481	0.047 957
10	2.033 982	−0.889 32	2.843	0.052 136
11	2.043 041	−0.885 89	2.836 684	0.054 476
12	1.980 063	−0.905 03	2.891 431	0.038 918
13	1.970 487	−0.919 66	2.923 431	0.030 693
14	1.974 714	−0.966 54	2.969 754	0.013 819
15	1.966 067	−0.976 67	2.983 252	0.011 881
16	1.979 837	−0.983 08	2.985 342	0.008 052
17	2.001 691	−1.013 37	3.011 812	0.004 789
18	1.994 125	−0.991 97	3.003 188	0.002 792
19	1.996 385	−0.993 34	3.001 539	0.002 067
20	2.004 308	−0.993 62	2.990 15	0.003 341
⋮				
50	2.000 001	−1	3	3.69E-07

这只是一个非常简单的例子，它并没有完全展示出迭代方法的优势。对于电路分析中常见的大型稀疏矩阵，与直接求解的方法相比，迭代方法加速可能更加明显。注意，该算法非常简单，在这种情况下，它的代码只有寥寥几行。

2.3.2.4 总结

本节的主要结论是，由于一些迭代算法非常容易实现，建议读者在自己的项目中使用这些迭代算法。请记住，成为专业的矩阵求解器算法开发人员是一项艰巨的任务，并且有必要准确理解开发过程中所涉及的诸多困难。毫无疑问，读者也将很快学会欣赏复杂的矩阵求解 "艺术"。

矩阵方程的求解是一个重要的研究领域，每年都有很大的进展。我们只是强调了一些重要的算法，读者自己可以进行更多的探索。有些仿真器有参考实体（如主元）的选项，本节也对解决这些类型方程的主要步骤进行了指导说明。这些技术确实是现代仿真器的核心，所以花时间了解最新进展是非常值得的。

在本书的其余部分中，我们将使用像 Python 这样的数字包中的内置标准矩阵求解器。

2.4　仿真器选项

本章讨论了以下与矩阵求解程序特别相关的仿真器选项：
- pivrel
- pivabs

2.5　本章小结

本章回顾了微分方程数值求解的基础知识，介绍了电路分析中常见的积分方法，还简要回顾了求解非线性方程重要的牛顿 – 拉夫森法。本章演示了这些方法的一维情况，以更直观地展示它们是如何工作的。在第 4 章及第 5 章中，这些方法将应用于多维系统。

2.6　代码

```
"""
Created on Sun Aug 4 17:26:20 2019
@author:msahr
"""
import numpy as np
Niter=50
h=np.zeros((Niter,Niter))
A=[[3,2,1],[1,3,2],[2,1,3]]
b=[7,5,12]
x0=[1,0,0]

r=b-np.asarray(np.matmul(A,x0)).reshape(-1)
x=[]
v=[0 for i in range(Niter)]

x.append(r)
v[0]=r/np.linalg.norm(r)

for i in range(Niter):
    w=np.asarray(np.matmul(A,v[i])).reshape(-1)
```

```
for j in range(i):
  h[j,i]=np.matmul(v[j],w)
  w=w-h[j,i]*v[j]
if i<Niter-1:
  h[i+1,i]=np.linalg.norm(w)
  if (h[i+1,i]!=0 and i!=Niter-1):
    v[i+1]=w/h[i+1,i]

b=np.zeros(Niter)
b[0]=np.linalg.norm(r)

ym=np.linalg.lstsq(h,b,rcond=None)[0]
x.append(np.dot(np.transpose(v),ym)+x0)

print(x)
```

2.7　练习

1. 运行 2.3.2.3 节示例中的广义最小残差法代码，并基于不同的起始向量进行测试。
2. 测试前向欧拉法，并讨论为什么它对于大范围输入空间是不稳定的。

参考文献

1. Pedro, J., Root, D., Xu, J., & Nunes, L. (2018). *Nonlinear circuit simulation and modeling: fundamentals for microwave design* (The Cambridge RF and microwave engineering series). Cambridge: Cambridge University Press. https://doi.org/10.1017/9781316492963
2. Lapidus, L., & Pinder, G. F. (1999). *Numerical solution of partial differential equations in science and engineering*. New York: John Wiley.
3. Hinch, E. J. (2020). *Think before you compute*. Cambridge: Cambridge University Press.
4. Crank, J., & Nicolson, P. (1947). A practical method for numerical evaluation of solutions of partial differential equations of the heat conduction type. *Proceedings. Cambridge Philological Society, 43*(1), 50–67.
5. Gear, C. W. (1971). *Numerical initial value problems in ordinary differential equations*. Englewood Cliffs: Prentice-Hall.
6. Butcher, J. C. (2008). *Numerical Methods for Ordinary Differential Equations* (2nd ed.). Hobroken: John Wiley & Sons.
7. Kundert, K., White, J., & Sangiovanni-Vicentelli, A. (1990). *Steady-state methods for simulating analog and microwave circuits*. Norwell: Kluwer Academic Publications.
8. Kundert, K. (1995). *The designers guide to spice and spectre*. Norwell: Kluwer Academic Press.
9. Najm, F. N. (2010). *Circuit simulation*. Hobroken: John Wiley & Sons.
10. Bowers, R. L., & Wilson, J. R. (1991). *Numerical modeling in applied physics and astrophysics*. Boston: Jones and Bartlett Publishers.
11. Press, W. H., Teukolsky, S. A., Vetterling, W. T., & Flannery, B. P. (2007). *Numerical recipes*. Cambridge: Cambridge University Press.

12. Allen, M. P., & Tildesley, D. J. (1987). *Computer simulation of liquids*. Oxford: Oxford University Press.
13. Taflove, A., & Hagness, S. C. (2005). *Computational electrodynamics, the finite-difference time-domain method* (3rd ed.). Norwood: Artech House.
14. Gibson, W. C. (2014). *The method of moments in electromagnetics* (2nd ed.). New York: CRC Press.
15. Harrington, R. F. (1993). *Field computation by moment methods*. Piscataway: Wiley-IEEE.
16. Brayton, R. K., Gustavson, F. G., & Hachtel, G. D. (1972). A new efficient algorithm for solving differential-algebraic systems using implicit backward differentiation formulas. *Proceedings of the IEEE, 60*, 98–108.
17. Lambert, J. D. (1991). *Numerical methods for ordinary differential systems*. Chichester: Wiley & Sons.
18. Saad, Y. (2003). *Iterative method for sparse linear systems* (2nd ed.). Philadelphia: Society for Industrial and Applied Mathematics.

建模技术

为了更好地使用仿真器，我们需要理解所建模器件以及建模过程中可能遇到的挑战。本章将对 CMOS 晶体管和双极晶体管的特性以及建模难点分别进行简要介绍。进一步，本章将对晶体管的基本物理特性进行详细描述，以便建立晶体管模型与 3.1.4 节中第一个计算模型的准确联系。我们还将着重介绍电路设计人员在电路仿真时需要关注的重点和可能遇到的问题。在阅读本章前，读者应该已经了解了晶体管的基本物理特性，本章将仅进行简要回顾，若要了解详细信息，请读者自行查阅相关参考资料。

3.1 CMOS 晶体管模型

CMOS 晶体管是迄今为止现代集成电路中使用最广泛的有源器件。如果阅读过相关书籍，读者就会发现它的结构看起来似乎很简单。然而，如果要对其进行建模，却相当困难 [1-15]。伯克利短沟道 IGFET 模型（Berkeley Short-channel IGFET Model，BSIM）具有多种不同的复杂度，在使用这一模型表征晶体管的特性时会用到数百个参数。本节将从回顾这些器件的原理开始说明为什么会这样。然后是关于 BSIM 的部分，我们将对其多年来的模型开发过程进行介绍。20 世纪 80 年代后期，BSIM 的初期模型与 3.1.2 节讨论的物理模型非常相似，因此可以作为从简单分析建模到复杂数值建模的良好过渡。有趣的是，BSIM 恰好是伴随着需求的改变和对晶体管器件及其结构更深入的了解而逐步改进的。

3.1.1 CMOS 晶体管基础

广义上讲，当加在 CMOS 晶体管上的电压变化时，器件的特性也会跟着变化，并且其变化过程可以大致分为几个不同的阶段，每个不同的阶段都对应着不同的反应机理。这就会在建模的过程中产生一些问题，我们会在 3.1.4 节详细描述这些问题。这里首先对改变栅极电压时栅极电容的特性进行简要描述（见图 3-1）。

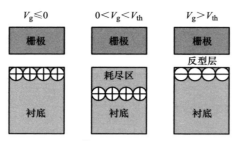

图 3-1　与栅极电压 V_g 相关的半导体电容器模型。设平带电压为零，V_{th} 是阈值电压

为了提高仿真精度，我们需要将晶体管的偏置电压保持在一个合理的范围内。

栅极电压通过参数 V_g 设置，当在栅极加负电压时，基极（衬底）就会对多数载流子产生吸引，这时的电容为

$$C_g = \frac{4\pi\varepsilon}{t_{ox}} \tag{3-1}$$

式中，ε 是绝缘材料的介电常数。这种模型称为"累积模型"。当栅极电压 V_g 增加时，它将对正电荷产生排斥并产生所谓的空间电荷区，其结果是电容器电介质的有效厚度增加，导致电容减小，这一区域称为耗尽区。随着电压 V_g 进一步增加，当超过阈值电压 V_{th} 时，半导体材料和绝缘体之间的界面处产生反型层。这也会使电容器极板（电荷积累的地方）之间的距离减小，从而导致有效电容增加，最终可以得到如图 3-2 所示的电容 – 电压关系。

这是一种常见的电容 – 电压关系曲线，在这里我们将其用作 MOSFET 随栅极电压变化时复杂行为的示例。需要注意的是，图 3-2 中有一个频率分量，它会对上文所述的电容产生影响。

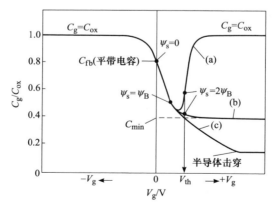

图 3-2　理想状态下电容 – 电压关系图（经许可转载，出自剑桥大学出版社）

3.1.2　CMOS 晶体管的物理特性

为了更好地理解第 4 章和第 5 章中所描述的建模过程，我们将对 CMOS 晶体管进行二维近似，并在参考文献中对模型的细节之处给出了更详细的介绍。在本节中，读者将学

习到很重要的阈值电压推导过程。这些计算将有助于论证在 3.1.4 节中讨论的一些模型假设。这些计算将遵循表面电位近似原则，这是为方便对晶体管的各个工作区域进行仿真所做的基本假设。

表面电位模型基于 MOS 晶体管泊松方程的表面电位解，与早期模型（如 BSIM 的第一个版本）的主要区别在于，它没有将晶体管划分为不同的区域单独建模，而是跨所有区域进行连续建模，并且不需要在各种过渡区域建模。其缺点是由于控制方程本质上是隐式的，可能需要较长的时间才能找到正确的解。我们将快速介绍本节中的基础知识，从基本的二维近似开始，展示一种隐式求解方法，最后介绍一些常见且需要严格遵循的计算[1]，并讨论它们对设计工程师的重要性。

首先参考图 3-3 开始建模。我们将按照估算分析流程[4]进行，因此不会在实际计算时花费太多时间，因为它们已经在其他地方进行了非常详细的计算。

用 $\psi(x, y)$ 表示 (x, y) 处的本征电位，而不是衬底的本征电位（见图 3-3）。定义一个电压 V，它在沟道方向为正，在源极为零。在文献 [1] 中，V 有更专业的定义，读者可以自行研究。这里只是为了简单回顾，因此按照这种方式定义就足够了。

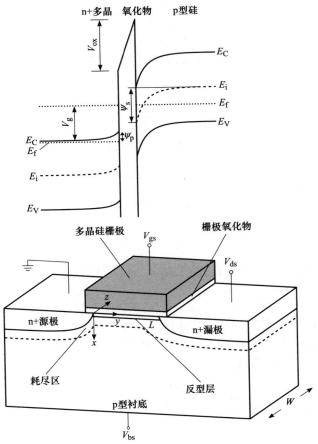

图 3-3 基础 NMOS 晶体管参数近似（经许可转载，出自剑桥大学出版社）

简化　首先对模型进行简化，使其更容易建模。

给出以下假设：

- 缓变沟道近似——y 方向的电场变化远小于 x 方向的变化[5]，然后可以将二维泊松方程简化为一维。除了沟道被夹断的区域，这种近似对大多数沟道区域都是有效的。

- 空穴电流和产生–复合电流可以忽略不计。这意味着在沟道方向（y 方向）上电流保持不变。

- 假设电压 V 与 x 无关，因此 $V=V(y)$。做出这种假设的原因是电流主要在源极–漏极或者说 y 方向上流动。在源极处，有 $V(0)=0$；在漏极处，有 $V(y=L)=V_{ds}$。

- 反型层非常薄，并且电场会在反型区突然变化，以便能够建立薄层电荷模型。用 V_{fb} 表示平带电压，ε_{si} 表示硅介电常数，q 表示电子电荷，N_a 表示掺杂浓度，并且 $\psi_s=\psi(0,y)$。反型区电荷的表达式变为

$$Q_i = -C_{ox}(V_{gs}-V_{fb}-\psi_s)-\sqrt{2\varepsilon_{si}qN_a\psi_s} \tag{3-2}$$

基于这些假设，可以用以下表达式来给出点 (x,y) 处的电荷浓度：

$$n(x,y)=\frac{n_i^2}{N_a}e^{q(\psi-V)/kT} \tag{3-3}$$

根据麦克斯韦方程，我们知道在静态近似时有 $E=\nabla\psi$ 和 $\nabla \cdot D=en(x,y)$，因此可以得到电场的表达式为

$$E^2 = \left(\frac{d\psi}{dx}\right)^2 = \frac{2kTN_a}{\varepsilon_{si}}\left(e^{-q\psi/kT}+\frac{q\psi}{kT}-1\right)+$$
$$\frac{n_i^2}{N_a^2}\left[e^{-qV/kT}(e^{q\psi/kT}-1)-\frac{q\psi}{kT}\right] \tag{3-4}$$

表面在以下情况发生时发生反型：

$$\psi(0,y)=V(y)+2\psi_B \tag{3-5}$$

式中，$2\psi_B=\psi_{s,s}$ 代表源极处的表面电位。

现在可以得到点 (x,y) 处的电子电流密度为

$$J_n(x,y)=-q\mu_{eff}n(x,y)\frac{dV(y)}{dy} \tag{3-6}$$

式中，产生–复合电流已被忽略，μ_{eff} 是导电沟道中基于沟道平均电位的有效电子迁移率。通过将上述方程乘以沟道宽度 W 并在载流层的深度上进行积分，可以得到沿沟道方向点 y 处的总电流。积分是从 $x=0$ 处到 x_i 处进行的，其中 x_i 是进入 p 型衬底的深度，其精确值并不重要，因为在衬底的基极中被积函数接近零。所以有

$$I_{ds}=W\mu_{eff}\frac{dV(y)}{dy}\int_0^{x_i}qn(x,y)dx \tag{3-7}$$

求解　积分内的表达式仅仅是一个电荷量：

$$Q_i=-\int_0^{x_i}qn(x,y)dx \tag{3-8}$$

所以表达式为

$$I_{ds} = -W\mu_{eff}\frac{dV(y)}{dy}Q_i(V) \tag{3-9}$$

最后一步将变量从 y 更改为 V，可以直接将 Q_i 表示为 V 的函数。我们在这个基础上做进一步改进，并将 V 写成表达式 $V=V(\psi_s)$ 的形式，因此可以得到 $Q_i=Q_i(\psi_s)$。

我们做出的一项简化为沟道中的电流与 y 无关，因此可以整合这个表达式并得到

$$I_{ds}L = -W\mu_{eff}\int_{\psi_{s,s}}^{\psi_{s,d}}\frac{dV(\psi_s)}{d\psi_s}Q_i(\psi_s)d\psi_s \tag{3-10}$$

边界值 ψ_s 由两个耦合方程确定：

$$V_{gs} - V_{fb} = \psi_s - \frac{Q_s}{C_{ox}} \tag{3-11}$$

或栅极偏置方程，以及

$$Q_s = -\varepsilon_{si}E(\psi_s) \tag{3-12}$$

或高斯定律。经过一些代数并假设 $\frac{q\psi_s}{kT} \gg 1$ 后，得到组合方程：

$$V_{gs} = V_{fb} + \psi_s + \frac{\sqrt{2\varepsilon_{si}kTN_a}}{C_{ox}}\sqrt{\frac{q\psi}{kT} + \frac{n_i^2}{N_a^2}e^{q(\psi_s-V)/kT}} \tag{3-13}$$

如果给出 V_g 和 V_s，这就是一个关于 $\psi_s(V)$ 的隐函数。由于它们的复杂性，通常需要采用数值方法来求解。请注意，它们对任何 V_{gs}、V_{ds} 的组合都有效，因此不必要在特定的区域内才能求解。我们可以重新描述 $V(\psi_s)$ 并得到

$$V = \psi_s - \frac{kT}{q}\ln\left[\frac{N_a^2}{n_i^2}\frac{C_{ox}^2(V_{gs}-V_{fb}-\psi_s)^2}{2\varepsilon_{si}kTN_a} - \frac{q\psi_s}{kT}\right] \tag{3-14}$$

它的导数为

$$\frac{dV}{d\psi_s} = 1 + 2\frac{kT}{q}\frac{C_{ox}^2(V_{gs}-V_{fb}-\psi_s) + \varepsilon_{si}qN_a}{C_{ox}^2(V_{gs}-V_{fb}-\psi_s)^2 - 2\varepsilon_{si}kTN_a} \tag{3-15}$$

将这个导数项和反型层电荷量 Q_i 的方程，也就是将式（3-2）代入 I_{ds} 的表达式中，并假设 kT/q 项很小，我们对表达式进行解析整合，经过一系列代数运算后，可以得到

$$I_{ds} = -\mu_{eff}\frac{W}{L}\left[\begin{array}{c} C_{ox}\left(V_{gs}-V_{fb}+\frac{kT}{q}\right)\psi_s - \frac{1}{2}C_{ox}\psi_s^2 \\ -\frac{2}{3}\sqrt{2\varepsilon_{si}qN_a\psi_s}\psi_s^{3/2} + \frac{kT\sqrt{2\varepsilon_{si}qN_a\psi_s}}{q} \end{array}\right]_{\psi_{s,s}}^{\psi_{s,d}} \tag{3-16}$$

验证　类似的表达式也可以在其他地方找到，例如文献 [1]。

评估　正如之前所提到的那样，这个方程涵盖了单个连续函数中 MOSFET 操作的所有区域。它已成为电路仿真中所有基于表面电位的紧凑模型的基础。

这些表达式相当烦琐，我们需要对其进行简化以获得在不同区域的特定表达式。一些

更为常见的分析计算已经包含了对各个操作区域的相关讨论，这里这样做只是为了展示这个表面电位模型与这些分析计算的关系。早期的 BSIM 也有类似的关于不同区域操作模型的划分，本次讨论将有助于直接展示这种关系。

接下来我们将研究把薄层电荷模型分段时会发生什么。

简化　在反型开始之后到饱和之前，也就是在线性区域，可以从式（3-5）中得到 $dV/d\psi=1$。

求解　将源极的本征电位值 $\psi_{s,s}=2\psi_B$ 和漏极的本征电位值 $\psi_{s,d}=2\psi_B+V_{ds}$ 代入，可以得到漏极电流如下，它是栅极和漏极电位的函数：

$$I_{ds} = \mu_{eff}C_{ox}\frac{W}{L}\left(V_{gs}-V_{fb}-2\psi_B-\frac{V_{ds}}{2}\right)V_{ds} - \frac{2\sqrt{2\varepsilon_{si}qN_a}}{3C_{ox}}\left[(2\psi_B+V_{ds})^{3/2}-(2\psi_B)^{3/2}\right] \tag{3-17}$$

验证　这是一个众所周知的漏极电流表达式[1]。

评估　这个表达式现在可以根据 V_{ds} 进行扩展，得到三个不同的区域。

线性区

线性区的特点是 V_{ds} 很小，因此可以根据 V_{ds} 扩展 I_{ds} 的表达式，得到第一个区域的公式如下：

$$I_{ds} = \mu_{eff}C_{ox}\frac{W}{L}\left(V_{gs}-V_{fb}-2\psi_B-\frac{\sqrt{4\psi_B\varepsilon_{si}qN_a}}{C_{ox}}\right)V_{ds} \tag{3-18}$$

这可以用阈值电压来表述：

$$V_{th} = V_{fb}+2\psi_B+\frac{\sqrt{4\psi_B\varepsilon_{si}qN_a}}{C_{ox}} \tag{3-19}$$

因此有

$$I_{ds} = \mu_{eff}C_{ox}\frac{W}{L}(V_{gs}-V_{th})V_{ds} \tag{3-20}$$

在大多数集成电路书籍中，I_{ds} 都是以这个公式表示的。

可变电阻区

对于较大的 V_{ds}，还需要包括二阶项，然后可以得到

$$I_{ds} = \mu_{eff}C_{ox}\frac{W}{L}\left[(V_{gs}-V_{th})V_{ds}-\frac{m}{2}V_{ds}^2\right] \tag{3-21}$$

饱和区

可变电阻区中，I_{ds} 的表达式表明电流随 V_{ds} 的增加而增加，直到达到最大值，即

$$I_{ds} = \mu_{eff}C_{ox}\frac{W}{L}\frac{(V_{gs}-V_{th})^2}{2m} \tag{3-22}$$

作为饱和区中 I_{ds} 与 V_{ds} 的平方律函数，这个表达式也很常见。这些表达式描述了理想条件下线性区到饱和区的行为，它们是建模的基础。事实上，最早的模型只使用了这些表达式的一部分，我们将按照它们的构建顺序展示 BSIM，而这些简单的表达式随着时间的推移逐渐扩展而变得更加复杂。

噪声模型

手工计算时最方便的噪声模型就是简单地在晶体管的漏极和源极之间放置一个噪声电流源，如图 3-4 所示。

噪声电流源可以这样建模：

$$< i_{\mathrm{n,gm}} >^2 = 4kT\gamma g_{\mathrm{m}}$$

式中，γ 是校正因子，它取决于晶体管的工作区域和晶体管的沟道长度。

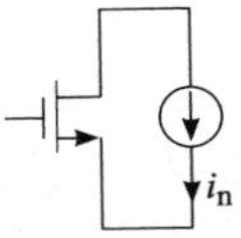

图 3-4 MOS 晶体管噪声模型

3.1.3 MOSFET 电容建模详细信息

历史上，FET 电容器模型的发展起源于 20 世纪 70 年代的 Meyer 模型，该模型包括栅极（G）、源极（S）、漏极（D）和体（B）之间的三个非线性电容器。

20 世纪 70 年代后期，人们意识到该模型存在一些问题。它并不是在所有情况下都能考虑到全部的电荷。文献 [13] 的改进模型解决了这个问题。在这个模型中，更多的电容被添加到模型中，并且假设电容是非互易的，换句话说，$C_{ij} \neq C_{ji}$。这就导致模型中总共有 12 个电容器，其中 9 个是独立的。要了解为什么电容器不一定是互易的，可以使用一个简单的论据。让我们考虑一个处于饱和状态的 MOS 晶体管，忽略所有的侧壁电容，只关注沟道电容，在饱和状态下，漏极加一个小测试电压不会影响栅极端的电荷。然而，事实并非如此，栅极上的测试电压肯定会通过晶体管影响漏极上的电荷。然后可以说 $C_{\mathrm{gd}} \neq C_{\mathrm{dg}}$，晶体管电容的这种非互易性是解决电荷守恒问题的关键。

我们从基础物理学中知道，电流等于电荷 Q 随时间的变化率。对于 FET，可以得到 4 个电流：

$$i_{\mathrm{g}} = \frac{\mathrm{d}Q_{\mathrm{g}}}{\mathrm{d}t} \quad i_{\mathrm{b}} = \frac{\mathrm{d}Q_{\mathrm{b}}}{\mathrm{d}t} \quad i_{\mathrm{d}} = \frac{\mathrm{d}Q_{\mathrm{d}}}{\mathrm{d}t} \quad i_{\mathrm{s}} = \frac{\mathrm{d}Q_{\mathrm{s}}}{\mathrm{d}t} \tag{3-23}$$

通过扩展这些公式得到

$$i_{\mathrm{g}} = \frac{\partial Q_{\mathrm{g}}}{\partial v_{\mathrm{gb}}}\frac{\partial v_{\mathrm{gb}}}{\partial t} + \frac{\partial Q_{\mathrm{g}}}{\partial v_{\mathrm{gd}}}\frac{\partial v_{\mathrm{gd}}}{\partial t} + \frac{\partial Q_{\mathrm{g}}}{\partial v_{\mathrm{gs}}}\frac{\partial v_{\mathrm{gs}}}{\partial t}$$

$$i_{\mathrm{b}} = \frac{\partial Q_{\mathrm{b}}}{\partial v_{\mathrm{bg}}}\frac{\partial v_{\mathrm{bg}}}{\partial t} + \frac{\partial Q_{\mathrm{b}}}{\partial v_{\mathrm{bd}}}\frac{\partial v_{\mathrm{bd}}}{\partial t} + \frac{\partial Q_{\mathrm{b}}}{\partial v_{\mathrm{bs}}}\frac{\partial v_{\mathrm{bs}}}{\partial t}$$

$$i_{\mathrm{d}} = \frac{\partial Q_{\mathrm{d}}}{\partial v_{\mathrm{dg}}}\frac{\partial v_{\mathrm{dg}}}{\partial t} + \frac{\partial Q_{\mathrm{d}}}{\partial v_{\mathrm{db}}}\frac{\partial v_{\mathrm{db}}}{\partial t} + \frac{\partial Q_{\mathrm{d}}}{\partial v_{\mathrm{ds}}}\frac{\partial v_{\mathrm{ds}}}{\partial t}$$

$$i_{\mathrm{s}} = \frac{\partial Q_{\mathrm{s}}}{\partial v_{\mathrm{sg}}}\frac{\partial v_{\mathrm{sg}}}{\partial t} + \frac{\partial Q_{\mathrm{s}}}{\partial v_{\mathrm{sb}}}\frac{\partial v_{\mathrm{sb}}}{\partial t} + \frac{\partial Q_{\mathrm{g}}}{\partial v_{\mathrm{sd}}}\frac{\partial v_{\mathrm{sd}}}{\partial t}$$

这些方程定义了 12 个非线性非互易电容为

$$C_{ij} = \frac{\partial Q_i}{\partial v_{ij}} \quad \text{其中 } i,j \in \{\mathrm{b,g,s,d}\} \tag{3-24}$$

根据电荷守恒，有

$$Q_{\mathrm{g}} + Q_{\mathrm{b}} + Q_{\mathrm{d}} + Q_{\mathrm{s}} = 0 \qquad (3\text{-}25)$$

这意味着，通过对时间求导可以得到

$$i_{\mathrm{g}} + i_{\mathrm{b}} + i_{\mathrm{d}} + i_{\mathrm{s}} = 0 \qquad (3\text{-}26)$$

可以看出，并不是所有的电容都是相互独立的。事实上，可以证明 12 个电容中有 3 个可以从其他 9 个电容得到。

现代仿真器在实现时可以从模型方程中得出能够计算以下 9 个电容器的方程：

$$\begin{pmatrix} C_{\mathrm{gb}} & C_{\mathrm{gd}} & C_{\mathrm{gs}} \\ C_{\mathrm{bg}} & C_{\mathrm{bd}} & C_{\mathrm{bs}} \\ C_{\mathrm{dg}} & C_{\mathrm{db}} & C_{\mathrm{ds}} \end{pmatrix} \qquad (3\text{-}27)$$

并从这 9 个中推导出其余 3 个。

3.1.4 BSIM

接下来将回顾各种模型，并在最后几节中介绍 MOS 晶体管的基本物理原理。我们将在伯克利短沟道 IGFET 模型（BSIM）上花费大量时间，因为它是迄今为止业界使用最多的模型。我们会从历史的角度来讨论它，因为将时间线与刚刚描述的简单物理模型联系起来将更有助于理解。早期的版本与简单物理模型非常相似，随着需求的增长，模型也变得更加复杂。

BSIM 是在 20 世纪 80 年代后期开发的，以解决当时被称为短沟道场效应晶体管的问题。该模型以物理学为基础，在各个区域中是连续的，可能是当今最常用的模型系列。多年来，随着技术的进步，建模工作也在进步，目前的版本处于 BSIM6。在撰写本书时，该模型已拆分为多个模型，即 BSIM-BULK、BSIM-CMG（通用多栅极）、BSIM-IMG（独立多栅极）和 BSIM-SOI（绝缘体上的硅），不再使用 BSIM6 的名字。我们将重点介绍模型的一些主要功能和使用难点，并提醒用户有时候工厂的默认设置可能不适合手头的任务。最新版本包含数百个参数，对建模过程中的所有参数都进行详细描述超出了本书的范围，读者可以查阅参考资料以进行深入讨论。

本节将从模型的基本介绍开始，并重点介绍一些基本功能。然后，我们将说明一些需要修改默认参数的情况。我们鼓励读者在对特殊尺寸或处于不同操作区域的晶体管进行仿真时思考所有模型设置，这里仅给出几个示例。

3.1.4.1 基本模型

BSIM 是三十多年前由美国加州大学伯克利分校的器件物理小组开发的。在这部分，我们将从描述该模型的第一篇论文开始，到随后多年来的发展和改进，通过跟踪模型的历史发展来描述模型的特征。目前有很多关于这个模型的书籍和文献，本书中没有足够的篇幅来对该模型的开发过程做出详细的描述，所以我们将从初始模型开始，通过重点展示一些新功能来介绍模型的发展情况。这种方法将使模型比从头开始描述复杂的现代版本更容易理解，有助于读者充分熟悉模型，以便可以自己探索细节。

BSIM1 1987

第一篇描述 BSIM 的论文发表于 1987 年。在此之前，对 CMOS 晶体管进行建模的困难在于晶体管在不同的偏置条件下驱动电流的物理效应不同。BSIM 是第一批把所有因素考虑在内去尝试实现的模型之一。这部分将遵循文献 [9] 中的介绍。该公式基于小几何尺寸 MOS 晶体管的器件物理特性，具有的特殊效应有：

1）载流子迁移率的垂直场依赖性。

2）载流子速度饱和。

3）漏极引起的势垒降低。

4）漏极和源极共享耗尽电荷。

5）离子注入器件的非均匀掺杂。

6）沟道长度调制。

7）亚阈值传导。

8）几何相关性。

直接出现在阈值电压和漏极电流表达式中的 8 个漏极电流参数如下：

V_{fb}——平带电压；

φ_s——表面翻转电位；

K_1——体效应系数；

K_2——源 – 漏耗尽电荷共享系数；

H——漏极诱导势垒降低系数；

U_0——垂直场迁移率退化系数；

U_1——速度饱和系数；

μ_0——载流子迁移率。

使用这些参数，阈值电压可以建模为

$$V_{th} = V_{fb} + \varphi_s + K_1\sqrt{\varphi_s - V_{bs}} - K_2(\varphi_s - V_{bs}) - \eta V_{ds} \tag{3-28}$$

注意，参数 η 用来模拟沟道长度调制效应以及漏极引起的势垒降低效应。现在应该将这个表达式与 3.1.2 节中得出的内容进行比较。假设 $V_{bs}=0$，在式（3-19）中用 $2\psi_B$ 代替 φ_s 时，我们看到它们彼此非常接近。最后两项不是在此简单模型中考虑的一部分。

现在来分析漏极电流模型。在 BSIM1 中，它根据端偏置点分为单独的物理区域。

1）夹断区，$V_{gs} \leq V_{th}$：

$$I_{ds} = 0$$

2）线性区，$V_{gs} > V_{th}$ 且 $0 < V_{ds} < V_{ds,sat}$：

$$I_{ds} = \frac{\mu_0}{1+U_0(V_{gs}-V_{th})} \frac{C_{ox}W/L}{1+\frac{U_1}{L}V_{ds}}\left[(V_{gs}-V_{th})V_{ds} - \frac{a}{2}V_{ds}^2\right]$$

3）饱和区，$V_{gs} > V_{th}$ 且 $V_{ds} \geq V_{ds,sat}$：

$$I_{ds} = \frac{\mu_0}{1+U_0(V_{gs}-V_{th})} \frac{C_{ox}W/L}{2aK}(V_{gs}-V_{th})^2$$

弱反型区可以建模为

$$I_{ds,w} = \frac{I_{exp}I_{lim}}{I_{exp} + I_{lim}} \qquad (3\text{-}29)$$

式中,

$$I_{exp} = \mu_0 C_{ox} \frac{W}{L}\left(\frac{kT}{q}\right)^2 e^{1.8}e^{\frac{q}{kT}(V_{gs}-V_{th})/n}(1-e^{-V_{ds}q/kT}) \qquad (3\text{-}30)$$

$$I_{lim} = \frac{\mu_0 C_{ox}}{2}\frac{W}{L}\left(3\frac{kT}{q}\right)^2 \qquad (3\text{-}31)$$

这种方法没有在不同区域之间的导数中引入任何的不连续性,因此收敛性大大提高。第 2 章讨论的牛顿 – 拉夫森法需要引入导数,如果存在不连续性,收敛必然会出问题。

将这些表达式与刚刚在 3.1.2 节中研究的分析模型进行比较,可以得到一些真正的相似之处,因此首次 BSIM 的尝试是一种基于真实物理参数对分析模型进行编码的方法。

注意饱和情况下的输出电阻模型。电流对 V_{ds} 的依赖性只有通过阈值电压的表达式才能看出。BSIM 的后续版本将对该功能进行重大改进。

BSIM3 1993

BSIM3 版本的晶体管模型对可预测性进行了多项改进,尤其是在输出电阻方面。这个版本有几项颠覆性的改进,我们不会在这里讨论,而是列出了与早期版本的主要区别。首先来讨论新的阈值电压模型:

$$V_{th} = V_{T0} + K_1\left(\sqrt{\varphi_s - V_{bs}} - \sqrt{\varphi_s}\right) - K_2V_{bs} - \Delta V_{th} \qquad (3\text{-}32)$$

式中,V_{T0} 为长沟道阈值电压,其余参数与 BSIM1 相同。正如读者所看到的那样,该模型基于准二维泊松方程的解析解,模型的参数设定得到了改进。注意这里的 ΔV_{th} 参数,它旨在考虑短沟道效应的影响,并且随沟道长度和长度尺度参数 $l_t = \sqrt{3T_{ox}X_{dep}/n}$ 呈指数变化。其中,T_{ox} 是薄氧化物区域的厚度,X_{dep} 是晶体管源极附近的耗尽层宽度。ΔV_{th} 的表达式为

$$\Delta V_{th} = D_{vt0}(e^{-L/2l_t} + 2e^{-L/l_t})\left[2(V_{bi} - \varphi_s) + V_{ds}\right] \qquad (3\text{-}33)$$

注意 ΔV_{th} 对 T_{ox} 的依赖。我们制作的氧化物越薄,短沟道效应的影响就越小!这对推动 SOI 晶体管和 FinFET 的后期发展起到了至关重要的作用。现在来研究一下漏极电流模型。

迁移率模型

与基于简单物理模型分析解决方案对迁移率进行建模的 BSIM1 相比,BSIM3 引入了更复杂的模型来描述与较小几何形状相关的效应。此处将这种迁移率称为 μ_{eff},并且不再进一步讨论细节。

源 – 漏电阻

模型在描述源 – 漏电阻时假设漏极和源极区域对称,通过金属接触和扩散区对漏极和源极的互连电阻进行内部建模。

源 – 漏电流

与之前的强反型区一样，它有两个子区域：线性区和饱和区。

1）线性区，$V_{gs} > V_{th}$ 且 $0 < V_{ds} < V_{ds,sat}$：

$$I_{ds} = \mu_{eff} \frac{C_{ox} W / L}{1 + \frac{1}{LE_{sat}} V_{ds}} (V_{gs} - V_{th} - V_{ds} / 2) V_{ds}$$

2）饱和区，$V_{gs} > V_{th}$ 且 $V_{ds} \geqslant V_{ds,sat}$：

$$I_{ds} = \mu_{eff} \frac{C_{ox} W / L}{2aK} (V_{gs} - V_{th})^2 [1 + (V_{ds} - V_{ds,sat}) / V_A]$$

式中，V_A 是用于模拟输出电阻的 Early 电压。

弱反型区建模为

$$I_{ds} = \mu_{eff} C_{ox} \frac{W}{L} \left(\frac{kT}{q} \right)^2 e^{\frac{q}{kT}(V_{gs} - V_{off}) / n} (1 - e^{-V_{ds} q / kT}) \tag{3-34}$$

这类似于 BSIM1。不同的是，该模型通过在弱反型区和强反型区中分别引入两个截断点来给弱反型区和强反型区之间的过渡区域建模，这几个截断点分别称为 V_{gslow}、I_{dslow} 和 V_{gshigh}、I_{dshigh}。在这些条件下，源 – 漏电流和栅 – 源电压可以参数化为

$$I_{ds} = (1 - t)^2 I_{dslow} + 2(1 - t)t I_p + t^2 I_{dshigh} \tag{3-35}$$

$$V_{gs} = (1 - t)^2 V_{gslow} + 2(1 - t)t V_p + t^2 V_{gshigh} \tag{3-36}$$

通过这种简单的参数化，过渡区域将变成连续的，并且具有连续的一阶导数。

正如刚刚所提到的，BSIM3 中的输出电阻模型要复杂得多，它是通过引入 Early 电压 V_A 来建模的。该电压在建模时分别由三个相互独立的效应决定：沟道长度调制（Channel Length Modulation，CLM）、漏极诱导势垒降低（Drain Induced Barrier Lowering，DIBL）和衬底电流诱导体效应（Substrate Current-induced Body Effect，SCBE）。这些效应通过它们的倒数相加：

$$\frac{1}{V_A} = \frac{1}{V_{ACLM}} + \frac{1}{V_{ADIBL}} + \frac{1}{V_{ASCBE}} \tag{3-37}$$

式中，

$$V_{ACLM} = I_{dsat} \left(\frac{\partial I_{ds}}{\partial V_{dsat}} \frac{\partial V_{dsat}}{\partial L} \frac{\partial L}{\partial V_{ds}} \right)^{-1} \tag{3-38}$$

$$V_{ADIBL} = I_{dsat} \left(\frac{\partial I_{ds}}{\partial V_{dsat}} \frac{\partial V_{dsat}}{\partial V_{th}} \frac{\partial V_{th}}{\partial V_{ds}} \right)^{-1} \tag{3-39}$$

$$V_{ASCBE} = I_{dsat} \left(\frac{\partial I_{ds}}{\partial V_{th}} \frac{\partial V_{th}}{\partial V_{bs}} \frac{\partial V_{bs}}{\partial I_{sub}} \frac{\partial I_{sub}}{\partial V_{ds}} \right)^{-1} \tag{3-40}$$

BSIM3 带来了巨大的改进，引入准二维泊松方程解析解以及一些优化子模型的输出电

阻模型，是 CMOS 晶体管的标准建模模型。在早期版本中，所需的基于物理的参数总数约为 25 个。我们很快就会看到，随着 BSIM4 的发布，这将发生巨大变化。

噪声模型

BSIM3 中的噪声模型共有三个，用户可以通过参数 noimod 自行选择。当 noimod=1 时，噪声模型为手工计算模型，此时 γ=2/3，跨导通过 $g_m+g_{mbs}+g_{ds}$ 设置。noimod=2 表示选择更复杂的噪声模型，该模型由反型区沟道电荷 Q_{inv} 控制：

$$\frac{4kT\mu_{eff}}{\mu_{eff}\left|Q_{inv}\right|R_{ds}(V)+L_{eff}^2}\left|Q_{inv}\right|$$

BSIM4 2000

BSIM4 是第 4 代模型，它需要数百个参数来描述 MOSFET 的行为。在著名的摩尔定律的推动下，晶体管栅极的长度和宽度不断减小，因而其特征尺寸需要不断缩小，以降低功耗，提高处理能力，因此对更加完善的 BSIM 的需求变得越来越大。与上一代一样，这一代也提供了很多颠覆性的改进。

简介

我们不会对该模型进行深入研究，只是进行简要介绍并着重展示其改进部分。与 BSIM3 相比，BSIM4 有不少改进，这里只列出其中的一小部分：

- 改进的衬底模型。
- 沟道热噪声的建模更加准确，并具有感应栅极噪声的改进模型。
- 更好的 1/f 噪声模型。
- 改进的非准静态模型，可以较为准确地说明非准静态模型的影响。
- 源 – 漏电阻模型正确地考虑了不对称和其他偏置相关的影响。
- 更准确的栅极沟道模型。
- 统一的电流饱和模型，包括电流饱和 – 速度饱和、速度过冲和源极速度限制的所有机制。
- 修改了阈值电压的定义以改进亚阈值响应。
- 改进了漏极感应势垒降低效应和 ROUT 模型。

需要知道的是，这些有关模型的改进只是新版本所带来的众多改进中的一部分！总的来说，一共有几百个新参数。我们现在将更详细地描述其中的一些影响。

阈值电压

首先来研究一下阈值电压：

$$V_{th}=V_{T0}+K_1\left(\sqrt{\varphi_s-V_{bs}}-\sqrt{\varphi_s}\right)-K_2V_{bs}-\Delta V_{th} \tag{3-41}$$

它的建模与之前的非常相似。最大的变化之一就是短沟道效应的表达式调整为

$$\Delta V_{th}=D_{vt0}\frac{0.5}{\cosh\dfrac{L}{l_t}-1}[2(V_{bi}-\varphi_s)+V_{ds}] \tag{3-42}$$

当 L 变得非常小时，早期版本的表达式会导致第二个 V_{th} 变大。为了将更大范围的工艺考虑在内，参数被进一步拆分为子参数以增加模型的适用性，本书不会在这里讨论这些细节。

在早期的 BSIM3 中，栅极的厚度要远大于紧邻薄氧化层感应电荷层的有效厚度。在 BSIM4 中，栅极厚度更接近电荷层，这一变化导致表面电荷的基本近似值被破坏，从而引入了几个新的方程和伴随的参数。

各种偏置区域的物理机制现在变得更加复杂，这里主要介绍一些需要建模的新效应。

弱反型区

该区域的漏极电流与之前类似：

$$I_{ds} = \mu_0 \sqrt{\frac{q\varepsilon_{si}N_{dep}}{2\varphi_s}} \frac{W}{L} \left(\frac{kT}{q}\right)^2 e^{\frac{q}{kT}(V_{gs}-V_{th}-V_{off})/n}(1-e^{-V_{ds}q/kT}) \tag{3-43}$$

栅极隧穿效应

随着栅极厚度的持续缩小，称为隧穿效应的量子力学效应开始变得越来越重要。在现代物理学课程里，电子可以被视为粒子或波，并且在特定情况下其中的一种性质是显而易见的。在把电子视为波的情况下，我们可以通过求解薛定谔方程，得到电子波函数存在于氧化物区域，甚至在晶体管体中具有有限尺寸。在这种情况下，电子就有可能存在于栅极之外，它就好像以"隧穿"的形式穿过薄氧化物区域。这是一种纯粹的量子力学效应，会导致显著的泄漏损失。BSIM4 中已考虑到这一点。

统一迁移率模型

迁移率显然是一个关键参数，因为它直接影响漏极电流。BSIM4 引入了一个新的统一迁移率参数 mobmod=2。

源－漏电流

BSIM4 为线性区和饱和区引入了统一的电流模型：

$$I_{ds} = \frac{I_{ds0}}{\left(1+\frac{R_{ds}I_{ds0}}{V_{dseff}}\right)} NF \left(1+\frac{1}{C_{clm}}\ln\frac{V_A}{V_{Asat}}\right) f(V_{ADIBL}, V_{ACLM}, V_{ASCBE}) \tag{3-44}$$

式中，

$$I_{ds0} = \mu_{eff} W Q_{ch0} \frac{V_{ds}}{L} \frac{\left(1-\frac{V_{ds}}{2V_b}\right)}{1+\frac{V_{ds}}{E_{sat}L}} \tag{3-45}$$

噪声模型

晶体管的噪声模型由沟道的热噪声和闪烁噪声（1/f 噪声）组成。

1/f 噪声

闪烁噪声使用两种近似方法进行建模：一种表达式简单且方便用于手工计算；另一种称为统一模型，它更多地考虑了表象背后的详细物理原理，包括器件具体工作在哪个区域等。用户可以通过 fnoimod 参数选择使用哪个模型，通常情况下，查看代工厂提供的模型可以使你了解应该使用哪个模型。

热噪声

在对热噪声进行建模时，用户可以通过设置 tnoimod 参数在三种模型之间进行选择。

第一种模型可以通过设置 tnoimod=0 来实现，它和 BSIM3 中已有的内容相似。第二种模型称为完整功能模型，通过设置 tnoimod=1 来选择。它在建模时考虑了源极和漏极之间的噪声电流，此外还有一个与晶体管源极串联的噪声电压源。在该模型中，所有短沟道效应和速度饱和效应都被考虑在内，因此被称为完整功能模型。当设置 tnoimod=2 时，选择使用第三种模型，该模型使用两个噪声电流来模拟噪声，我们通过在晶体管的栅极和源极之间插入噪声电流来实现这种模型，而不是在源极插入噪声电压源。在已发布的文献 [12，15] 中，有一些相关的测量值，当 tnoimod 设置为 2 时，它们显示出了良好的相关性。

其他噪声源

BSIM4 还包括源自源 – 漏电阻和栅极电流引起的散粒噪声等其他噪声源。

模型参数调整

了解建模及其限制条件很重要。虽然代工厂通常会提供晶体管在大多数情况下工作时的标准参数和参数集的模型，但是如果你需要一些不常见的模型，则此标准参数集可能不能满足需求。因此，工程师需要自行调整这些参数。在本书以及其他同类型的书中，通常无法涵盖最新模型中的所有参数。这些参数数量庞大，且由于已经存在相关的说明信息，重复描述并无益处。因此，我们将重点强调作者和作者的团队遇到的测量差异带来的影响，希望这能鼓励读者大胆地研究模型设置是否适合读者的特定应用。

非准静态效应

FET 沟道可以被建模为一条传输线，上面有很多电阻串联在一起，并且从每个互连点到接地点之间都有一个电容器。如果信道很宽，这就会导致信号传播延迟。在短沟道区域，这通常可以简化为一个电阻器和一个电容器的集总模型。这种效应通过一个开关来设置，一边用于瞬态仿真，另一边用于交流仿真。通常，在代工厂模型中，这个非准静态（Non-Quasi-Static，NQS）开关默认设置为零，这意味着分布式效应往往被忽略，这将有助于减小仿真时间。然而，有时我们可能需要长沟道器件作为承载高速信号电路中的电容器，这时就需要启用 NQS 开关，以便将分布式效应考虑在内。如果不启用，则会在仿真中导致电容器的延迟过小。

栅极电阻模型

栅极可能具有非常明显的电阻，尤其是小几何尺寸的 CMOS 晶体管。BSIM4 包含一个开关设置来考虑这种电阻，它被称为 rgatemod。将此参数设置为 0 表示不产生内部栅极电阻。在现代 PDK 中，晶体管通常在包含栅极电阻器的无源网络中实例化，因此这一模型内部的效应通常被禁用。有关如何使用它的更多信息，请参见文献 [15]。

衬底电阻网络

衬底电阻也可以在 BSIM4 中建模，这是高速应用的重要参数。这一模型的开关设置为 rbodymod。在研究一项新技术时，我们通常需要查看是否启用了此模型。有关更多信息，请参见文献 [15]。

电荷分配模型

电荷分配模型表明了如何将反型层电荷分为源极和漏极电荷，通常有三个选项：50%/50%、40%/60% 和 0%/100%。40%/60% 的分配模型被认为是最接近物理模型的 [13]。实际的分配将取决于节点电压，这是一个很难通过分析解决的问题 [13]。在使用不同的应用程序时，有时使用此分配模型会得到错误的答案。

总结

　　上述已经简要介绍了 BSIM4，了解了一些基本的假设，并与早期的 BSIM 版本进行了比较。可以看到，最新的模型精度大大提高，现在已经把许多对小几何尺寸 CMOS 很重要的微妙效应考虑在内。此外，还强调了一些模型的开关设置，它们对于产生正确的仿真结果非常重要。强烈建议读者研究工厂提供的模型文件，并自行判断如何设置这些开关参数才能更准确地仿真所要应用的场景。

3.1.4.2　BSIM6

　　随着该技术用于实现更复杂的物理过程，如绝缘体上系统（SOI）和 FinFET 结构，BSIM 的建模团队一直在致力于改进这一模型。BSIM6 版本下的最新一代模型包含更多针对这些特定技术和其他技术的实现。由于篇幅所限，我们在此仅简要介绍它们的作用，细节留给读者自行探索。强烈鼓励读者按照前几节中描述的思路详细研究这些模型的具体实现方式。

- BSIM-BULK：这是一种新的 BULK BSIM。
- BSIM-SOI：这是基于 BSIM3 的 SOI 结构紧凑模型。
- BSIM-IMG：BSIM-IMG 已被开发成用于仿真超薄体和 BOX SOI 晶体管（UTBB）等独立双栅结构的电气特性的模型。它允许双栅极有不同的电压、功函数、电介质厚度和介电常数。
- BSIM-CMG：这是通用多栅极 FET 的紧凑模型。这个模型可以为具有有限体掺杂的内在和外在模型推导出基于物理表面电位的公式。其中，源极和漏极的表面电位通过多晶硅栅耗尽效应和量子力学效应解析求解，而有限体掺杂的影响是通过扰动方法解决的。表面电位的解析解与二维器件的仿真结果非常吻合。

3.2　双极晶体管模型

　　双极晶体管的建模过程与 CMOS 晶体管完全不同。传统上，硅锗双极晶体管的速度比 CMOS 晶体管快得多，但随着 CMOS 晶体管的几何尺寸不断缩小，这两种技术的速度现在具有了一定的可比性。CMOS 最大的优势在于它在本质上是互补的，即有一个与 NMOS 一样快的 PMOS 晶体管，这就意味着这类晶体管有更多可用的架构选择。

　　在仿真器中实现双极晶体管最困难的地方之一是电流与电压之间强烈的指数关系。这很容易导致模型的求解方案出问题，因为电压的大步长会导致对应的电流增幅过大，第 5 章将会出现这种例子。有一些方法可以解决这个问题，例如将电压偏移限制为某个特定的大小，或者构建一个新的指数函数，一旦输入超出了一定的范围，该函数便不再是指数函数。

　　我们从一般行为的简要描述开始本节，然后在 3.2.2 节～ 3.2.5 节中进行有关模型的讨论。

3.2.1　一般行为

　　双极晶体管的物理原理非常复杂。值得庆幸的是，对于不同数量级的输出电流而言，其物理原理是相同的，这将减少模型中的不连续性，从而有助于求解方程的收敛。我们没有足够的篇幅在这里详细介绍，而只是引用基本结果。读者可以在文献 [2] 中找到具体的讨论过程。

双极晶体管的通用符号如图 3-5 所示。

集电极的输出电流和基极 – 发射极电压之间的基本关系如下：

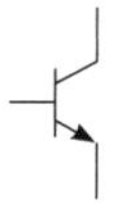

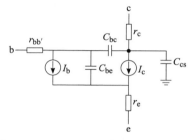

图 3-5 双极晶体管的通用符号。它是一个三端器件，包括基极、集电极和发射极

$$I_c = I_s(e^{qV_{be}/kT} - 1)$$
$$I_b = I_c / \beta$$
$$I_e = I_c + I_b$$

式中，β 是电流放大倍数。

3.2.2 Ebers-Moll 模型

一个更复杂的同时也是第一个开发出来的模型称为 Ebers-Moll 模型[14]。它最初只是一个静态非线性模型，但多年来经过改进后，现在已经包括了电荷存储、电流变化和基区宽度调制（导致有限输出电导）等效应。而描述电容和寄生电阻效应的大信号模型（如早年在 SPICE 中实现的）可以在图 3-6 中找到。

集电极和发射极节点基本电流的关系比 3.2.1 节中指出的要复杂得多，由下式给出：

图 3-6 SPICE BJT 大信号模型（经许可转载，出自 McGraw Hill 出版社）

$$I_c = I_s\left[(e^{qV_{be}/kT} - e^{qV_{bc}/kT})\left(1 - \frac{V_{bc}}{V_A}\right) - \frac{1}{\beta_r}(e^{qV_{bc}/kT} - 1)\right] + \left[V_{be} - \left(1 + \frac{1}{\beta_r}\right)V_{bc}\right]G_{min}$$

$$I_e = I_s\left[\frac{1}{\beta_f}(e^{qV_{be}/kT} - 1) + \frac{1}{\beta_r}(e^{qV_{bc}/kT} - 1)\right] + \left(\frac{V_{be}}{\beta_f} + \frac{V_{bc}}{\beta_r}\right)G_{min}$$

3.2.3 Gummel-Poon 模型

多年以来，Gummel-Poon 模型一直是主流，现在却或多或少有些过时了。它通过考虑小电流和大注入的影响对 Ebers-Moll 模型进行了扩展，图 3-7 展示了 Gummel-Poon 模型的等效电路。晶体管分为四个工作区：线性区、反型区、饱和区和截止区。

线性区

在线性区，$V_{be} > -5n_fkT/q$ 且 $V_{bc} \leq -5n_fkT/q$：

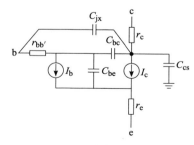

图 3-7 Gummel-Poon 大信号模型展示了分布式基极 – 集电极电容 C_{jx}（经许可转载，出自 McGraw Hill 出版社）

$$I_c = \frac{I_s}{q_b}\left(e^{\frac{qV_{be}}{n_f kT}} + \frac{q_b}{\beta_r}\right) + C_4 I_s + \left[\frac{V_{be}}{q_b} - \left(\frac{1}{q_b} + \frac{1}{\beta_r}\right)V_{bc}\right]G_{min}$$

$$\text{(3-46)}$$

$$I_c = I_s\left(\frac{e^{\frac{qV_{be}}{n_f kT}}}{\beta_f} - \frac{1}{\beta_f} - \frac{1}{\beta_r}\right) + C_2 I_s\left(e^{\frac{qV_{be}}{n_f kT}} - 1\right) - C_4 I_s + \left(\frac{V_{be}}{\beta_f} + \frac{V_{bc}}{\beta_r}\right)G_{min}$$

反型区

在反型区，$V_{be} \leqslant -5n_f kT/q$ 且 $V_{bc} > -5n_f kT/q$：

$$I_c = -\frac{I_s}{q_b}\left[e^{\frac{qV_{bc}}{n_f kT}} + \frac{q_b}{\beta_r}\left(e^{\frac{qV_{bc}}{n_f kT}} - 1\right)\right] + C_4 I_s\left(e^{\frac{qV_{bc}}{n_f kT}} - 1\right) + \left[\frac{V_{be}}{q_b} - \left(\frac{1}{q_b} + \frac{1}{\beta_r}\right)V_{bc}\right]G_{min}$$

$$I_c = I_s\left[\frac{1}{\beta_f} - \frac{1}{\beta_r}\left(e^{\frac{qV_{bc}}{n_f kT}} - 1\right)\right] - C_2 I_s + C_4 I_s\left(e^{\frac{qV_{bc}}{n_f kT}} - 1\right) + \left(\frac{V_{be}}{\beta_f} + \frac{V_{bc}}{\beta_r}\right)G_{min}$$

饱和区

在饱和区，$V_{be} > -5n_f kT/q$ 且 $V_{bc} > -5n_f kT/q$：

$$I_c = \frac{I_s}{q_b}\left[e^{\frac{qV_{be}}{n_f kT}} - e^{\frac{qV_{bc}}{n_f kT}} - \frac{q_b}{\beta_r}\left(e^{\frac{qV_{bc}}{n_f kT}} - 1\right)\right] - C_4 I_s\left(e^{\frac{qV_{bc}}{n_f kT}} - 1\right) + \left[\frac{V_{be}}{q_b} - \left(\frac{1}{q_b} + \frac{1}{\beta_r}\right)V_{bc}\right]G_{min}$$

$$I_b = I_s\left[\frac{1}{\beta_f}\left(e^{\frac{qV_{be}}{n_f kT}} - 1\right) + \frac{1}{\beta_r}\left(e^{\frac{qV_{bc}}{n_f kT}} - 1\right)\right]$$

截止区

在截止区，$V_{be} \leqslant -5n_f kT/q$ 且 $V_{bc} \leqslant -5n_f kT/q$：

$$I_c = \frac{I_s}{\beta_r} + C_4 I_s + \left[\frac{V_{be}}{q_b} - \left(\frac{1}{q_b} + \frac{1}{\beta_r}\right)V_{bc}\right]G_{min}$$

$$I_b = -I_s\frac{\beta_f + \beta_r}{\beta_f \beta_r} - I_s(C_2 + C_4) + \left(\frac{V_{be}}{\beta_f} + \frac{V_{bc}}{\beta_r}\right)G_{min}$$

在所有这些方程中，G_{min} 表示与每个 pn 结并联的最小电导率。

3.2.4 高电流模型

高电流模型（HiCUM）是对我们刚刚讨论的基本 Gummel-Poon 模型的修改。与 Gummel-Poon 模型相比，改进的几个亮点如下：

- Gummel-Poon 的问题之一是对发射极外围的效应不灵敏。这些效应在现代高速晶体管中发挥重要作用。
- 另一个问题是外部基极 – 集电极区域的分布特性。
- 还需要解决发射极的高频小信号电流拥塞问题。

- 其他便利的改进包括基极 – 发射极隔离电容和基极 – 集电极氧化电容。
- 与其他模型相比，模型方程在一定程度上考虑了内部串联电阻。这种方法不需要计算内部电阻，同时也节省了一个节点，减少了计算成本。
- 衬底寄生晶体管有可能在极低的集电极 – 射极电压下导通，称为饱和区，甚至是硬饱和区。该寄生晶体管可以看作一个简单的传输模型。

3.2.5　VBIC 模型

VBIC 是一种双极晶体管（BJT）模型，是作为 SPICE Gummel-Poon（SGP）模型的公共域替代品而开发的。VBIC 模型被设计为尽可能类似于 SGP 模型，但克服了其主要缺陷。以下是 VBIC 模型对 SGP 模型的具体改进：

- 改进的 Early 效应建模。
- 准饱和建模。
- 寄生衬底晶体管建模。
- 寄生固定（氧化）电容建模。
- 包括雪崩倍增模型。
- 改进的温度建模。
- 将基极电流从集电极电流中解耦。
- 电热建模。
- 光滑、连续的模型。

3.3　考虑的模型选项

本章具体讨论了以下 BSIM 选项：
- 非准静态（NQS）模型。
- 栅极电阻模型。
- 衬底电阻模型。

3.4　使用的晶体管模型

实现完整的 BSIM 超出了本书的范围。因此，我们将使用相对简单的模型来全面介绍模拟电路仿真器。我们将使用两种不同的 CMOS 晶体管模型和一种双极晶体管简易指数模型。

3.4.1　CMOS 晶体管模型示例一

新器件是一个传递函数为 $g_m = K v_g^2$ 的电压控制电流源（VCCS）。这或许是大家能想到的最简单的非线性器件了。毫无疑问，读者会发现该传递函数形式上近似于当阈值电压等于零时的 CMOS 晶体管传递函数。这其实并非巧合。为了进一步理解，我们需要注意电流方向的定义，因为电流的正反方向分别适用于 NMOS 和 PMOS 晶体管。如图 3-8 所示，图中指出了源极电流和漏极电流的方向。按惯例，输入设备（或子电路）的电流方向为正；输出电流的方向为负。对于 NMOS 晶体管，漏极电流 I_d 可表示为

$$I_d = K(V_g - V_s)^2 = KV_{gs}^2 \tag{3-47}$$

对于 PMOS 晶体管，I_d 为负值：

$$I_d = -K(V_s - V_g)^2 = -KV_{sg}^2 \tag{3-48}$$

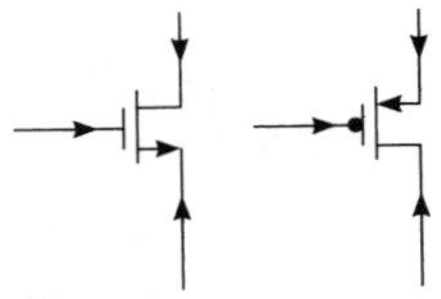

图 3-8 PMOS 和 NMOS 晶体管中定义的源极电流和漏极电流

请注意 PMOS 晶体管模型中下标的细微变化。对于此模型，它没有意义，但它对于接下来介绍的 CMOS 晶体管模型示例二较为重要。

3.4.2 CMOS 晶体管模型示例二

到目前为止，我们使用的晶体管模型只是非常基础的模型，因此我们可以说明如何实现非线性求解器。该模型具有无限输出阻抗且没有线性区域，更糟糕的是，当栅 – 源电压为负时，它会反向导通。因此，上述模型实用性较差。这里构建一个更加真实的模型，但相较于 BSIM 的质量仍差距较大。漏极电流随端口电压变化的关系表示如下：

$$I_d = \begin{cases} 0, V_{gs} - V_{th} < 0 \\ 2K\left[(V_{gs} - V_{th})V_{ds} - \dfrac{1}{2}V_{ds}^2\right], \ V_{ds} < V_{gs} - V_{th} \\ K(V_{gs} - V_{th})^2(1 + \lambda V_{ds}), \ 其他 \end{cases} \tag{3-49}$$

式中，V_{th} 是阈值电压（这里设定为恒定值），常数 K 与之前使用的定义一致，λ 是控制饱和时漏极输出阻抗的参数。PMOS 晶体管的方程非常相似，但有一些符号变化，与我们之前在更简单的 CMOS 晶体管模型示例一中看到的一致：

$$I_d = \begin{cases} 0, \ V_{sg} - V_{th} < 0 \\ -2K\left[(V_{sg} - V_{th})V_{sd} - \dfrac{1}{2}V_{sd}^2\right], \ V_{sd} < V_{sg} - V_{th} \\ -K(V_{sg} - V_{th})^2(1 + \lambda V_{sd}), \ 其他 \end{cases} \tag{3-50}$$

3.4.3 双极晶体管模型示例三

我们使用的双极晶体管模型在下式中给出：

$$I_c = -I_e = \begin{cases} I_0 \exp\left(\dfrac{V_{be}q}{kT}\right)\left(1 + \dfrac{V_{ce}}{V_A}\right), \ V_{be} > 0 \\ 0, \ V_{be} \leq 0 \end{cases} \tag{3-51}$$

我们用 V_A 表示 Early 电压。该模型在结构上与 CMOS 模型相似，但工作区域较少。这个方程的指数性质将在后面章节的实现部分引起一些有趣的问题。

3.5 本章小结

在本章中，我们研究了现代工艺技术关键器件的基础物理机理，希望通过本章能让设计者了解晶体管器件模型是如何构建的，以便能够更好地进行仿真。在回顾基础物理机理之后，本章概述了模型构建过程，以及美国加州大学伯克利分校器件小组 BSIM 的研发历史。在此过程中，本章重点介绍了各种近似方法，并指出了为何现代代工厂的标称模型文件有时会存在局限性，还提供了一些需要注意的示例。此外，我们还简要概述了鳍形场效应晶体管（FinFET）的物理机理，并展示了如何降低漏极引起的势垒降低等效应，进而有效降低晶体管的输出电导，从而获得更高的总体基本增益 $g_m r_o$。

最后，我们提供了一组仿真示例，这对读者开始学习使用一组新模型很有帮助。

3.6 练习

1. 使用图 3-9 中的模型推导 FinFET 的物理原理。

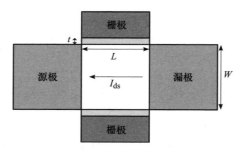

图 3-9　FinFET 的二维近似图

2. 讨论 FinFET 具有优越的跨导和输出电导的原因。

参考文献

1. Taur, Y., & Ning, T. H. (2009). *Fundamentals of modern VLSI devices* (2nd ed.). Cambridge: Cambridge University Press.
2. Antognetti, P., & Massobrio, G. (1998). *Semiconductor device modeling with spice* (2nd ed.). India: McGraw Hill Education.
3. Hu, C. H. (2009). *Modern semiconductor devices for integrated circuits*. London: Pearson Publishing.
4. Sahrling, M. (2019). *Fast techniques for integrated circuit design*. Cambridge: Cambridge University Press.
5. Pao, H. C., & Sah, C. T. (1966). Effect of diffusion current on characteristics of metal-oxide (insulator)-semiconductor transistors. *Solid State Electronics, 9*(10), 927–937.
6. Sze, S. M. (2006). *Physics of semiconductor devices*. Hobroken: John Wiley.
7. Ashcroft, N. W., & Mermin, N. D. (1976). *Solid state physics*. New York: Brooks Cole.
8. Neamen, D. A., & Biswas, D. (2017). *Semiconductor physics and devices* (4th ed.). India: McGraw Hill Education.

9. Sheu, B. J., et al. (1987). BSIM: Berkeley short-channel IGFET model for MOS transistors. *IEEE Journal of Solid-State Circuits, 22*(4), 558–566.
10. Huang, J. H., et al. (1993). A robust physical and predictive model for depp-submicrometer MOS circuit simulation, Electronics Research Laboratory, UCB/ERL M93/57.
11. Chauhan, Y. S., et al. (2012). BSIM – Industry standard compact MOSFET models. *IEEE*, 30–33.
12. Xi, X., et al. (2004) The next generation BSIM for sub-100nm mixed-signal circuit simulation. *IEEE Custom Integrated Circuits Conference*, 13–16.
13. Ward, D. E., & Dutton, R. W. (1978). A charge-oriented model for MOS transistor capacitances. *IEEE Journal of Solid State Circuits, 13*, 703–708.
14. Ebers, J. J., & Moll, J. L. (1954). Large signal behavior of junction transistors. *Proceedings of IRE, 42*, 1761–1772.
15. Niknejad, A., et al. (2020). *BSIM4 manual*. http://bsim.berkeley.edu/models/bsim4/

第 4 章 |Chapter 4|

电路仿真器：线性情况

本章讨论仿真器的基础知识，重点关注线性系统。我们先以一个简单的电路网络为例，用它来演示如何将任意电路网络构建为矩阵方程。由于矩阵方程天然适用于交流分析，我们将从交流分析开始，将我们的仿真结果与专业仿真器的结果进行比较。然后，我们们将分析扩展到线性电路的瞬态仿真，其中包括电容器和电感器等元件。通过瞬态仿真，我们还可以演示各种积分方法的区别。

4.1 引言

电路仿真器根据电子元器件对电流和电压冲激的响应来求解基尔霍夫电流定律（Kirchhoff's Current Law，KCL）和电压定律（Kirchhoff's Voltage Law，KVL）。本章将展示仿真器在求解线性电路时的基本结构。首先将简要地介绍仿真器的发展历史。然后以一个简单电路的基本矩阵方程为例，说明如何在计算机程序中建立通用的矩阵方程。我们只简单解释这些一般方程的推导过程，因为这些推导已经进行过很多次了，并且我们将在第 7 章中提供更多数学推导的细节和大量参考资料供有兴趣的读者深入了解。

因为我们正在研究线性系统，所以本章将从交流分析中的单频传递函数开始，这也是理解一般仿真方法很好的起点。自然而然地，接下来我们将研究瞬态分析。在第 2 章，我们提到了在差分方程的帮助下实现微分方程的 4 种不同方法，而这 4 种方法具有不同的特性，本章将提供代码和网表来展现这些特性。

4.2 发展历史

在 20 世纪 60 和 70 年代，很多人尝试开发一种计算机辅助设计（Computer-Aided Design，CAD）技术来搭建我们所需的电路[1-8]。20 世纪 60 年代，许多仿真器是由美国国防部主导编写的，因此它们在公开领域的使用受到限制。加州大学伯克利分校的 D.O.Pederson 教授很快提出"专注于集成电路的仿真程序"（Simulation Program with Integrated Circuit Emphasis，SPICE），该程序在计算机中创建电路网络方程，并使用数值技术求解这些方程。在当时，人们常常认为这是浪费时间。当时的想法是，计算机仿真太不准确，无法产生有意义的结果。另一些人则认为仿真晶体管的真实特性难度太大，但这都没有让 Pederson 教授和他的学生们气馁。我们都应该感谢 Pederson 教授和他的团队对使用 SPICE 进行计算机仿真的坚定信念。

SPICE 的第一个版本于 1973 年在加拿大滑铁卢的一次会议上提出 [7]。它由 Pederson 教授的学生 Laurence Nagel 编写。这是一个由被称为 CANCER（Computer Analysis of Nonlinear Circuits，Excluding Radiation，不包括辐射的非线性电路计算机分析）的专利程序衍生而来的版本。因此，Pederson 坚持重写该程序，以便删除其中的专利限制，从而使得代码可以公开使用。除此之外，该代码还在可以包含哪些电路元器件上受到了一定的限制，并且使用了固定的仿真时间步长。随着 1975 年 SPICE2 的发布，该程序变得更受欢迎 [6]。这时的仿真器采用了可变的仿真时间步长，并且包含了更多的电路元器件。SPICE 的第一代是用 FORTRAN 编写的，它的最终版本是 1983 年的 SPICE2g.6。下一代的 SPICE 于 1989 年发布，即 SPICE3，是用 C 语言编写的，其中添加了使用 X Window 系统的图形界面。该代码可以公开使用，并且只象征性地收取了相当于一盒磁带价格的费用，这促进了 SPICE3 的迅速普及。本书作者从 20 世纪 90 年代中期开始使用 SPICE 并获益匪浅。从此，SPICE 就成为电路仿真器的代名词。

SPICE 的开发在 2011 年被评为"IEEE 里程碑"（IEEE Milestone），L.Nagel 也因其开发的原始代码于 2019 年获得了固态电路领域的 Donald O.Pederson 奖。

4.3　矩阵方程

第 2 章中提到了矩阵方程及其解法，这是许多现代仿真方法的关键，工程师必须了解如何建立和求解这些方程。本节将讨论如何对给定的电路拓扑结构建立此类方程。大多数学生已在电路分析的初级课程中学习过如何分析简单的电路拓扑，本节将展示如何在构建仿真器矩阵方程时将这些方法系统化。我们将从无源器件开始，然后用一个简单的无源网络构建完整的矩阵方程，这应该是大多数读者熟悉的内容。然后，我们将使用这个例子来推广建立仿真器矩阵方程的通用方法。第 7 章包含了许多数学细节和证明，供有兴趣的读者进一步研究。在采用这种通用方法之后，我们将使用它来构建一个简单的 Python 程序，该程序可用于读取电路网表和建立矩阵方程。此后，我们将使用 Python 中的内置矩阵求解器来求解方程组并与其他 SPICE 仿真器进行比较。这样做的主要目的是表明该方法相当简单，并消除了那些关于电路仿真器的谜团。当然，专业的电路仿真器必然包含更多的优化技巧，并且不同仿真器在实现细节上是有区别的。

在展示如何进行无源器件的仿真设置之后，我们将继续定义有源器件，并展示如何以与无源器件类似的方式构建完整的矩阵方程。

4.3.1　无源器件

无源电路器件是只能在电场或磁场中耗散、吸收或存储能量的器件，它们的运行不依赖任何形式的能量。最明显的例子是我们将在本节中描述的电阻器、电容器和电感器。让我们首先回顾一下控制无源器件运行的基本方程。任何电路元器件都可以通过其电流 – 电压的关系来描述：

$$i(t) = f\left(v(t), \frac{\mathrm{d}v(t)}{\mathrm{d}t}\right) \text{ 或 } v(t) = f\left(i(t), \frac{\mathrm{d}i(t)}{\mathrm{d}t}\right) \qquad （4\text{-}1）$$

如果 f 为线性函数，则称这个电路元器件为线性元器件。如果电流 – 电压的关系由下式确定，则称这个元器件为电阻器：

$$v(t) = i(t)R(t) \qquad （4\text{-}2）$$

这里我们主要讨论线性电阻，R 是电阻，为常数。虽然非线性电阻器是一种重要的电路元件，但是我们不在这里讨论。我们可以类似地定义电感器为

$$v(t) = L(t)\frac{\mathrm{d}i(t)}{\mathrm{d}t} \qquad （4\text{-}3）$$

电容器为

$$i(t) = C(t)\frac{\mathrm{d}v(t)}{\mathrm{d}t} \qquad （4\text{-}4）$$

式中，L 称为电感，C 称为电容。这两个元件通常称为动态元件，我们可以假设变量 L、C 与电流和电压无关。实际上，在电路中，比如在 CMOS 器件中，存在非线性电容器，这会使仿真器的解决方案、精度和收敛性显著复杂化，我们将在第 5 章中讨论这方面的几个例子。仅由电阻器组成的网络称为电阻网络，包含电容器和电感器的网络通常称为动态网络。如果一个网络只有无源器件，则称其为线性网络或线性电路。

现在来考虑一个简单电路，如图 4-1 所示。

我们可以写出 v_1 点的 KCL 方程为

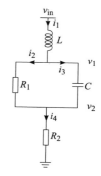

图 4-1　一个被 v_{in} 驱动的简单线性电路

$$i_1 = i_2 + i_3 \qquad （4\text{-}5）$$

在 v_{in} 点，KCL 方程更加简单：

$$i_{\mathrm{in}} = i_1 \qquad （4\text{-}6）$$

各个元件的电流可以通过式（4-1）、式（4-2）和式（4-3）得到，联立可得以下方程组：

$$\begin{cases} i_1 = i_2 + i_3 \\ i_4 = i_2 + i_3 \\ v_{\mathrm{in}} - v_1 = L\dfrac{\mathrm{d}i_1}{\mathrm{d}t} \\ i_2 = \dfrac{v_1 - v_2}{R_1} \\ i_3 = C\dfrac{\mathrm{d}(v_1 - v_2)}{\mathrm{d}t} \\ i_4 = \dfrac{v_2}{R_2} \end{cases} \qquad （4\text{-}7）$$

我们有 6 个方程和 6 个未知数，因此我们不难解出这 6 个未知数。我们也可以很容易地看到方程组中存在矩阵关系，其中有 4 个未知电流和 2 个未知电压。假设 L、C 为常数，我们就可以用一组线性方程将这些未知数相互关联起来。通过重新整理方程，我们可以将这些方程写成矩阵形式：

$$
\begin{pmatrix}
0 & 0 & 1 & -1 & -1 & 0 \\
0 & 0 & 0 & 1 & 1 & -1 \\
1 & 0 & L\dfrac{d}{dt} & 0 & 0 & 0 \\
-1 & 1 & 0 & R_1 & 0 & 0 \\
-C\dfrac{d}{dt} & C\dfrac{d}{dt} & 0 & 0 & 1 & 0 \\
0 & -1 & 0 & 0 & 0 & R_2
\end{pmatrix}
\begin{pmatrix}
v_1 \\ v_2 \\ i_1 \\ i_2 \\ i_3 \\ i_4
\end{pmatrix}
=
\begin{pmatrix}
0 \\ 0 \\ v_{in} \\ 0 \\ 0 \\ 0
\end{pmatrix}
\tag{4-8}
$$

式中，导数项通过求导运算符代替。我们可以看到，这些方程有着不同的形式。前两个来自节点 v_1 和 v_2 的 KCL 方程，通常称为拓扑约束，因为它们基于电路连通性的条件（拓扑结构）。其余方程来自元件本身以及它们如何通过电流与它们两端的电压联系起来，因此称为单元或分支方程。在下一节中，我们将首先从单频的角度来看这些方程，然后进行瞬态分析。在瞬态分析中，我们将细致地处理这些导数。

关于以上矩阵方程有几个有趣的事情需要注意。首先，这里面有很多零元素。这是电路矩阵方程的一个共同特征。大多数情况下，矩阵可以被表征为一个稀疏矩阵，其中非零元素的数量为 $\mathcal{O}(N)$（N 是行 / 列数）。稀疏矩阵的求解本身就是一个研究领域，因为这是一个常见问题 [9]。另一个有趣的点是接地节点没有出现在电路网络方程中。这是因为添加地面节点方程会使得这个方程组变成超定方程组。事实上，它不会向该电路的分析添加任何新的信息，因此可以省去（参见第 7 章和文献 [1-8，10-15]）。

4.3.2　交流分析

传统上，交流分析，即单频分析，通过不断改变激励的频率来计算系统响应。交流分析中的电路都是线性电路，如果底层电路包含了非线性元件，则这些非线性元件会在某个偏置点上进行线性化的近似。本节将使用上一节中的电路作为示例来观察此类仿真。我们还将讨论如何将这种分析通过一些极其简单的规则进行推广，从而使我们可以在任意电路拓扑中创建矩阵方程。本节还将介绍一些关于无源器件的约束，以及这些约束如何用于各种源（电压 / 电流）和多端口受控源。然后，我们将在 Python 代码脚本中实现这些约束，并通过几个电路示例演示运行结果。最后，我们鼓励读者使用本章末尾的练习进行更多的探索。

如果电路是线性的并且受单频信号 $e^{j\omega t}$ 的驱动，那么我们可以对导数项进行化简，用乘以 $j\omega$ 代替求导运算（因为求导可以变化为 $\dfrac{de^{j\omega t}}{dt} = j\omega e^{j\omega t}$，其中的指数项是同类项，可以消掉）。因此，3 个基本无源器件的电压 – 电流关系可以表示为

$$v(\omega) = i(\omega)R \qquad v(\omega) = j\omega Li(\omega) \qquad i(\omega) = j\omega Cv(\omega) \tag{4-9}$$

现在，再来考虑如图 4-1 所示的电路。

将式（4-8）中的微分算符替换之后，可以得到以下矩阵方程：

$$\begin{pmatrix} 0 & 0 & 1 & -1 & -1 & 0 \\ 0 & 0 & 0 & 1 & 1 & -1 \\ 1 & 0 & j\omega L & 0 & 0 & 0 \\ -1 & 1 & 0 & R_1 & 0 & 0 \\ -j\omega C & j\omega C & 0 & 0 & 1 & 0 \\ 0 & -1 & 0 & 0 & 0 & R_2 \end{pmatrix} \begin{pmatrix} v_1 \\ v_2 \\ i_1 \\ i_2 \\ i_3 \\ i_4 \end{pmatrix} = \begin{pmatrix} 0 \\ 0 \\ v_{in} \\ 0 \\ 0 \\ 0 \end{pmatrix} \tag{4-10}$$

在进行仿真之前，我们先对矩阵方程进行化简。观察式（4-10）可以发现，其中有些项具有阻抗的形式，如 $j\omega L$；而另一些项具有导纳的形式，如 $j\omega C$。事实上，这是一个普遍的性质[4-5,10]，因此我们可以用阻抗矩阵或导纳矩阵的形式写出分支方程。为了进一步展示这一特性，我们将式（4-10）中的矩阵重写为以下形式：

$$\begin{pmatrix} 1 & -1 & -1 & 0 \\ j\omega L & 0 & 0 & 1 \\ 0 & 1 & 0 & -\dfrac{1}{R} \\ 0 & 0 & 1 & -j\omega C \end{pmatrix} = \begin{pmatrix} A & 0 \\ Z & Y \end{pmatrix} \tag{4-11}$$

式中，Z 为阻抗矩阵：

$$Z = \begin{pmatrix} j\omega L & 0 & 0 \\ 0 & 1 & 0 \\ 0 & 0 & 1 \end{pmatrix} \tag{4-12}$$

A 和 Y 则如下所示：

$$A = (1 \quad -1 \quad -1), Y = \begin{pmatrix} \dfrac{1}{j\omega L} \\ -\dfrac{1}{R} \\ -j\omega C \end{pmatrix} \tag{4-13}$$

矩阵 A 为约化关联矩阵[1-8,10]，Y 为导纳矩阵。然后，我们可以得到一个简练的矩阵方程：

$$\begin{pmatrix} A & 0 \\ Z & Y \end{pmatrix} \begin{pmatrix} i_1 \\ i_2 \\ i_3 \\ v_o \end{pmatrix} = \begin{pmatrix} 0 \\ v_{in} \\ 0 \\ 0 \end{pmatrix} \tag{4-14}$$

在有些书中，这也被称为简化形式的稀疏表分析（Sparse Tableau Analysis，STA）。在本书中，我们将一直使用此公式，由于其中所有电流和支路电压均为显式未知数，因此更容易观察特定的变量。通过将大多数元件电流重写为电压的函数，可以进一步简化方程组进而得出节点分析法。但节点分析法很少使用，在仿真器中最常用的是修正节点分析法（Modified Nodal Analysis，MNA）。在修正节点分析法中，一些电流被加回方程组中，在第 7 章和文献 [4-5，10-15] 中有更多关于不同形式方程的细节。这些公式很容易建立，因为只要按照一些简单的规则读取电路网表，就可以在线性时间内建立矩阵方程。为了了解如何做到这一点，让我们再次观察式（4-10）：

$$\begin{cases} i_1 - i_2 - i_3 = 0 \\ -i_4 + i_2 + i_3 = 0 \\ i_1 j\omega L + v_1 = v_{in} \\ i_2 R_1 - v_1 + v_2 = 0 \\ i_3 - v_1 j\omega C = 0 \\ i_4 R_2 - v_2 = 0 \end{cases} \qquad (4\text{-}15)$$

前 2 个方程是节点 v_1、v_2 处的 KCL。接下来的 4 个方程描述了 4 个未知电流 $i_{1\to4}$ 是如何确定的。一般来说，会有一定数量的节点电压 v_i（$0 \leqslant i < N$）和支路电流 i_j（$0 \leqslant j < M$）。矩阵中的每一行对应于一个节点的 KCL（如果是电压）或一条支路的分支方程（如果是电流）：

$$\begin{pmatrix} v_0 \\ \vdots \\ v_{N-1} \\ i_0 \\ \vdots \\ i_{M-1} \end{pmatrix} \qquad (4\text{-}16)$$

以电阻器 R_1 为例，它在第 1 个方程中展现为从节点 v_1 吸收电流；在第二个方程中展现为向节点 v_2 提供电流；还在第 4 个方程中作为分支方程的变量出现：

$$\begin{matrix} v_1 \\ v_2 \\ \vdots \\ i_2 \end{matrix} \begin{pmatrix} & & \cdots & -1 \\ & & \cdots & +1 \\ \vdots & \vdots & \vdots & \vdots \\ -1 & +1 & \cdots & R_1 \end{pmatrix} \qquad (4\text{-}17)$$

这种形式适用于任何网表中的任何电阻器，我们将其称为电阻器的矩阵特征。一般来说，对于连接节点 a、b 的电阻器，流过电阻器的电流记为 i_R，则电阻器在稀疏表分析中有以下特征：

$$\begin{matrix} v_a \\ v_b \\ \vdots \\ i_R \end{matrix} \begin{pmatrix} & & & -1 \\ & & & +1 \\ & & & \vdots \\ -1 & +1 & \cdots & -R \end{pmatrix} \begin{pmatrix} v_a \\ v_b \\ \vdots \\ i_R \end{pmatrix} \qquad (4\text{-}18)$$

在本讨论中，我们将 i_R 作为需要求解的未知数，但这并不总是必要的，因为有时可能不需要明确地知道该电流。再次观察式（4-10），但是现在我们使用式（4-10）中的第 3 个等式替换所有的电流 i_2：

$$\begin{cases} i_1 - \dfrac{v_1 - v_2}{R_1} - i_3 = 0 \\ -i_4 + \dfrac{v_1 - v_2}{R_1} + i_3 = 0 \\ i_1 j\omega L + v_1 = v_{\text{in}} \\ i_3 - v_1 j\omega C = 0 \\ i_4 R_2 - v_2 = 0 \end{cases} \qquad (4\text{-}19)$$

现在，电阻器仅出现在 KCL 方程中：

$$\begin{matrix} v_1 \\ v_2 \\ i_2 \\ i_3 \end{matrix} \begin{pmatrix} -1/R_1 & +1/R_1 \\ +1/R_1 & -1/R_1 \\ \\ \end{pmatrix} \qquad (4\text{-}20)$$

事实上，这是电阻器的一般特征，即通过电阻器的电流并不重要，也无须明确地保留。

我们在矩阵方程中遇到了两种观察电阻器的方法：一种方法保存通过电阻器的电流；而另一种则是忽略它的电流。如果想要减小矩阵的大小，从而加快求解时间，那么后者显然是更加有效的。

> 限制需保存电流的数量始终是一个好方法，因为这样可以使得待求解的方程组变得更小。

为了符合本书的目的，并观察通过各个元件的电流，我们将尽可能以稀疏表分析的形式保存通过任何元件的电流，这样做是为了更好地解释原理。虽然这使得矩阵更大，但是示例电路很小，因此不会对仿真时长产生太大影响。电阻器的 Python 代码片段如下所示：

```
if DeviceType = 'Resistor':
        Matrix[DeviceBranchIndex][DeviceNode1Index]=1
        Matrix[DeviceBranchIndex][DeviceNode2Index]=-1
    // This is the branch equation row, indicated by the variable
DeviceBranchRow,
     // The columns are set by the DeviceNode1Columns and
DeviceNode2Column variables
        Matrix[DeviceBranchIndex][DeviceBranchIndex]=-Resistance
        Matrix[DeviceNode1Index][DeviceBranchIndex]=1
        Matrix[DeviceNode2Index][DeviceBranchIndex]=-1
    // These two rows are the KCL equations
```

以相同的方式处理电感器和电容器就比较简单了。同时我们发现，因为电感器在直流下零阻抗的特性，所以只有在保存电流的情况下才能得到相应的方程。

因此，对于电感器，方程见式（4-21）。

$$
\begin{array}{c}
\begin{array}{ccc} v_a & v_b & i_L \end{array} \\
\begin{array}{c} v_a \\ v_b \\ i_L \end{array}
\left(
\begin{array}{ccc}
 & & -1 \\
 & & +1 \\
+1 & -1 & -j\omega L
\end{array}
\right)
\end{array}
\tag{4-21}
$$

当忽略其电流时，电容器的方程见式（4-22）。

$$
\begin{array}{c}
\begin{array}{cc} v_a & v_b \end{array} \\
\begin{array}{c} v_a \\ v_b \end{array}
\left(
\begin{array}{cc}
+j\omega C & -j\omega C \\
-j\omega C & +j\omega C
\end{array}
\right)
\end{array}
\tag{4-22}
$$

当保留其电流时，则见式（4-23）。

$$
\begin{array}{c}
\begin{array}{ccc} v_a & v_b & i_C \end{array} \\
\begin{array}{c} v_a \\ v_b \\ i_C \end{array}
\left(
\begin{array}{ccc}
 & & -1 \\
 & & +1 \\
+j\omega C & -j\omega C & -1
\end{array}
\right)
\end{array}
\tag{4-23}
$$

敏锐的读者肯定会有一种感觉，现实中的事情应该要更复杂一点。是的，当遇到具有各种独立或非独立电源和有源器件的真实网络时，难度会上升几个等级。接下来，我们将讨论如何考虑各种电源的影响，在文献中这些通常被称为有源器件。

4.3.3 有源器件

有源电路器件是为电路提供能量的电子器件，包括各种类型的电压源和电流源，当然还有晶体管。本书将使用电压源对晶体管进行建模，因此我们对有源器件的讨论将仅限于电压源和电流源。

一个器件如果满足以下条件之一，则被称为有源器件：

1）器件两端的电压或通过器件的电流为常数或仅是时间的函数，即 $v(t)$, $i(t) = f(t)$，则被称为独立电压或电流源。

2）器件两端的电压或通过器件的电流为通过其他网络器件的电流的函数或跨其他网络器件的电压的函数，则被称为受控电压或电流源。

电压控制器件有两种，即电压控制电压源（Voltage-Controlled Voltage Source，VCVS）和电压控制电流源（Voltage-Controlled Current Source，VCCS）。同样，对于电流控制器件，有电流控制电压源（Current-Controlled Voltage Source，CCVS）和电流控制电流源（Current-Controlled Current Source，CCCS）。本节将介绍所有这些独立电源和受控电源。

4.3.3.1 独立电源

独立电源是电压或电流源，其输出电压或电流信号为时间或频率的函数，与其他器件或节点参数无关。电压源通常被认为是 0Ω 器件。电压源可以在任意给定的时间或频率点提供其余节点所需的任意电流（电压源自身电压是确定的）。电流源类似为一种具有无限阻抗的器件，可以在任意电压的情况下对连接节点上的其他器件提供电流。它们在仿真器中的工作原理将很快变得清晰。我们从独立电压源开始，然后讨论独立电流源。

独立电压源

首先，最简单的就是独立电压源。事实上，我们已经在之前的章节中考虑到了这一点。独立电压源简单地出现在矩阵方程式（4-10）的右侧。从该等式中看到，由电压源连接的两个节点是接地节点和节点 v_{in}。在更一般的情况下，当电压源位于两个节点 a 和 b 之间（见图 4-2），我们则可以在数学上将其写为 $v_a - v_b = V$。

这是独立电压源的分支方程。需要特别注意的是，电压源的电流在图中没有标注。这里假设独立电压源可以提供任意幅度和任意相位的电流，即它有 0Ω 的阻抗。唯一的要求是节点 a 和 b 处所有其他电流的总和应具有相同的幅度和相反的符号。换句话说，在节点 a 处，进入电压源的电流为 i_v；而在节点 b 处，流出电压源的电流为 $-i_v$。本书中设流入器件的方向为正方向，即流入器件的电流为正，流出器件的电流为负。

如果我们将此电流视为矩阵中单独的一项，则节点 a 处的 KCL 为 $\cdots + i_v + \cdots = 0$，$b$ 处的 KCL 为 $\cdots - i_v + \cdots = 0$。

需要注意的是，如果有两个独立的电压源，如图 4-3 所示并联连接两个节点，那么会发生什么情况？由于电压源提供的电流由节点上所有其他的电流确定，因此图 4-3 所示的系统通常没有解，仿真器也会发出拓扑错误标志并要求用户修复。

图 4-2 独立电压源

图 4-3 两个并联的独立电压源

现在应该很清晰，在读取网表时，电压源将具有以下特征：

$$
\begin{array}{c}
\begin{array}{ccc} v_a & v_b & i_v \end{array} \\
\begin{array}{c} v_a \\ v_b \\ i_v \end{array}
\begin{pmatrix} & & +1 \\ & & -1 \\ +1 & -1 & \end{pmatrix}
=
\begin{pmatrix} \\ \\ V \end{pmatrix}
\end{array}
\tag{4-24}
$$

可以看到，电压值现在是方程右侧的一项，并且假设电压 V 已知。在示例中，电压源连接在电压输入节点和接地节点（或零）之间。因此，节点 b 不存在，因为地面节点方程不会向系统添加任何新信息，从而被忽略。

独立电压源的伪代码片段如下所示：

```
if DeviceType = 'Voltage Source':
    Matrix[DeviceBranchIndex][DeviceNode1Index] = 1
    Matrix[DeviceBranchIndex][DeviceNode2Index] = -1
    rhs[DeviceBranchIndex] = DeviceValue
// This is the branch equation row, indicated by the variable
DeviceBranchRow,
    // The columns are set by the DeviceNode1Columns and
DeviceNode2Column variables
        Matrix[Nodes.index[DeviceNode1Index][DeviceBranchIndex]=1
        Matrix[Nodes.index[DeviceNode2Index][DeviceBranchIndex]=-1
// These are the two KCL equation entries
```

独立电流源

独立电流源可以用类似的方法处理。假设我们用电流源连接节点 a 和 b，如图 4-4 所示。我们按照与独立电压源类似的推理，得到节点 a 的 KCL 为 $\cdots+i_A+\cdots=0$，其中电流 $i_A=I$。类似地，对于节点 b 有 $\cdots-i_A+\cdots=0$。分支电流方程则是 $i_A=I$。它的矩阵特征为

图 4-4　独立电流源

$$\begin{array}{c}v_a v_b i_A\\\begin{array}{c}v_a\\v_b\\i_A\end{array}\left(\begin{array}{ccc}&&+1\\&&-1\\&&+1\end{array}\right)=\left(\begin{array}{c}\\I\end{array}\right)\end{array} \qquad (4\text{-}25)$$

独立电流源的伪代码片段如下所示：

```
if DeviceType = 'Current Source':
    Matrix[DeviceBranchIndex][DeviceBranchIndex] = 1
    rhs[DeviceBranchIndex] = DeviceValue
// This is the branch equation row, indicated by the variable
DeviceBranchIndex,
        Matrix[Nodes.index[DeviceNode1Index][DeviceBranchIndex]=1
        Matrix[Nodes.index[DeviceNode2Index][DeviceBranchIndex]=-1
// These are the two KCL equation entries
```

显然，我们可以直接消除当前行，然后得到 a 点的 KCL 为 LHS=I，b 点的 KCL 为 LHS=$-I$。

在去除显式电流方程时，我们可以发现以下描述独立电流源的方式：

$$\begin{array}{c}v_a\\v_b\end{array}\left(\begin{array}{c}\\\end{array}\right)=\left(\begin{array}{c}-I\\+I\end{array}\right) \qquad (4\text{-}26)$$

这些公式相当直观。从分支方程中，我们注意到输出节点之间的电压可以是任何值。可以看到，输出节点之间的电压根本不进入方程，因此我们说电流源具有无限阻抗，并且输出节点之间的电压将完全由连接到节点的其他元器件决定。类似于独立电压源的情况，这里不能将两个独立的电流源串联在一起。由于电流源的输出阻抗是无限的，因此这种结构想要收敛需要电流完全相同。除非两个电流相同，否则仿真器会发出有关拓扑的报错。

4.3.3.2 受控电源

受控电源稍微复杂一些，因为除了驱动端口之外还有传感端口，我们将分别描述 4 种受控电源是如何工作的，以及如何在矩阵公式中实现它们。我们将从电压控制源（压控电压源和压控电流源）开始，然后介绍电流控制源（流控电压源和流控电流源）。

压控电压源（VCVS）

一个简单的压控电压源如图 4-5 所示。

压控电压源的检测端口 s_1、s_2 不吸收电流，输出电流从器件的节点 a 和 b 输出。与检测节点相比，输出节点之间的电压被放大了 k 倍。我们发现，对于新的方程组，节点 a 和 b 处的 KCL 与上一节中独立电压源的 KCL 相同：节点 a 处的 KCL 为 $\cdots+i_v+\cdots=0$；节点 b 处的 KCL 为 $\cdots-i_v+\cdots=0$。

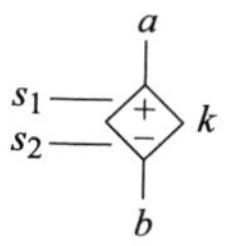

压控电压源的分支方程为 $v_a-v_b=k(v_{s1}-v_{s2})$，或者恒等变换为 $v_a-v_b-k(v_{s1}-v_{s2})=0$。

与独立电压源一样，通过输出节点的电流可以取任何值。

很明显，压控电压源具有如下矩阵所示的特征：

$$
\begin{array}{c}
 \\ v_a \\ v_b \\ \vdots \\ i_V
\end{array}
\begin{array}{cccc}
v_a & v_b & v_{s1} & v_{s2} \\
\end{array}
\left(
\begin{array}{cccc}
 & & & +1 \\
 & & & -1 \\
 & & & \\
+1 & -1 & -k & +k
\end{array}
\right)
\tag{4-27}
$$

图 4-5 简单的线性压控电压源

相比独立电压源，它没有右侧项，因此压控电压源的行为完全由矩阵本身控制。压控电压源的代码片段如下所示：

```
if DeviceType = 'VCVS':
        Matrix[DeviceBranchIndex][DeviceNode1Index]=1
        Matrix[DeviceBranchIndex][DeviceNode2Index]=-1
   // This is the branch equation row, indicated by the variable
DeviceBranchRow,
     // The  columns  are  set  by  the  DeviceNode1Columns  and
DeviceNode2Column variables
        Matrix[DeviceBranchIndex][DeviceNode3Index]=DeviceValue
        Matrix[DeviceBranchIndex][DeviceNode4Index]=-DeviceValue
        Matrix[DeviceNode1Index][DeviceBranchIndex]=1
        Matrix[DeviceNode1Index][DeviceBranchIndex]=-1
   // These two rows are the KCL equations
```

压控电流源（VCCS）

压控电流源是一种针对给定的输入电压来输出电流的器件。它可以被视为一种理想的跨导体。电子产品中的大多数晶体管器件都可以看作跨导体，因此该器件可以用作理想的晶体管。我们也将在本章稍后的部分中将晶体管视为线性跨导体。而在第 5 章中，我们将晶体管视为非线性跨导体。本节假设输入检测端子和输出端子之间存在线性增益。与压控电压源类似，图 4-6 展示了压控电流源的一个简单例子。

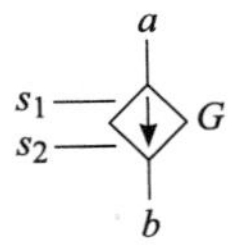

它类似于压控电压源，但这里的输出是输出端子上的电流。我们可以通过如下两个等式表述这一性质：节点 a 处的 KCL 为$\cdots+i_G+\cdots=0$；节点 b 处的 KCL 为$\cdots-i_G+\cdots=0$。

图 4-6 简单的线性压控电流源

这样，分支方程就如式（4-28）所示：

$$i_G = G(v_{s1} - v_{s2}) \tag{4-28}$$

或者等效为

$$i_G - G(v_{s1} - v_{s2}) = 0 \tag{4-29}$$

与之前一样，这很容易转化为矩阵化的描述方式。我们最终得到以下特征：

$$\begin{array}{c} \\ v_a \\ v_b \\ \vdots \\ i_G \end{array} \begin{array}{ccccc} v_a & v_b & v_{s1} & v_{s2} & i_G \\ \left(\begin{array}{ccccc} & & & & +1 \\ & & & & -1 \\ & & & & \\ & & -G & +G & -1 \end{array} \right) \end{array} \tag{4-30}$$

我们看到，压控电流源没有右侧项，这反映压控电流源实际上是受控电源。

由于压控电流源与晶体管传递函数的相似性，本章的其余部分将使用理想跨导体压控电流源的多种形式。

压控电流源的代码片段如下所示：

```
if DeviceType = 'VCCS':
    Matrix[DeviceBranchIndex][DeviceNode3Index]=-DeviceValue
    Matrix[DeviceBranchIndex][DeviceNode4Index]=DeviceValue
    Matrix[DeviceBranchIndex][DeviceBranchIndex]=-1
// This is the branch equation row, indicated by the variable
DeviceBranchIndex,
//
    Matrix[DeviceNode1Index][DeviceBranchIndex]=1
    Matrix[DeviceNode1Index][DeviceBranchIndex]=-1
// These two rows are the KCL equations for Node1 and Node2
```

流控电压源（CCVS）

图 4-7 是一个流控电压源的示例。它检测通过某个元器件（最常见的是电压源）的电流，并在输出端子上产生电压。就 KCL 而言，它看起来就像我们已经讨论过的电压源：节点 a 处的 KCL 为$\cdots+i_E+\cdots=0$；节点 b 处的 KCL 为$\cdots-i_E+\cdots=0$。分支方程可以写为$v_a-v_b=Ei_s$。

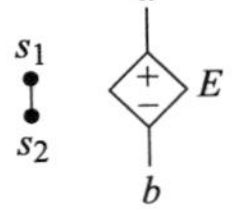

图 4-7 简单的线性流控电压源

我们再次看到该方程不依赖 i_E，因此流控电压源的输出端口可以吸收任何大小的电流。

这些方程很容易转化为矩阵化的描述方式，并得到如下特征：

$$
\begin{array}{c}
\begin{array}{cccc} v_a & v_b & i_S & i_E \end{array} \\
\begin{array}{c} v_a \\ v_b \\ i_S \\ i_E \end{array}
\left(\begin{array}{cccc}
 & & & +1 \\
 & & & -1 \\
 & & & \\
+1 & -1 & & -E
\end{array}\right)
\end{array}
\qquad (4\text{-}31)
$$

它的结构与我们之前介绍的受控电源相似。

流控电压源的代码片段如下所示：

```
if DeviceType = 'CCVS':
    Matrix[DeviceBranchIndex][DeviceNode1Index]=1
    Matrix[DeviceBranchIndex][DeviceNode2Index]=-1
    Matrix[DeviceBranchIndex][DeviceSenseIndex]=-DeviceValue
// This is the branch equation row, indicated by the variable
DeviceBranchRow,
// The columns are set by the two Device Nodes and the Sense cur-
rent, iS
//
    Matrix[DeviceNode1Index][DeviceBranchIndex]=1
    Matrix[DeviceNode2Index][DeviceBranchIndex]=-1
// These two rows are the KCL equations
//
```

流控电流源（CCCS）

最后一个受控电源是流控电流源。流控电流源检测通过某个元器件的电流，在两个输出节点之间输出电流。我们将按照分析其他受控电源的相同步骤提出一个简单的表达式。图 4-8 是流控电流源的示例。

与之前一样，我们可以将分支方程写为 $Ai_S=i_A$。

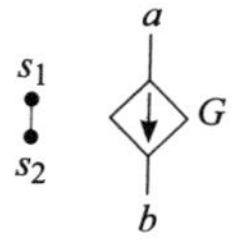

电流输出节点的 KCL 方程也可以写出：节点 a 处的 KCL 为 $\cdots+i_A+\cdots=0$；节点 b 处的 KCL 为 $\cdots-i_A+\cdots=0$。

图 4-8　简单的线性流控电流源

为了将其合并到导纳矩阵的描述中，我们可以将矩阵特征写为如式（4-32）所示的形式。

$$
\begin{array}{c}
\begin{array}{cccc} v_a & v_b & i_S & i_A \end{array} \\
\begin{array}{c} v_a \\ v_b \\ i_S \\ i_A \end{array}
\left(\begin{array}{cccc}
 & & & +1 \\
 & & & -1 \\
 & & & \\
 & & -A & 1
\end{array}\right)
\end{array}
\qquad (4\text{-}32)
$$

我们看到，任何地方都没有出现电压。因此，它的输出端口的输出阻抗无限大，而检测端口的输入阻抗是 0Ω。

流控电流源的代码片段如下所示：

```
    if DeviceType = 'CCCS':
        Matrix[DeviceBranchIndex][DeviceSenseIndex]=-DeviceValue
        Matrix[DeviceBranchIndex][DeviceBranchIndex]=1
// This is the branch equation row, indicated by the variable
DeviceBranchIndex,
// The columns are set by the two Device Nodes and the Sense cur-
rent, iS
//
        Matrix[DeviceNode1Index][DeviceBranchIndex]=1
        Matrix[DeviceNode2Index][DeviceBranchIndex]=-1
// These two rows are the KCL equations
//
```

4.3.4 总结

除了 KCL 方程之外，分支方程将无源和有源器件的电压和电流联系在一起，从而合并到基本导纳方程中，其中元件产生的电流将根据连接性加上或减去。与受控电源和无源器件不同的是，独立电压源和独立电流源在矩阵方程的右侧也会有输入项。

4.4 矩阵的构建：交流分析

本节将研究如何将构建稀疏表分析矩阵系统的代码整合在一起。我们需要读取网表的代码，为了简单起见，使用 SPICE3 的网表格式。本节将以 Python 3 为基础创建仿真器，因为 Python 拥有特别容易获取的代码库。而且，由于它的易用性，它可能是现在最流行的编程语言。我们用它来演示所讨论的各种算法。有关基本代码变量定义和网表语法，请参见附录 A。

以下是一段 Python 代码示例。

```
Python code
#!/usr/bin/env python3
# -*- coding: utf-8 -*-
"""
Created on Thu Feb 28 22:33:04 2019

@author: mikael
"""
import numpy as np
import matplotlib.pyplot as plt
import analogdef as ana
#
# Initialize Variables
#
MaxNumberOfDevices=100
DevType=[0*i for i in range(MaxNumberOfDevices)]
DevLabel=[0*i for i in range(MaxNumberOfDevices)]
```

```
DevNode1=[0*i for i in range(MaxNumberOfDevices)]
DevNode2=[0*i for i in range(MaxNumberOfDevices)]
DevNode3=[0*i for i in range(MaxNumberOfDevices)]
DevModel=[0*i for i in range(MaxNumberOfDevices)]
DevValue=[0*i for i in range(MaxNumberOfDevices)]
Nodes=[]
#
# Read modelfile
#
modeldict=ana.readmodelfile('models.txt')
ICdict={}
Plotdict={}
Printdict={}
Optdict={}
#
    # Read the netlist
    #
    DeviceCount=ana.readnetlist('netlist_4p1.txt',modeldict,ICdict,
Plotdict,Printdict,Optdict,DevType,DevValue,DevLabel,DevNode1,Dev
Node2,DevNode3,DevModel,Nodes,MaxNumberOfDevices)
    #
    # Create Matrix based on circuit size. We do not implement strict
Modified Nodal Analysis. We keep instead all currents
    # but keep referring to the voltages as absolute voltages. We
believe this will make the operation clearer to the user.
    #
    MatrixSize=DeviceCount+len(Nodes)
    #
    # The number of branch equations are given by the number of
devices
    # The number of KCL equations are given by the number of nodes
in the netlist.
    # Hence the matrix size if set by the sum of DeviceCount and
len(Nodes)
    #
    STA_matrix=[[0 for i in range(MatrixSize)] for j in
range(MatrixSize)]
    STA_rhs=[0 for i in range(MatrixSize)]
    #
    # Loop through all devices and create matrix/rhs entries accord-
ing to signature
    #
    NumberOfNodes=len(Nodes)
    for i in range(DeviceCount):
        if DevType[i]=='capacitor' or DevType[i]=='inductor':
            DevValue[i]*=(0+1j)
        STA_matrix[NumberOfNodes+i][NumberOfNodes+i]=-DevValue[i]
```

```
    if DevNode1[i] != '0' :
        STA_matrix[NumberOfNodes+i][Nodes.index(DevNode1[i])]=1
        STA_matrix[Nodes.index(DevNode1[i])][NumberOfNodes+i]=1
    if DevNode2[i] != '0' :
        STA_matrix[NumberOfNodes+i][Nodes.index(DevNode2[i])]=-1
        STA_matrix[Nodes.index(DevNode2[i])][NumberOfNodes+i]=-1
    if DevType[i]=='capacitor':
        STA_matrix[NumberOfNodes+i][NumberOfNodes+i]=1
        if DevNode1[i] != '0' : STA_matrix[NumberOfNodes+i][Nodes.
index(DevNode1[i])]=-DevValue[i]
        if DevNode2[i] != '0' : STA_matrix[NumberOfNodes+i][Nodes.
index(DevNode2[i])]=+DevValue[i]
    if DevType[i]=='VoltSource':
        STA_matrix[NumberOfNodes+i][NumberOfNodes+i]=0
        STA_rhs[NumberOfNodes+i]=DevValue[i]
#
#Loop through frequency points
#
val=[0 for i in range(100)]
for iter in range(100):
    omega=iter*1e9*2*3.14159265
    for i in range(DeviceCount):
        if DevType[i]=='capacitor':
            if DevNode1[i] != '0' :
                STA_matrix[NumberOfNodes+i][Nodes.index(DevNode
1[i])]=DevValue[i]*omega
            if DevNode2[i] != '0' :
                STA_matrix[NumberOfNodes+i][Nodes.index(DevNode
2[i])]=-DevValue[i]*omega
        if DevType[i]=='inductor':
            STA_matrix[NumberOfNodes+i][NumberOfNodes+i]=DevVal
ue[i]*omega
    STA_inv=np.linalg.inv(STA_matrix)
    sol=np.matmul(STA_inv,STA_rhs)
    val[iter]=abs(sol[2])
plt.plot(val)
End Python
```

代码 4.1 如下所示。

```
*
v1 in 0 1
vs vs 0 0
l1 in a 1e-9
r1 a b 100
c1 a b 1.2e-12
r2 b vs 230
```
netlist 4.1

这段代码中只调用了两个函数（读取网表 readnetlist 和矩阵求逆 numpy.linalg.inv），其余部分的功能则是矩阵方程和右侧项的创建，以及扫描频点的循环。

验证

我们现在可以通过将仿真输出与使用网表 4.1 的 ngspice 仿真结果进行比较来验证代码是否有效，如图 4-9 所示。仿真结果显示，最大误差小于 0.001%，说明我们的仿真是正确的。

简而言之，这就是仿真器的工作原理。这段代码展示了交流分析的过程，并且可能是最容易理解的一种实现方式。因为这是一个线性线路，所以对于创建矩阵方程而言，电路的工作点并不重要。在接下来的章节中，我们将扩展这一经验，并展示如何构建线性电路的瞬态仿真器。下一章将介绍非线性器件的复杂情况，希望读者能够体会到这个代码实现是多么简单。毫无疑问，读者可能会怀疑真正地实现要更复杂一些，事实也确实如此。例如，这里没有收敛问题，因为一切都是线性的，也没有出现困难的导数算子。我们将在本章后面和第 5 章讨论如何处理这些情况。

这类仿真器的核心是矩阵求逆。我们使用的是 Python 中内置的矩阵求逆函数，这是一种通用的矩阵求逆方法，旨在处理大多数实际情况。专用于电路的逆矩阵求解器更加专业化，因此速度更快。此外，我们还需要更有效的方法来构建矩阵以实现"真正"的仿真器，此处的例子只是为了展示这种仿真器的整体结构。有很多正在进行的工作使这些数值系统更有效，感兴趣的读者可以参阅文献 [12-17] 了解更多细节。本章之后的部分将讨论线性电路的瞬态仿真。关于非线性和稳态实现的问题将在第 5 章讨论。

使用线性晶体管模型的放大器

借助刚刚完成的分析，我们还可以研究包含线性"晶体管"的电路，并使用 4.3 节中研究过的压控电流源来描述它。现以图 4-10 给出的放大器为例进行分析。

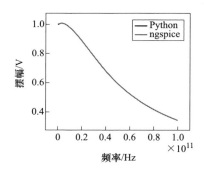

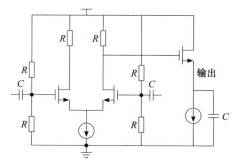

图 4-9　代码仿真结果与 SPICE 仿真结果的
　　　　对比，两条曲线相互重叠在一起

图 4-10　带阻性 / 容性负载的晶体管放大器
　　　　　电路和源随器输出级

我们可以使用之前开发的压控电流源的代码片段，然后将交流分析的代码扩展几行（代码 4.1）。使用调整后的代码（4.9.1 节中的代码 4.2）的电路仿真结果如图 4-11 所示。

很明显，我们可以看到系统中零点和极点的响应。通过与精确的计算结果进行比较，我们可以确定这是一个正确的仿真结果。

```
netlist
vss vss 0 0
vdd vdd 0 0.9
vinp in1 0 1
vinn in2 0 1
r1 vdd inp 100
r2 inp vss 100
r3 vdd inn 100
r4 inn vss 100
r5 vdd outp 100
r6 vdd outn 100
c1 in1 inp 1e-12
c2 in2 inn 1e-12
i1 vs vss 1e-3
m1 outn inp vs nch1
m2 outp inn vs nch1
m3 vdd outp op nch
i2 op vss 1e-3
c3 op vss 1e-13
```
netlist 4.2

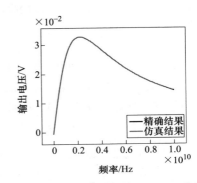

图 4-11　两级线性晶体管放大器电路的交流分析结果

输入电压由输入端的高通滤波器设置：

$$v_i = v_{in} \frac{R/2}{R/2 + 1/(j\omega C)} = v_{in} \frac{j\omega CR}{j\omega CR + 2}$$

该电压会在差分对输出端被放大：

$$v_o = v_i g_m R$$

输出端的电压表达式可以写为

$$v_{out} = v_o \frac{g_{m,2}}{g_{m,2} + j\omega C}$$

最终，可以得到

$$v_{out} = v_{in} \frac{j\omega CR^2 g_m}{j\omega CR + 2} \frac{g_{m,2}}{g_{m,2} + j\omega C}$$

它的幅度为

$$|v_{out}| = v_{in} \frac{\omega CR^2}{\sqrt{(\omega CR)^2 + 4}} \frac{g_m}{\sqrt{(\omega C/g_{m,2})^2 + 1}}$$

图 4-11 也展示了公式计算出的幅频响应。两种结果之间的误差仅为 0.0004%。

在 4.4 节的其余部分中，我们将进行一系列交流分析的应用。一旦知道了电路在线性状态下的响应，就可以了解很多有关电路小信号行为的信息。这对电路设计人员非常有用。电路的线性响应非常重要，因此开发了许多额外的仿真方法。这些额外的仿真方法都基于我们刚刚讨论过的交流分析。

4.4.1　噪声分析

传统上，噪声分析是一种类似交流分析的仿真，因为噪声电压通常很小，可以认为是小信号（振荡器中存在一些例外）。用户需要定义噪声输出节点，仿真器会在器件所在的位置添加噪声源，并求解从每个噪声源到输出的幅频响应。各种器件噪声模型的复杂程度取决于器件的复杂程度。例如，电阻器的噪声通常被建模为一个与电阻器并联的电流源，它的值为

$$< i_{\text{n,res}} >^2 = \frac{4kT}{R} \tag{4-33}$$

式中，<> 表示一段时间内电流的均方根（root-mean-square，rms）值。当然，也可以将其建模为与电阻器串联的噪声电压。与之前的工作相比，现在的有源器件（如 FET、BJT 和二极管）的噪声模型要复杂得多，第 3 章简要提到了这些模型。我们可以用以下伪代码总结噪声仿真：

```
Subroutine noise_sim(Devices, OutputNode)
NoisePower=0
Foreach Device
Pwr=Integrate(Simulate_AC(Device,OutputNode)^2,MinFreq,MaxFreq)
    NoisePower+= Pwr
End Subroutine noise_sim
```

首先在 Python 中实现这个功能，然后将其应用在一个简单的电路上并得到仿真结果。接下来，再在更大规模的电路上运行它，以了解它是如何工作的（参见 4.9.2 节）。

我们先将它应用于图 4-12 所示的电路中。

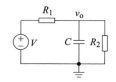

由于两个电阻器产生的噪声不相关，因此总噪声功率是电阻器各自产生的噪声功率之和。有很多方法可以进行输出噪声的计算，但我们在这里假设电阻器上有噪声电流，并计算从该噪声电流到输出的传递函数。我们可以得到 R_1 对噪声的贡献为

图 4-12　噪声传递电路

$$v_{\text{o1}} = i_{\text{n1}} \frac{\text{j}\omega CR_2R_1}{\text{j}\omega C(R_1 + R_2) - \omega^2 C^2 R_1 R_2}$$

同样，可以得到 R_2 对噪声的贡献为

$$v_{\text{o2}} = i_{\text{n2}} \frac{\text{j}\omega CR_2R_1}{\text{j}\omega C(R_1 + R_2) - \omega^2 C^2 R_1 R_2}$$

两个噪声电压的平方和为

$$v_{\text{o}}^2 = (i_{\text{n1}}^2 + i_{\text{n2}}^2) \frac{(\omega CR_2R_1)^2}{\left[\omega C(R_1 + R_2)\right]^2 + \left[\omega^2 C^2 R_1 R_2\right]^2} \tag{4-34}$$

我们可以通过以下网表对这个电路进行仿真：

```
*
Vin in vss 1
R1 out in  50
R2 out vss 50
C1 out vss 50
vss vss 0 0
```
netlist 4.3

图 4-13 展示了仿真结果。仿真结果和精确结果之间只有 0.17% 的误差。

接下来，我们将其应用到如图 4-14 所示的规模更大的电路，并将 Python 的仿真结果与 ngspice 的仿真结果进行比较。

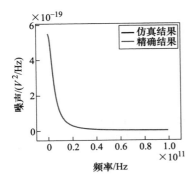

图 4-13　公式解与 Python 仿真程序对
　　　　图 4-12 电路仿真结果的对比，
　　　　两个结果相互重叠

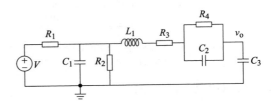

图 4-14　一个更大的用于噪声分析的电路

网表如下所示，仿真结果的比较如图 4-15 所示。

```
*
vdd in 0 1
vss vss 0 0
r1 in a 100
r2 a vss 50
c1 a vss 1e-12
l1 a b 1e-9
r3 b c 10
r4 c out 100
c2 c out 1e-13
c3 out vss 1e-11
netlist 4.4
```

可以看到，Python 程序的仿真结果与 SPICE 仿真器的结果非常相似，最大误差约为 0.07%。

通过交流分析的方法来实现噪声分析存在一定的局限性，主要原因是它将电路置于静态工作点上并对其进行线性化的电路仿真。这使得利用此类噪声分析无法准确预测混频器、开关电容电路、采样保持电路、ADC、DAC 和振荡器的噪声性能。它也完全忽略了混频效应，混频效应中的非线性乘法会使噪声在频率上成倍增加。考虑图 4-16，我们将压控振荡器建模为具有 LC 负载的交叉耦合对（cross-coupled pair）。这时，有源器件的输出电流会将电流源的噪声乘以振荡频率。假设电流源在 f_n 处有噪声，并且振荡器的振荡频率为 f，因此可以得到来自电流源的噪声电流为

$$i_n = A \sin 2\pi f_n t \tag{4-35}$$

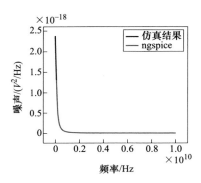

图 4-15 Python 程序与 SPICE 噪声仿
真结果的对比

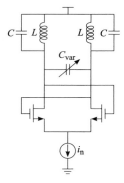

图 4-16 带电流源噪声的简单
压控振荡器

振荡器可以用以下模型建模:

$$i_{osc} = B \sin 2\pi ft \quad\quad (4\text{-}36)$$

此时,输出电流为这两项的乘积:

$$i_{out} = i_{osc} i_n = \frac{AB}{2}[\cos 2\pi(f - f_n)t - \cos 2\pi(f + f_n)t] \quad\quad (4\text{-}37)$$

式(4-37)显示噪声电流在振荡器频率周围产生了两个边带。想象一下,现在噪声源有一个 $1/f$ 噪声分量,该 DC 噪声将出现在振荡器频率周围(事实证明,由于振荡器振荡回路响应,它通常看起来像 $1/f^3$)。这种现象称为相位噪声,无法通过传统的噪声分析来捕捉。取而代之的是周期性噪声分析,我们将在 5.5.4 节中讨论这一点。

即使在放大器等更简单的系统中,噪声分析背后的假设也是不正确的(想象一个由于非线性而存在谐波失真的系统)。类似的计算表明,发生在振荡器中的混频现象也会发生在放大器中。

4.4.2 稳定性分析

稳定性分析通常应用于需要了解相位和增益裕度的电路中。有关稳定性理论的内容在其他书籍中有更深入的讨论,在这里我们仅提供一个简短的摘要供读者了解。

稳定性理论简要回顾

如果一个环路满足巴克豪森(Barkhausen)准则,则这个电路就会产生振荡。

> 巴克豪森(Barkhausen)准则:如果环路相移为 360° 时环路增益大于 1,则系统将发生振荡。

该准则可以定性地判断系统是否会振荡,但它没有说明余量或定量的表示系统可能接近振荡的程度。为了保证稳定,我们需要"远离"振荡点,而这需要定量分析。最一般的稳定性理论是在文献 [18-20] 中讨论的理论,通常称为奈奎斯特(Nyquist)准则。在大多数情况下,该理论可以简化为对增益裕度和相位裕度的讨论。稳定性分析的关键在于如何打开系统环路。通过对开环增益和相移进行仿真（通常通过交流分析实现）并绘制频率函数的方法，我们可以对开环电路进行分析，并判断其稳定性。

理论上，相位裕度可以由传递函数算出（见文献 [20，23]）。

稳定性分析的数值解法

在现代电路设计中，由于我们使用了复杂的电路模型，因此存在着大量的零点和极点。故尝试进行完整的数学分析是不可能的，因此需要使用数值方法解决稳定性分析的问题。美国加州理工学院的 Middlebrook 教授在 1975 年发表了一篇著名的论文 [21]，其中他描述了一种稳定性分析的通用算法。它包含以下步骤：计算电路直流工作点，断开环路和进行两次交流分析。这种方法在大多数情况下都非常有效，我们将在下面首先讨论它。文献 [22] 介绍了一种现在更常用且更通用的方法。我们首先讨论 Middlebrook 教授提出的方法，然后对其进行概括，从而将这种方法一般化。

Middlebrook 稳定性分析

对于环路稳定性，我们先按照文献 [21] 中的内容进行讨论。这是关于线性电路环路增益的首次理论分析之一，多年来一直被看作稳定性仿真的基础。这种方法的基本思想是使用插入电压源、电流源的方式，使其能够在任意节点打开环路。

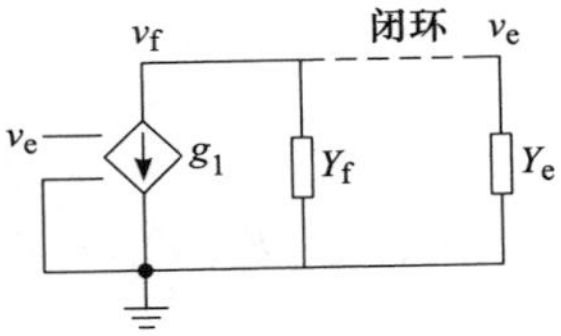

以图 4-17 中的电路为例，环路在某个节点被打开。其中一端有一个压控电流源作为驱动，而另一端有一个负载。按照文献 [22] 中的步骤，通过 KCL，我们可以得到以下等式：

$$g_1 v_e + v_f (Y_e + Y_f) = 0$$

图 4-17　单端口环路模型

进而，我们可以定义环路增益为

$$T = -\frac{v_f}{v_e} = \frac{g_1}{Y_e + Y_f}$$

现在我们来介绍如何利用 Middlebrook 教授的方法计算环路增益。通过在电路的断开处分别加入电压源和电流源，并使得前馈电流和电压分别为零，我们也能够计算出环路增益。首先，计算使得前馈电流为零的输入电压：

$$g_1 v_e + v_f Y_f = 0$$

并定义零电流增益为两个输入电压的比值：

$$T_n^i = -\frac{v_f}{v_e} = \frac{g_1}{Y_f}$$

其次，我们计算使得前馈电压为零的输入电流：

$$-i_f Y_e = g_1 i_e$$

并定义零电压增益为两个输入电流的比值：

$$T_n^v = -\frac{i_f}{i_e} = \frac{g_1}{Y_e}$$

通过零电压增益和零电流增益，我们可以计算环路增益为

$$T = \frac{T_n^v T_n^i}{T_n^v + T_n^i}$$

该稳定性分析方法已经广泛运用，而 Middlebrook 这个名词有时候也用作对电路进行稳定性分析的代名词。

广义的 Middlebrook 稳定性分析

上述的 Middlebrook 分析在信号流向方面存在缺陷，其中只有一个电流源，并假设信号只有一个流向。这种近似对于低频应用通常是足够的。然而，对于更高的频率，有可能存在反向的信号流[22]。因此，需要将上述方法推广到更一般的模型中，如图 4-18 所示。根据文献 [22]，我们可以用如下表达式计算得到环路增益：

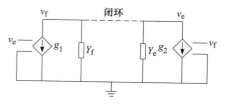

图 4-18　双端口环路模型

$$T = \frac{g_1 + g_2}{Y_e + Y_f}$$

现在想象一下，如果我们在环路断点插入电流源和电压源，则 v_e 和 i_f 可以通过如下的矩阵形式表示：

$$\begin{pmatrix} i_f \\ v_e \end{pmatrix} = \begin{pmatrix} A & B \\ C & D \end{pmatrix} \begin{pmatrix} i_{inj} \\ v_{inj} \end{pmatrix}$$

式中，A、B、C、D 四个参数分别表示：

$$B = i_f \Big|_{i_{inj}=0, v_{inj}=1} \qquad D = v_e \Big|_{i_{inj}=0, v_{inj}=1}$$

$$A = i_f \Big|_{i_{inj}=1, v_{inj}=0} \qquad C = v_e \Big|_{i_{inj}=1, v_{inj}=0}$$

现在，我们只要用 g_1、g_2、Y_e 和 Y_f 来表示 A、B、C、D，即可计算出环路增益。我们可以根据 KCL 得到环路方程为

$$-Y_e v_e + i_{inj} + i_f - g_2 (v_e - v_{inj}) = 0$$

$$g_1 v_e + i_f + Y_f (v_e - v_{inj}) = 0$$

从这两个等式中可以得到

$$A = \frac{-g_1 - Y_f}{g_1 + g_2 + Y_f + Y_e} \qquad B = \frac{-g_1 g_2 + Y_f Y_e}{g_1 + g_2 + Y_f + Y_e}$$

$$C = \frac{1}{g_1 + g_2 + Y_f + Y_e} \qquad D = \frac{g_2 + Y_f}{g_1 + g_2 + Y_f + Y_e}$$

通过以上四个方程，我们可以得到

$$g_1 = \frac{AD - BC - A}{C} \qquad g_2 = \frac{AD - BC + D}{C}$$

$$Y_f = \frac{BC - AD}{C} \qquad Y_e = \frac{1 - AD + BC + A - D}{C}$$

再将上述等式代入环路增益的表达式，即可得到环路增益为

$$T = \frac{2(AD-BC)-A+D}{2(BC-AD)+A-D+1}$$

此时，如果将 $g_2=0$ 代入，即可得到初始的 Middlebrook 分析结果为

$$T_{\text{forward}} = \frac{AD-BC-A}{2(BC-AD)+A-D+1}$$

我们可以将上述分析过程总结为以下几个步骤：

- 计算直流工作点。
- 断开环路。
- 插入串联电压源。
- 进行交流分析。
- 计算 v_{f} 和 i_{e}。
- 插入并联电流源。
- 进行交流分析。
- 计算 v_{f} 和 i_{e}。
- 计算环路增益。

为了更好地了解上述步骤是如何进行的，我们使用如图 4-19 所示的电路作为示例进行演示，插入的电流源和电压源的正方向如图中所示。首先计算理论开环增益，然后与 Python 仿真结果进行比较。为了便于理论计算，我们还假设输出电容为零。晶体管差分对的输入阻抗是无限的，因此没有电流通过，即

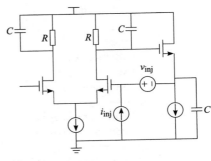

图 4-19　用于稳定性分析的电路

$$B = i_{\text{f}}\big|_{v=1,i=0} = 0$$

现在考虑电压响应 $D = v_{\text{e}}\big|_{v=1,i=0}$。在晶体管栅极的输入端有 $v_{\text{e}} = v_{\text{f}} + v$，并且由于源随器被一个理想的电流源偏置，因此我们可以推出以下环路方程：

$$\frac{(v_{\text{f}}+v)g_{\text{m}}}{2}Z_{\text{L}} = v_{\text{f}} \rightarrow v_{\text{f}}\left(1 - \frac{g_{\text{m}}Z_{\text{L}}}{2}\right) = v\frac{g_{\text{m}}Z_{\text{L}}}{2}$$

接下来，我们可以得到

$$D = v_{\text{e}} = v_{\text{f}} + v = v\left(\frac{g_{\text{m}}Z_{\text{L}}}{2-g_{\text{m}}Z_{\text{L}}} + 1\right) = v\left(\frac{2}{2-g_{\text{m}}Z_{\text{L}}}\right)$$

现在还剩 A 和 C 两个参数：

$$A = i_{\text{f}}\big|_{v=0,i=1} = -1$$

$$C = v_{\text{e}}\big|_{v=0,i=1}$$

由于 $B = 0$，C 在开环增益的表达式中不起作用，因此开环增益可以表示为

$$T = \frac{2(AD-BC)-A+D}{2(BC-AD)+A-D+1} = \frac{-D+1}{D} = \frac{-\dfrac{2}{2-g_{\text{m}}Z_{\text{L}}}+1}{\dfrac{2}{2-g_{\text{m}}Z_{\text{L}}}} = \frac{-2+2-g_{\text{m}}Z_{\text{L}}}{2} = -\frac{g_{\text{m}}Z_{\text{L}}}{2}$$

式中，Z_L 为负载阻抗：

$$Z_L = \frac{R_L}{R_L \, j\omega C_L + 1}$$

从上述表达式中可以很容易算出增益裕度和相位裕度。

代码 4.4 中包括了上述基本算法的 Python 实现。

我们将这段程序应用于如图 4-19 所示的电路中，并与计算结果进行对比，观察结果是否一致。电路网表如下所示：

```
*
  *
  vdd vdd 0 0
  vss vss 0 0
  vinp inp 0 1
  * stab
  * probes
  istab vss inn 0
  vstab inn op 0
  r5 vdd outp 1000
  r6 vdd outn 1000
  c1 vdd outp 1e-12
  c2 vdd outn 1e-12
  i1 vs vss 0
  m1 outn inp vs nch
  m2 outp inn vs nch
  m3 vdd outp op nch
  i2 op vss 0
  c3 op vss 1.5e-12
*
```

netlist 4.5

计算得到的幅频响应和相频响应如图 4-20 所示。

此代码的实现难度不高，但须注意电流和电压的参考方向，这对于获得正确的响应至关重要。

需要注意的是，上述分析过程都是对于线性电路的小信号分析，因此与噪声分析一样，具有局限性。因此，实践中还应该在环路闭合时用阶跃函数作为激励，观察电路是否产生振荡，从而研究由于非线性效应导致的稳定性问题。

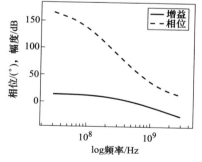

图 4-20　幅频响应和相频响应仿真结果和公式解的比较。第二个极点特意设置在第一个极点的单位增益带宽处，这样可以在单位增益频率下提供大约 45° 的相位裕度

4.4.3　S 参数分析

交流分析的另一个应用是在 S 参数的仿真中。S 参数表示的是给定电路的线性响应，

因此交流分析的方法适用于这种场景。S 参数分析背后的基本假设是所有源和接收器都具有一定的终端阻抗（在许多情况下是 50Ω 的阻抗）。S 参数响应表示的是端口之间的增益，如图 4-21 所示。

端口 i、j 之间的增益用 S_{ij} 表示，其中 j 为输出端口编号，i 为输入端口编号。S_{21} 表示端口 1 和 2 之间的增益。该增益与所在端口之间的小信号增益相同。S_{11}（见图 4-22）这样的相同端口之间的增益比较难以理解。S_{11} 的定义见文献 [23-24]，见式（4-38）：

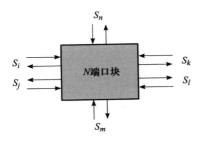

图 4-21　通用多输入 / 输出系统

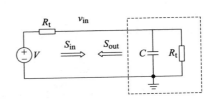

图 4-22　用于测量 S_{11} 的电路

$$S_{11} = \frac{S_{out}}{S_{in}} = \frac{Z - R_t}{Z + R_t} \qquad (4\text{-}38)$$

式中，Z 为从输入端看向电路网络的输入阻抗，R_t 为终端电阻。输入阻抗为输入电压 v_{in} 除以输入电流 i_{in}，因此可得

$$v_{in} = \frac{Z}{R_t + Z} V \qquad v_{R_t} = \frac{R_t}{R_t + Z} V \qquad (4\text{-}39)$$

将式（4-39）代入式（4-38）可得

$$S_{11} = \frac{v_{in} - v_{R_t}}{V} = \frac{v_{in} - (V - v_{in})}{V} = \frac{2v_{in} - V}{V} = \frac{v_{in} - V/2}{V/2} \qquad (4\text{-}40)$$

为了便于计算 S_{11}，我们通常将电压源设为 $V = 2 + j*0$。

然后，在进行交流分析时在电压源上串联一个电阻（如 50Ω）即可。测量端接电阻后的交流响应然后减 1，再取模值，即可得 S_{11}：

$$S_{11} = 20 \log \left(|v_{in} - 1| \right) \qquad (4\text{-}41)$$

S_{21} 相对而言更容易理解（见图 4-23）。所有端口都以 50Ω 接地，然后进行交流分析即可。与测量 S_{11} 时一样，电压源的幅度设为 $V = 2$，此时输入端的电压约等于 1，输出端的幅度就是正向增益：

$$S_{21} = 20 \log |v_{out}| \qquad (4\text{-}42)$$

上述过程很容易在 Python 中实现（见代码 4.5）。

我们以图 4-24 所示的电路为例进行 S 参数分析，网表如下所示：

```
*
vp1 p1 0 0
vss vss 0 0
r1 p1 in 50
r2 in vss 50
c1 in vss 1e-12
l1 in b 1e-9
r3 b c 10
r4 c out 100
c2 c out 1e-13
c3 out vss 1e-11
r5 out p2 50
vp2 p2 vss 0
```
netlist 4.6

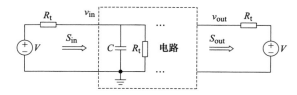

图 4-23　用于测量 S_{21} 的电路

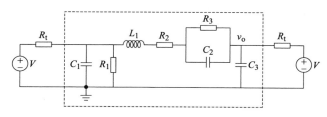

图 4-24　用于 S 参数分析的电路

仿真结果如图 4-25 所示。

4.4.4　传递函数分析

传递函数分析类似于交流分析，它仿真的是模拟输入和输出之间的增益（或传递函数）。传递函数分析的优势在于它计算了从各个输入（如独立电源）到单个输出的增益。这样，通过一次仿真就可以得到电路的增益、PSRR 等性能。在早期的 SPICE 中，这种分析可以计算指定输入源和输出节点之间的直流线性传递函数。它还可以提供输入和输出电阻。在现代版本中，人们可以开展更大范围的研究。这与电路中有单个（或几个）激励，但想找出它们对电路各个部分响

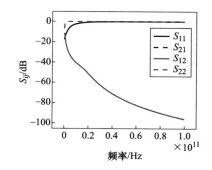

图 4-25　图 4-24 所示电路的 S 参数分析结果

应的交流分析相反。也就是说，交流分析中输出点通常大于输入或激励的数量。通过传递函数分析，我们可以计算从多个起点到单个（或几个）输出的响应。传递函数分析中输入的数量大于输出的数量。传递函数分析在 Python 中很容易实现，因此我们留给读者去探索这部分内容。

4.4.5　灵敏度分析

灵敏度分析是另一个非常方便的交流分析的衍生仿真方法。该分析列出了用户定义的输出对一组用户定义的输入的灵敏度。现代仿真器也会使用直流分析（如工作点分析）来仿真灵敏度，如图 4-26 所示。我们也将这部分的Python 实现作为练习留给读者。

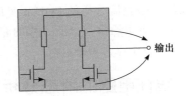

图 4-26　灵敏度分析可以通过交流分析定量的给出电路中不同器件参数对于输出的影响

4.4.6　需要注意的特殊情况

我们曾经指出对于电感器而言，必须在方程组中保留其电流方程，其原因是电感阻抗可能为零，从而使得任何非零电压在电感上都会产生无限大的电流。对于 0Ω 的电阻器也是如此。这种器件必须明确地保留其电流方程。如果不这样，矩阵元素可能变为无限且定义不明确。虽然一个完善的仿真器会检测到这个问题并采取预防措施，但读者仍要小心。当我们在 LC 谐振器中使用理想电感和电容时，会出现另一个更微妙的问题——这样的串联组合将在谐振频率上产生 0Ω 阻抗。接下来，让我们讨论这种情况下会发生什么。

理想 LC 谐振器

很明显，除非我们准确地达到谐振频率，即串联组合的阻抗为零，否则之前的算法仍将起作用。但是如果我们确实准确地在谐振频率上进行了仿真，如预期的那样，那么矩阵方程就会出现问题。为了防止这种情况发生，可以在电感器上串联非零电阻器。

悬空的器件

在实践中，通常情况下并非所有器件的所有端子都与其他器件相连接，它们可能处于悬空的状态。这种情况的矩阵是奇异的，因为该器件端子上的电压是完全不确定的，即任何值都可以。仿真器该如何处理这个问题呢？传统的解决方案是在所有节点添加一个电阻和电容到地，电阻值为 $1/g_{min}$，其中 g_{min} 是一个可由用户修改的仿真器参数。此外，通常在每个节点上定义一个最小电容 C_{min}，以降低带宽。更详细的讨论请参阅 5.2 节。

4.5　线性电路的直流分析

线性电路的直流分析与交流分析一样简单。在直流分析中，所有的电感器都短路，所有的电容器都开路。实际上，电路中只剩下线性电阻器和直流电源。我们以图 4-1 的电路为例，介绍如何进行直流分析。如图 4-27 所示，我们去掉了电容并短接了电感。

接下来，就可以列出方程组，见式（4-43）。

$$\begin{cases} -i_4 + i_2 = 0 \\ v_1 = v_{in} \\ i_2 R_1 - v_1 + v_2 = 0 \\ i_4 R_2 - v_2 = 0 \end{cases} \quad （4\text{-}43）$$

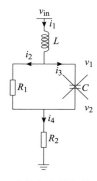

图 4-27　去掉电容并短接电感后的
图 4-1 中电路

线性电路的直流分析是一个很简单的工作，因此我们将线性电路直流分析的 Python 实现作为练习留给读者。直流分析的难点通常与分支方程的非线性有关，这部分我们将在 5.2 节中进行解释。

4.6　线性电路的瞬态分析

一旦确定直流工作点，我们就可以开始瞬态或时域相关仿真。这类问题在数学上称为初值问题。通常，我们将电路处于初值的时刻设为零时刻。在瞬态分析中，仿真从零时刻开始。本节将讨论如何实现这样的仿真，并展示微分方程的不同形式如何导致解的不同特征。我们仍使用 Python 来构建仿真器，但也鼓励读者使用自己喜欢的仿真器进行尝试。在本节中，我们所研究的依旧是线性电路，再次以图 4-1 所示的电路作为示例，但这次我们将研究时域中的仿真结果。

瞬态分析的关键是通过一个简便的差分方程来近似微分方程。以下部分以图 4-1 中的电路为基础讨论最常见的差分方程近似。这些近似的主要问题之一是由此产生的局部截断误差（Local Truncation Error，LTE）。我们将在 4.6.6 节中研究这种影响，以及仿真器通常如何处理。最后，我们将以理想 LC 谐振器的仿真结束，并通过这个仿真了解不同积分方法表现如何。

仿真时间步长的调整

众所周知，瞬态分析的时间步长是可调的，而且实现方法也很简单，我们将在第 5 章中介绍这部分内容。在第 5 章的内容是非线性电路的仿真，对于非线性电路而言，我们可以从可调整的时间步长中受益更多，因此将在那时进行详细的说明。本章将使用固定的时间步长进行仿真。我们首先选择一个时间步长进行瞬态仿真并观察仿真结果。在讨论 LTE 之后，我们将再次运行仿真，如果在某个时间点的 LTE 不满足条件，就缩小时间步长并重新运行整个仿真。固定时间步长的好处是所有差分方程中的误差都能得到很好的控制。在实际应用中，为了确保仿真器采用的时间步长保持一致，我们通常可以将最大时间步长设置为较小的值。这种方法通常会提高精度，我们将在第 5 章中再次提到这点。

4.6.1　前向欧拉法

前向欧拉法是所有积分方法中最容易实现的，因此我们首先讨论它。由于稳定性差，因此它几乎从未用于电路仿真器，但它可以作为很好的研究起点。现在，让我们从微分方程的角度来看电容器：

$$i(t) = C\frac{\mathrm{d}u(t)}{\mathrm{d}t} \tag{4-44}$$

式中，$u(t)$ 为 t 时刻电容两端的电压，$i(t)$ 为 t 时刻通过电容的电流。为了得到微分方程的数值解，假设我们知道 $t=t_n$ 时刻的电压和电流，现在我们要求解下一个时刻 $t=t_{n+1}$ 时的电压和电流，使用第 2 章的前向欧拉法我们可以得到

$$i(t_n) = C\frac{u(t_{n+1}) - u(t_n)}{\Delta t} \rightarrow u(t_{n+1}) = u(t_n) + \Delta t\frac{i(t_n)}{C} \tag{4-45}$$

注意，式（4-45）右侧的所有项都是已知的。式（4-45）表明，电容器上的新电压由其上的原电压加上另一个已知项组成。这让它看起来像一个独立的电压源。我们已经从 4.3.3 节中知道了这种电压源的矩阵特征。式（4-45）说明我们可以用一个电压源代替电容器，只要能表示出电压源的电压即可。假设电容器接在节点 a 和 b 之间，$u(t) = v_a(t) - v_b(t)$，则可得矩阵特征为

$$\begin{array}{c} \\ v_a \\ v_b \\ i_V \end{array} \begin{array}{ccc} v_a & v_b & i_V \\ \left(\begin{array}{ccc} & & -1 \\ & & +1 \\ +1 & -1 & \end{array} \right) \end{array} = \left(\begin{array}{c} \\ \\ v_a(t_n) - v_b(t_n) + \Delta t\frac{i_V(t_n)}{C} \end{array} \right) \tag{4-46}$$

伪代码如下所示：

```
if DeviceType = 'Capacitor':
    Matrix[DeviceBranchIndex][DeviceNode1Index] = 1
    Matrix[DeviceBranchIndex][DeviceNode2Index] = -1
    rhs[DeviceBranchIndex] = V[DeviceNode1Index]-V[DeviceNode2I
ndex]+deltaT*I[DeviceBranchIndex]/DeviceValue
   // This is the branch equation row, indicated by the variable
DeviceBranchRow,
    // The columns are set by the DeviceNode1Columns and
DeviceNode2Column variables
    Matrix[Nodes.index[DeviceNode1Index][DeviceBranchIndex] = 1
    Matrix[Nodes.index[DeviceNode2Index][DeviceBranchIndex] = -1
  // These are the two KCL equation entries
```

同样，对于电感器我们有如下的微分方程：

$$u(t) = L\frac{\mathrm{d}i(t)}{\mathrm{d}t} \tag{4-47}$$

使用前向欧拉法得到

$$u(t_n) = L\frac{i(t_{n+1}) - i(t_n)}{\Delta t} \rightarrow i(t_{n+1}) = i(t_n) + \Delta t\frac{u(t_n)}{L} \tag{4-48}$$

式（4-48）的形式与独立电流源很相似，因此电感器的矩阵特征见式（4-49），其中假设电感器两端的电压为 $u(t)=v_a(t)-v_b(t)$。

$$
\begin{array}{c}
\quad v_a \quad v_b \quad i_L \\
\begin{array}{c} v_a \\ v_b \\ i_L \end{array}
\left(\begin{array}{ccc}
 & -1 & \\
 & +1 & \\
 & 1 &
\end{array}\right)
= \left(\begin{array}{c} \\ \\ i_L(t_n)+\Delta t\,\dfrac{v_a(t_n)-v_b(t_n)}{L} \end{array}\right)
\end{array}
\qquad (4\text{-}49)
$$

电感器对应的伪代码如下所示：

```
if DeviceType = 'Inductor':
    Matrix[DeviceBranchIndex][DeviceBranchIndex] = 1
    rhs[DeviceBranchIndex] = I[DeviceBransIndex]+deltaT*(V[Devi
ceNode1]-V[DeviceNode2])/DeviceValue
  // This is the branch equation row, indicated by the variable
DeviceBranchIndex,
    Matrix[Nodes.index[DeviceNode1Index][DeviceBranchIndex]=1
    Matrix[Nodes.index[DeviceNode2Index][DeviceBranchIndex]=-1
  // These are the two KCL equation entries
```

仿真

现在，我们已经构建了一种使用前向欧拉法来实现电容器和电感器差分方程的方法。电阻器的实现与 4.3.1 节中的实现保持一致。现在我们可以构建一个简单的仿真器代码，并且对电路进行一段时间的仿真，其中时间步长为常数（见 4.9.5 节）。

我们将使用网表 4.7 并选择几个不同的时间步长进行仿真。我们分别尝试时间步长为 1ps、10ps 和 100ps 的情况。仿真结果如图 4-28 所示。

```
*
v1 in 0 sin(1G)
vs vs 0 0
l1 in a 1e-9
r1 a b 100
c1 a b 1.2e-12
r2 b vs 230
```
netlist 4.7

对比三种时间步长的仿真结果可以发现，为了得到合理的仿真结果，我们需要采用非常小的时间步长。正如读者可能已经猜到的那样，这就是由于前向欧拉法的不稳定性所导致的。使用前向欧拉法时，所需的时间步长由最小的电容器确定。在实际电路实现中，有很多非常小的电容器，因此前向欧拉法难以使用。这就是为什么仿真器从未使用过这种方法的原因。使用这种方法，即使仿真最简单的电路都要花费很长时间，因此我们将在下一节中介绍更好的方法。

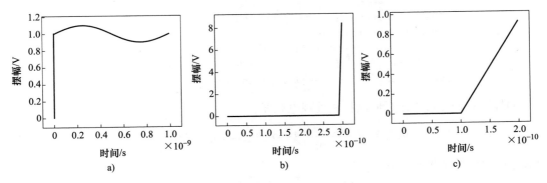

图 4-28　前向欧拉法仿真结果：a）1ps；b）10ps；c）100ps

4.6.2　后向欧拉法

前向欧拉法的实现相当简单，但该方法的缺点是稳定性差。在上一节中我们看到，需要用很小的时间步长才能保证稳定性。接下来，我们将介绍后向欧拉法，虽然它稍微复杂一些，但稳定性更好。

我们使用后向欧拉法对电容器微分方程进行处理，可以得到如式（4-50）所示的差分方程：

$$i(t_{n+1}) = C\frac{u(t_{n+1}) - u(t_n)}{\Delta t} \rightarrow u(t_{n+1}) = u(t_n) + \Delta t\frac{i(t_{n+1})}{C} \tag{4-50}$$

这个方程的右侧依赖于下一时刻的电流，所以矩阵特征会更复杂。但是我们可以做恒定变换，就像之前对电感器进行的处理那样，用电流源来表示电容器：

$$i(t_{n+1}) = \frac{C}{\Delta t}[v_a(t_{n+1}) - v_b(t_{n+1})] - \frac{C}{\Delta t}[v_a(t_n) - v_b(t_n)] \tag{4-51}$$

这样就可以尽量化简矩阵，从而得到电容器对应的矩阵特征见式（4-52）。

$$\begin{array}{c}\\v_a\\v_b\\i_C\end{array}\begin{array}{ccc}v_a & v_b & i_C\end{array}\\\left(\begin{array}{ccc} & & 1\\ & & -1\\ -\dfrac{C}{\Delta t} & \dfrac{C}{\Delta t} & 1\end{array}\right) = \left(\begin{array}{c} \\ \\ -\dfrac{C}{\Delta t}[v_a(t_n) - v_b(t_n)]\end{array}\right) \tag{4-52}$$

电容器的后向欧拉法伪代码如下所示：

```
if DeviceType = 'Capacitor':
    Matrix[DeviceBranchIndex][DeviceNode1Index] = 1
    Matrix[DeviceBranchIndex][DeviceNode2Index] = -1
    rhs[DeviceBranchIndex] = V[DeviceNode1Index]-V[DeviceNode2I
ndex]+deltaT*I[DeviceBranchIndex]/DeviceValue
    // This is the branch equation row, indicated by the variable
DeviceBranchRow,
```

```
    // The columns are set by the DeviceNode1Columns and
DeviceNode2Column variables
    Matrix[Nodes.index[DeviceNode1Index][DeviceBranchIndex] = 1
    Matrix[Nodes.index[DeviceNode2Index][DeviceBranchIndex] = -1
  // These are the two KCL equation entries
```

同样，我们也可以用后向欧拉法处理电感器：

$$u(t_{n+1}) = L\frac{i(t_{n+1}) - i(t_n)}{\Delta t} \rightarrow i(t_{n+1}) = i(t_n) + \Delta t\frac{u(t_{n+1})}{L} \tag{4-53}$$

电感器的矩阵特征见式（4-54）。

$$
\begin{array}{c}
\begin{array}{cc} v_a & v_b \end{array} \\
\begin{array}{c} v_a \\ v_b \\ i_L \end{array}
\left(
\begin{array}{ccc}
 & & 1 \\
 & & -1 \\
-\dfrac{\Delta t}{L} & \dfrac{\Delta t}{L} & 1
\end{array}
\right)
\end{array}
=
\left(
\begin{array}{c}
\\
\\
i_L(t_n)
\end{array}
\right)
\tag{4-54}
$$

电感器对应的代码如下所示：

```
if DeviceType = 'Inductor':
    Matrix[DeviceBranchIndex][DeviceBranchIndex] = 1
    rhs[DeviceBranchIndex] = I[DeviceBransIndex]+deltaT*(V[Dev
iceNode1]-V[DeviceNode2])/DeviceValue
  // This is the branch equation row, indicated by the variable
DeviceBranchIndex,
    Matrix[Nodes.index[DeviceNode1Index][DeviceBranchIndex]=1
    Matrix[Nodes.index[DeviceNode2Index][DeviceBranchIndex]=-1
  // These are the two KCL equation entries
```

仿真

我们可以直接修改仿真器实现例程（见 4.9.6 节）。网表 4.7 使用后向欧拉法在不同时间步长下的仿真结果如图 4-29 所示。

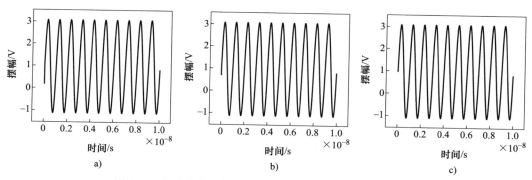

图 4-29 后向欧拉法仿真结果：a）1ps；b）10ps；c）100ps

后向欧拉法与前向欧拉法的主要区别在于算法的稳定性。当使用后向欧拉法时，我们可以采用更大的时间步长并获得准确的结果。在实际的仿真设置中，我们也经常使用后向欧拉法，特别是遇到间断点时。这部分内容将在 5.4.5 节中做更详细的介绍。

4.6.3　梯形方法

如第 2 章中描述的那样，上一节中讨论的欧拉方法具有一阶精度。本节将讨论如何实现梯形方法，这是一种更常见的具有二阶精度的积分方法，将其应用在电容器的微分方程上可得

$$i(t_{n+1}) = C\left[2\frac{u(t_{n+1}) - u(t_n)}{\Delta t} - u'(t_n)\right] \tag{4-55}$$

式（4-55）中最后的导数项可以用式（4-56）近似：

$$u'(t_n) \approx \frac{i(t_n)}{C} \tag{4-56}$$

最终，我们可以得到

$$i(t_{n+1}) \approx C\left[2\frac{u(t_{n+1}) - u(t_n)}{\Delta t} - \frac{i(t_n)}{C}\right] = C\left[2\frac{u(t_{n+1}) - u(t_n)}{\Delta t}\right] - i(t_n) \tag{4-57}$$

与后向欧拉法一样，现在我们可以得到电容器在梯形方法下的矩阵特征如下：

$$\begin{array}{c} v_a \\ v_b \\ i_C \end{array} \begin{pmatrix} & & 1 \\ & & -1 \\ -\dfrac{2C}{\Delta t} & \dfrac{2C}{\Delta t} & 1 \end{pmatrix} = \begin{pmatrix} \\ \\ -2C\dfrac{v_a(t_n) - v_b(t_n)}{\Delta t} - i(t_n) \end{pmatrix} \tag{4-58}$$

式（4-58）中，电容器两端的电压为 $u(t) = v_a(t) - v_b(t)$，而且所有的已知项都在矩阵方程的右侧项中。

对应的伪代码如下所示：

```
if DeviceType = 'Capacitor':
    Matrix[DeviceBranchIndex][DeviceNode1Index] = 2*DeviceValue
    Matrix[DeviceBranchIndex][DeviceNode2Index] = -2*DeviceValue
    Matrix[DeviceBranchIndex][DeviceBranchIndex] = 1
    rhs[DeviceBranchIndex] =2*(V[DeviceNode1Index]-V[DeviceNode
2Index])+deltaT*I[DeviceBranchIndex]/DeviceValue
    // This is the branch equation row, indicated by the variable
DeviceBranchRow,
    // The columns are set by the DeviceNode1Columns and
DeviceNode2Column variables
    Matrix[Nodes.index[DeviceNode1Index][DeviceBranchIndex] = 1
    Matrix[Nodes.index[DeviceNode2Index][DeviceBranchIndex] = -1
    // These are the two KCL equation entries
```

对电感器我们可以做同样的处理，从而得到式（4-59），其中我们使用了 $i'(t_n) \approx u(t_n)/L$ 的近似。

$$u(t_{n+1}) = 2L\frac{i(t_{n+1}) - i(t_n)}{\Delta t} - Li(t_n) \rightarrow i(t_{n+1}) = i(t_n) + \Delta t\frac{u(t_n)}{2L} + \Delta t\frac{u(t_{n+1})}{2L} \quad （4\text{-}59）$$

式（4-59）对应的矩阵特征见式（4-60）。

$$
\begin{array}{c}
v_a \\
v_b \\
i_L
\end{array}
\begin{pmatrix}
 & & 1 \\
 & & -1 \\
-\dfrac{\Delta t}{2L} & \dfrac{\Delta t}{2L} & 1
\end{pmatrix}
=
\begin{pmatrix}
 \\
 \\
i_L(t_n) + \dfrac{\Delta t}{2L}[v_a(t_n) - v_b(t_n)]
\end{pmatrix}
\quad （4\text{-}60）
$$

对应的伪代码如下所示：

```
if DeviceType = 'Inductor':
    Matrix[DeviceBranchIndex][DeviceBranchIndex] = 1
    Matrix[DeviceBranchIndex][DeviceNode1Index]  = -deltaT/
(2*DeviceValue)
    Matrix[DeviceBranchIndex][DeviceNode2Index]  =  deltaT/
(2*DeviceValue)
    rhs[DeviceBranchIndex] = I[DeviceBransIndex]+deltaT*(V[Dev
iceNode1]-V[DeviceNode2])/(2*DeviceValue)
    // This is the branch equation row, indicated by the variable
DeviceBranchIndex,
    Matrix[Nodes.index[DeviceNode1Index][DeviceBranchIndex]=1
    Matrix[Nodes.index[DeviceNode2Index][DeviceBranchIndex]=-1
// These are the two KCL equation entries
// These Matrix entries need not be updated any further as time
moves along
// Lastly the RHS depends on the solution at the previous time
point so it needs to be updated continuously
    STA_rhs[NumberOfNodes+i] = sol[NumberOfNodes+i] + deltaT*(
sol[ Nodes.index( DevNode1[i]) ] - sol[Nodes.index(DevNode2[i])])/
(2*DevValue[i])
```

仿真

我们可以直接修改仿真器构建例程（见 4.9.7 节）。网表 4.7 使用梯形方法在不同时间步长下的仿真结果如图 4-30 所示。梯形方法与后向欧拉法的主要区别在于，梯形方法的精度更高，因为它具有二阶精度。

4.6.4 二阶 Gear 法

我们要讨论的最后一种方法是二阶 Gear 法。它和梯形方法是在电路仿真器中最常用的方法。根据第 2 章中的介绍，我们有如下的近似：

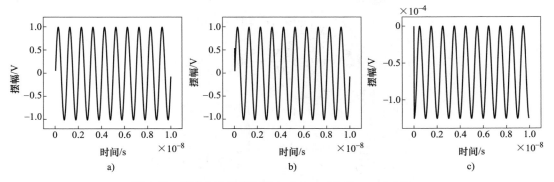

图 4-30　梯形方法仿真结果：a）1ps；b）10ps；c）100ps

$$\frac{\mathrm{d}f}{\mathrm{d}t}(t+\Delta t) \approx \frac{1}{\Delta t}\left[\frac{3}{2}f(t+\Delta t)-2f(t)+\frac{1}{2}f(t-\Delta t)\right] \tag{4-61}$$

将这个近似应用到电容器上，我们可以得到

$$i(t_{n+1})=\frac{C}{\Delta t}\left[\frac{3}{2}u(t_{n+1})-2u(t_n)+\frac{1}{2}u(t_{n-1})\right] \tag{4-62}$$

与之前的处理相似，我们将式（4-62）转换为矩阵的形式，得到电容器的矩阵特征见式（4-63）。

$$\begin{array}{cc} & \begin{array}{cc} v_a & v_b \end{array} \end{array}$$
$$\begin{array}{c} v_a \\ v_b \\ i_C \end{array}\left(\begin{array}{ccc} & & 1 \\ & & -1 \\ -\dfrac{3C}{2\Delta t} & \dfrac{3C}{2\Delta t} & 1 \end{array}\right)=\left(\begin{array}{c} \\ \\ \dfrac{C}{\Delta t}\left[-2u(t_n)+\dfrac{1}{2}u(t_{n-1})\right] \end{array}\right) \tag{4-63}$$

伪代码如下所示：

```
if DeviceType = 'Capacitor':
    Matrix[DeviceBranchIndex][DeviceNode1Index] = 2*DeviceValue
    Matrix[DeviceBranchIndex][DeviceNode2Index] = -2*DeviceValue
    Matrix[DeviceBranchIndex][DeviceBranchIndex] = 1
    rhs[DeviceBranchIndex] =2*(V[DeviceNode1Index]-V[DeviceNode2
Index])+deltaT*I[DeviceBranchIndex]/DeviceValue
    // This is the branch equation row, indicated by the variable
DeviceBranchRow,
    // The columns are set by the DeviceNode1Columns and
DeviceNode2Column variables
    Matrix[Nodes.index[DeviceNode1Index][DeviceBranchIndex] = 1
    Matrix[Nodes.index[DeviceNode2Index][DeviceBranchIndex] = -1
    // These are the two KCL equation entries
```

我们可以对电感器做同样的处理，并得到对应的矩阵特征：

$$u(t_{n+1}) = \frac{L}{\Delta t}\left[\frac{3}{2}i(t_{n+1}) - 2i(t_n) + \frac{1}{2}i(t_{n-1})\right] \qquad (4\text{-}64)$$

$$i(t_{n+1}) = u(t_{n+1})\frac{2\Delta t}{3L} + \frac{4}{3}i(t_n) - \frac{1}{3}i(t_{n-1}) \qquad (4\text{-}65)$$

$$
\begin{array}{c}
\begin{array}{cc} v_a & v_b \end{array} \\
\begin{array}{c} v_a \\ v_b \\ i_L \end{array}
\left(
\begin{array}{ccc}
 & & 1 \\
 & & -1 \\
-\dfrac{2\Delta t}{3L} & \dfrac{2\Delta t}{3L} & 1
\end{array}
\right)
=
\left(
\begin{array}{c}
\\
\\
\dfrac{4}{3}i_L(t_n) - \dfrac{1}{3}i_L(t_{n-1})
\end{array}
\right)
\end{array}
\qquad (4\text{-}66)
$$

与之前的积分方法不同，二阶 Gear 法需要用到前两个时刻的电压和电流信息。
电感器对应的伪代码如下所示：

```
if DeviceType = 'Inductor':
    Matrix[DeviceBranchIndex][DeviceBranchIndex] = 1
    Matrix[DeviceBranchIndex][DeviceNode1Index]   = -deltaT/
(2*DeviceValue)
    Matrix[DeviceBranchIndex][DeviceNode2Index]   =  deltaT/
(2*DeviceValue)
    rhs[DeviceBranchIndex] = I[DeviceBransIndex]+deltaT*(V[Dev
iceNode1]-V[DeviceNode2])/(2*DeviceValue)
  // This is the branch equation row, indicated by the variable
DeviceBranchIndex,
    Matrix[Nodes.index[DeviceNode1Index][DeviceBranchIndex]=1
    Matrix[Nodes.index[DeviceNode2Index][DeviceBranchIndex]=-1
  // These are the two KCL equation entries
```

仿真

我们可以直接修改仿真器构建例程（见 4.9.8 节）。网表 4.7 使用二阶 Gear 法在不同
时间步长下的仿真结果如图 4-31 所示。

这些例子证明最后三种方法在不同的时间步长下都是稳定的，而前向欧拉法在稳定性
和大时间步长方面存在一些问题。

4.6.5 刚性电路

具有比仿真时间步长更小时间常数的电路称为刚性电路。由于小电容器的存在，在
实际电路系统中常常具有许多高频极点。通常，时间步长比此类时间常数大得多，主要是
因为它们超出了系统的带宽，并且在系统的动态演化中发挥的作用可以忽略不计。我们在
4.6.1 节中发现了前向欧拉法的特有问题——需要采用非常小的时间步长才能收敛。其他
三种积分方法在刚性系统上使用时则都是稳定的。从我们一直使用的电路来看，有几个很
小的时间常数：

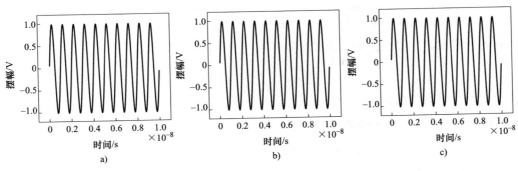

图 4-31　二阶 Gear 法仿真结果：a）1ps；b）10ps；c）100ps

$$\tau_{c1} = \frac{L}{R_1} = 10^{-11}\text{s}, \tau_{c2} = R_1 C = 1.2 \times 10^{-10}\text{s}, \tau_{c3} = \sqrt{LC} = 3.5 \times 10^{-11}\text{s}$$

很明显，最小时间由 τ_{c1} 确定。因此，我们需要一个小于 10ps 的时间步长来确保前向欧拉法收敛。这已在 4.6.1 节的实验中得到证实。

4.6.6　局部截断误差

在进行瞬态分析时，我们用差分方程代替微分方程，这导致了 LTE，因为其中高阶导数被忽略了（见文献 [25]）。这个误差需要以某种方式进行估计，有很多方法可以做到这一点，并通过控制该误差对仿真器所采用的时间步长进行一些控制。其中一种方法是使用固定步长并运行仿真，然后将其与具有较小步长的仿真进行比较，观察两次的结果是否一致。这是一种烦琐的方法，实际上很少使用。更好的方法是估计 LTE。假设微分方程的解是一条抛物线（见文献 [25]），我们可以通过前几个时刻的解来预测下一个时刻的解。我们设此外推电压为 $v_{n,\text{pred}}(t)$，而解 $v_n(t)$ 与 $v_{n,\text{pred}}(t)$ 之间的差值可以看作 LTE 的估计值。然后，我们可以通过控制 LTE 的估计值在每个时刻的范围（见文献 [25]）来控制仿真时间步长：

$$v_n(t) - v_{n,\text{pred}}(t) < \alpha(\text{ reltol } v_{n,\max} + \text{vabstol })$$

式中，α 为可以自定义的参数，而 $v_{n,\max}$ 则有多种准则可供选择：

$$v_{n,\max} = \begin{cases} \max \forall t, \forall v_n \\ \max \forall t, v_n \\ |v_n(t)| \end{cases}$$

第一个准则通常称为全局误差（global error）准则，它表示任意节点在过去所有时刻中的最大值。第二个通常称为局部误差（local error）准则，它表示节点 n 过去的最大值。第三个通常称为局部点误差（point local error）准则，它表示当前电压值。如果 LTE 大于我们选用的标准，则需要采用更小的时间步长进行仿真。我们将在仿真器中实现这些准则，并观察收敛速度的变化。根据具体情况，我们需要选择一个合适的准则。有时局部点误差准则过于严格，并不能提供什么好处，但有时却是必要的。我们将在第 5 章中讨论这些选择的具体细节。接下来，我们将讨论如何计算 $v_{n,\text{pred}}$。

首先，假设 $v_{n,\text{pred}}$ 是时间的二次函数：

$$v_{n,\text{pred}} = a + bt_n + ct_n^2$$

设之前的三个时刻分别为 t_{n-1}、t_{n-2} 和 t_{n-3}。为了便于说明，我们以当前的时刻 t 作为零时刻，则可得 $\tau = t - t_{n-3}$，同理可得

$$\tau_0 = 0, \tau_1 = t_{n-2} - t_{n-3}, \tau_2 = t_{n-1} - t_{n-3}, \tau_3 = t_n - t_{n-3}$$

代入二次函数的表达式中可得

$$v_{n-1} = a + b\tau_2 + c\tau_2^2$$
$$v_{n-2} = a + b\tau_1 + c\tau_1^2$$
$$v_{n-3} = a$$

$$\begin{cases} v_{n-1} = a + b\tau_2 + c\tau_2^2 \\ v_{n-2} = a + b\tau_1 + c\tau_1^2 \\ v_{n-3} = a \end{cases}$$

从上述方程组中，我们可以很容易解得未知参数 a、b 和 c，并得到

$$v_{n,\text{pred}} = a + b\tau_3 + c\tau_3^2$$

我们可以用 Python 程序验证上述过程。

```
Python code
        LTEConverged=True
        while LTEConverged:
            for i in range(NumberOfNodes):
                        # Assume parabola v=a+b*t+c*t^2 v[t_solm1
    (t=0)]=solm1[i] -> a=solm1[i], a+b*t_nm1+c*t_nm1^2=solold[i]
                # a+b*tn+c*t_n^2=sol[i]. A simple 2x2 matrix
                #
                # |t_nm1    t_nm1^2| |b| =solold[i]-solm1[i]
                # |t_n        t_n^2| |c| =sol[i]-solm1[i]
                #
                # This gives
                #
                # |b|=1/(t_nm1*t_n^2-t_nm1^2*t_n)| t_n^2     -t_nm
    1^2||solold[i]-solm1[i]|
                # |c|=        | -t_n        t_nm1^2||sol[i]-solm1[i]|
                #
                    PredMatrix[0][0]=(timeVector[iter-1]-timeVector
    [iter-2])
                    PredMatrix[0, 1]=(timeVector[iter-1]-timeVector
    [iter-2])*(timeVector[iter-1]-timeVector[iter-2])
                    PredMatrix[0, 1]=(SimTime-timeVector[iter-2])
                    PredMatrix[1]=(SimTime-timeVector[iter-2])*(Sim
```

```
Time-timeVector[iter-2])
                    Predrhs[0]=solold[i]-solm1[i]
                    Predrhs[1]=sol[i]-solm1[i]
         Predsol=numpy.matmul(numpy.linalg.inv(PredMatrix),Predrhs)
                    vpred=solm1[i]+Predsol[0]*SimTime+Predsol[1]*SimT
ime*SimTime
               if PointLocal:
                   for node in range(NumberOfNodes):
                       vkmax=max(abs(sol[node]),abs(sol[node]-Solut
ionCorrection[node]))
                       if abs(vpred-sol[i])>vkmax*reltol+vabstol:
                           LTEConverged=False
               elif GlobalTruncation:
                   for node in range(NumberOfNodes):
                       if abs(vpred-sol[i])>vkmax*reltol+vabstol:
                           LTEConverged=False
               else:
                   print('Error: Unknown truncation error')
                   sys.exit()

End Python
```

现在，我们可以使用此代码对刚才研究的电路进行包含 LTE 的仿真，将这段代码添加到 4.6.1 节前向欧拉法的代码中（见 4.9.9 节代码 4.10）。仿真结果见表 4-1。

表4-1 使用前向欧拉法时，不同时间步长下的LTE

时间步长	LTE 是否正确？
le−12	是
le−11	否
le−10	否

我们注意到，如果时间步长太大，LTE 就会发出错误提示并停止仿真。在本书的练习中，我们鼓励读者进一步研究前向欧拉法。

有时电路收敛确实很难实现，仿真器可能被迫采用越来越小的时间步长。但是有时步长过小会导致整个仿真进度几乎停止。这些情况大多数是由于电路中使用的某些器件存在一些建模问题。在某些仿真器中，有一个技巧可以避免这种问题——可以通过定义最小时间步长，暂时忽略 LTE 准则，避免仿真器在这些难以仿真的位置浪费大量时间。这个选项被称为 LTEminstep 或其他类似名称。

4.6.7 需要注意的特殊情况

梯形振铃

"梯形振铃"是梯形方法众所周知的弱点（见文献 [25]）。这是一个特有的现象，可以从仿真结果中轻松识别出来。它往往会出现在阶跃响应附近，这就是为什么仿真器经常会在阶跃响应附近使用后向欧拉法。

　　我们用一个非常简单的测试用例来说明这种振铃现象。根据以下网表，我们使用单个电容器接地，并在其上施加电压源：

```
*
vdd vdd 0 0
c1 vdd 0 1e-12
netlist 4.8
```

　　通过代码中设置初始条件的功能，我们设置电容器的初始电压为 1V，来引入一个初始值。添加以下代码到网表中：

```
.ic v(a)=1
```

网表将完成此操作，下一个时间步长将电压源的电压值设置为 0。接下来，我们使用梯形方法和二阶 Gear 法进行仿真，结果如图 4-32 所示。在这组仿真中，我们设置仿真步长为10ps，一共仿真了 10 个步长。

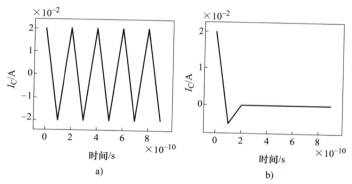

图 4-32　梯形振铃，梯形方法的振铃非常明显：a）梯形方法；b）二阶 Gear 法

数值计算误差

　　二阶 Gear 法不会像梯形方法一样受到这种反常振铃的影响。这是一个优点，但这是因为这种方法中有额外的衰减。该方法在电路中添加了额外的电阻器，因此任何振铃都会迅速衰减。我们可以用图 4-33 所示的经典示例（见文献 [25]）来说明这一点。

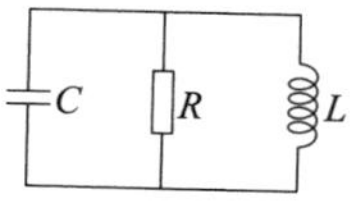

　　图 4-33 展示了一个理想 LC 谐振器，我们可以通过添加初值条件的方法将其启动，将如下代码加入网表中，如上一示例一样：

图 4-33　理想 LC 谐振器

```
.ic v(in)=1
```

接下来，它会开始振荡，但是振幅会由于电阻器的存在而逐渐减小。电阻器两端电压的公式解见式（4-67）。

$$v(t) = \exp[-t/(RC)]\sin\sqrt{LC - \frac{1}{4R^2C^2}}t \qquad (4\text{-}67)$$

式中，电阻 R 会导致振幅衰减，但如果 R 无限大，则振荡器会根据初始条件一直振荡下去。现在，我们使用不同积分方法对这个电路进行仿真，仿真结果如图 4-34、图 4-35 和图 4-36 所示。

```
*ideal LC
l1 a vs 1e-9
c1 a vs 1e-12
vs vs 0 0
end
```
netlist 4.9

如前所述，由于额外的电阻器在这种情况下充当分流电阻器，因此幅度会随时间减小，后向欧拉法的结果更糟！然而，梯形方法则产生了等幅振荡，没有衰减。

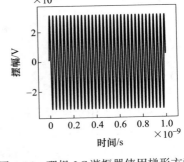

图 4-34　理想 LC 谐振器使用梯形方法的仿真结果。输出经过降采样以体现二阶 Gear 法的衰减

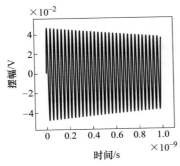

图 4-35　理想 LC 谐振器使用二阶 Gear 法的仿真结果。输出经过降采样以体现二阶 Gear 法的衰减

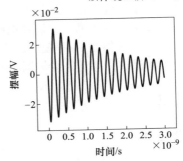

图 4-36　理想 LC 谐振器使用后向欧拉法的仿真结果。这种方法的衰减最快，没有对输出进行降采样

　　二阶 Gear 法和后向欧拉法会在电感器和电容器之间插入一个额外电阻器，而梯形方法则没有。在使用这些积分方法时请记住这一点。梯形方法的副作用是具有振铃效应。

但是，上述缺点不应该成为阻止我们使用后向欧拉法的理由。当收敛是我们考虑的主要问题时，欧拉法的"电阻"效应可以帮助解决无论出于何种原因而产生振荡的节点。总之，所有这些方法都有其用途。

4.7　需要考虑的仿真器选项

- 前向欧拉法。
- 后向欧拉法。
- 梯形方法。
- 二阶 Gear 法。
- reltol。

- iabstol。
- vntol。
- lteratio。
- LTEminstep。

4.8 本章小结

本章研究了用于交流分析、直流分析和瞬态仿真三种基本仿真的线性电路仿真器。电路仿真的想法与计算机的发明大致在同一时间出现。它一直是技术革命中至关重要的开发工具，充分了解这些工具及其优缺点对于现代电路设计人员来说至关重要。本章还讨论了此类仿真器背后的基本思想，非常详细地研究了从交流分析到瞬态分析的线性仿真器，并展示了各种积分方法的优缺点。我们相信，电路设计师越了解仿真器的"底层"情况，就越有能力从事电路设计工作。从根本上说，仿真器只是一个非常简单的测试台，用户可以在其中直接探索不同的效果。我们要提醒读者，千万不要认为这里的代码示例是一个成熟的仿真器。现代仿真器是一种完全不同于此的程序，其中包含诸如收敛辅助之类的功能。这些通常受专利保护，并且是多年深入研究的结晶。

4.9 代码

4.9.1 代码 4.2

```python
#!/usr/bin/env python3
# -*- coding: utf-8 -*-
"""
Created on Thu Feb 28 22:33:04 2019

@author: mikael
"""
import sys
import numpy
import matplotlib.pyplot as plt
import analogdef as ana
#
# Initialize Variables
#
MaxNumberOfDevices=100
DevType=[0*i for i in range(MaxNumberOfDevices)]
DevLabel=[0*i for i in range(MaxNumberOfDevices)]
DevNode1=[0*i for i in range(MaxNumberOfDevices)]
DevNode2=[0*i for i in range(MaxNumberOfDevices)]
DevNode3=[0*i for i in range(MaxNumberOfDevices)]
DevModel=[0*i for i in range(MaxNumberOfDevices)]
```

```
DevValue=[0*i for i in range(MaxNumberOfDevices)]
Nodes=[]
#
# Read modelfile
#
modeldict=ana.readmodelfile('models.txt')
ICdict={}
Plotdict={}
Printdict={}
Optionsdict={}
SetupDict={}
SimDict={}
#
# Read the netlist
#
DeviceCount=ana.readnetlist('netlist_4p2.txt',modeldict,ICdict,
Plotdict,Printdict,Optionsdict,DevType,DevValue,DevLabel,DevNode1,
DevNode2,DevNode3,DevModel,Nodes,MaxNumberOfDevices)
#
# Create Matrix based on circuit size. We do not implement strict
Modified Nodal Analysis. We keep instead all currents
# but keep referring to the voltages as absolute voltages. We
believe this will make the operation clearer to the user.
#
MatrixSize=DeviceCount+len(Nodes)
#
# The number of branch equations are given by the number of
devices
# The number of KCL equations are given by the number of nodes
in the netlist.
# Hence the matrix size if set by the sum of DeviceCount and
len(Nodes)
#
    STA_matrix=[[0 for i in range(MatrixSize)] for j in
range(MatrixSize)]
  STA_rhs=[0 for i in range(MatrixSize)]
  sol=[0 for i in range(MatrixSize)]
  #
  # Loop through all devices and create matrix/rhs entries accord-
ing to signature
  #
  NumberOfNodes=len(Nodes)

  for i in range(DeviceCount):
      if DevType[i]=='capacitor' or DevType[i]=='inductor':
```

```
                DevValue[i]*=(0+1j)
            if DevType[i] == 'resistor' or DevType[i] == 'inductor':
                STA_matrix[NumberOfNodes+i][NumberOfNodes+i]=-DevValue[i]
                STA_matrix[NumberOfNodes+i][Nodes.index(DevNode1[i])]=1
                STA_matrix[Nodes.index(DevNode1[i])][NumberOfNodes+i]=1
                STA_matrix[NumberOfNodes+i][Nodes.index(DevNode2[i])]=-1
                STA_matrix[Nodes.index(DevNode2[i])][NumberOfNodes+i]=-1
            if DevType[i]=='capacitor':
                STA_matrix[NumberOfNodes+i][NumberOfNodes+i]=1
                STA_matrix[Nodes.index(DevNode1[i])][NumberOfNodes+i]=1
                STA_matrix[Nodes.index(DevNode2[i])][NumberOfNodes+i]=-1
                STA_matrix[NumberOfNodes+i][Nodes.index(DevNode1[i])]=-Dev
Value[i]
                STA_matrix[NumberOfNodes+i][Nodes.index(DevNode2[i])]=+Dev
Value[i]
            if DevType[i]=='VoltSource':
                if DevNode1[i]!= '0':
                    STA_matrix[NumberOfNodes+i][Nodes.index(DevNode1[i])]=1
                    STA_matrix[Nodes.index(DevNode1[i])][NumberOfNodes+i]=1
                if DevNode2[i] != '0':
                    STA_matrix[NumberOfNodes+i][Nodes.index(DevNode2[i])]=-1
                    STA_matrix[Nodes.index(DevNode2[i])][NumberOfNodes+i]=-1
                STA_matrix[NumberOfNodes+i][NumberOfNodes+i]=0
                STA_rhs[NumberOfNodes+i]=DevValue[i]
            if DevType[i]=='CurrentSource':
                if DevNode1[i] != '0' :
                    STA_matrix[Nodes.index(DevNode1[i])][NumberOfNodes+i]=1
                if DevNode2[i] != '0' :
                    STA_matrix[Nodes.index(DevNode2[i])][NumberOfNodes+i]=-1
                STA_matrix[NumberOfNodes+i][NumberOfNodes+i]=1
                STA_rhs[NumberOfNodes+i]=0 # No AC source, so put to zero
            if DevType[i]=='transistor':
                STA_matrix[NumberOfNodes+i][NumberOfNodes+i]=1
                STA_matrix[NumberOfNodes+i][Nodes.index(DevNode2[i])]=1/
DevValue[i]
                STA_matrix[NumberOfNodes+i][Nodes.index(DevNode3[i])]=-1/
DevValue[i]
                STA_matrix[Nodes.index(DevNode1[i])][NumberOfNodes+i]=1
                STA_matrix[Nodes.index(DevNode3[i])][NumberOfNodes+i]=-1
    #
    #Loop through frequency points
    #
    val=[[0 for i in range(100)] for j in range(MatrixSize)]
    freqpnts=[0 for i in range(100)]
    for iter in range(100):
```

```
        omega=iter*1e8*2*3.14159265
        for i in range(DeviceCount):
            if DevType[i]=='capacitor':
                if DevNode1[i] != '0' :
                    STA_matrix[NumberOfNodes+i][Nodes.index(DevNode1
[i])]=DevValue[i]*omega
                if DevNode2[i] != '0' :
                    STA_matrix[NumberOfNodes+i][Nodes.index(DevNode2
[i])]=-DevValue[i]*omega
            if DevType[i]=='inductor':
                STA_matrix[NumberOfNodes+i][NumberOfNodes+i]=DevVal
ue[i]*omega
        STA_inv=numpy.linalg.inv(STA_matrix)
        sol=numpy.matmul(STA_inv,STA_rhs)
        freqpnts[iter]=iter*1e8
        for j in range(MatrixSize):
            val[j][iter]=abs(sol[j])

    ana.plotdata(Plotdict,NumberOfNodes,freqpnts,val,Nodes)
    if len(Printdict)> 0:
        ana.printdata(Printdict,NumberOfNodes,freqpnts,val,Nodes)
```

4.9.2　代码 4.3

```python
#!/usr/bin/env python3
# -*- coding: utf-8 -*-
"""
Created on Thu Feb 28 22:33:04 2019

@author: mikael
"""
import sys
import numpy as np
import matplotlib.pyplot as plt
import analogdef as ana
import math
#
# Initialize Variables
#
MaxNumberOfDevices=100
DevType=[0*i for i in range(MaxNumberOfDevices)]
DevLabel=[0*i for i in range(MaxNumberOfDevices)]
DevNode1=[0*i for i in range(MaxNumberOfDevices)]
```

```
DevNode2=[0*i for i in range(MaxNumberOfDevices)]
DevNode3=[0*i for i in range(MaxNumberOfDevices)]
DevModel=[0*i for i in range(MaxNumberOfDevices)]
DevValue=[0*i for i in range(MaxNumberOfDevices)]
Nodes=[]
k=1.3823e-23 #Avogadro's constant
Temperature=300
#
# Read modelfile
#
modeldict=ana.readmodelfile('models.txt')
ICdict={}
Plotdict={}
Printdict={}
Optdict={}
#
# Read the netlist
#
 DeviceCount=ana.readnetlist('netlist_noise2_4p4.txt',modeldic-
t,ICdict,Plotdict,Printdict,Optdict,DevType,DevValue,DevLabel,Dev
Node1,DevNode2,DevNode3,DevModel,Nodes,MaxNumberOfDevices)
 #
# Create Matrix based on circuit size. We do not implement strict
Modified Nodal Analysis. We keep instead all currents
 # but keep referring to the voltages as absolute voltages. We
believe this will make the operation clearer to the user.
 #
 #
 # We will add a new current souce
 #
DeviceCount=DeviceCount+1
MatrixSize=DeviceCount+len(Nodes)
 #
 # The number of branch equations are given by the number of
devices
 # The number of KCL equations are given by the number of nodes
in the netlist.
 # Hence the matrix size if set by the sum of DeviceCount and
len(Nodes)
 #
  STA_matrix=[[0 for i in range(MatrixSize)] for j in
range(MatrixSize)]
 STA_rhs=[0 for i in range(MatrixSize)]
 #
```

```
# Loop through all devices and create matrix/rhs entries accord-
ing to signature
#
NumberOfNodes=len(Nodes)
for i in range(DeviceCount-1):# We will not do the added current
source yet
        if DevType[i]=='capacitor' or DevType[i]=='inductor':
            DevValue[i]*=(0+1j)
        if DevType[i] == 'resistor' or DevType[i] == 'inductor':
            STA_matrix[NumberOfNodes+i][NumberOfNodes+i]=-DevValue[i]
            STA_matrix[NumberOfNodes+i][Nodes.index(DevNode1[i])]=1
            STA_matrix[Nodes.index(DevNode1[i])][NumberOfNodes+i]=1
            STA_matrix[NumberOfNodes+i][Nodes.index(DevNode2[i])]=-1
            STA_matrix[Nodes.index(DevNode2[i])][NumberOfNodes+i]=-1
        if DevType[i]=='capacitor':
            STA_matrix[NumberOfNodes+i][NumberOfNodes+i]=1
            STA_matrix[Nodes.index(DevNode1[i])][NumberOfNodes+i]=1
            STA_matrix[Nodes.index(DevNode2[i])][NumberOfNodes+i]=-1
            STA_matrix[NumberOfNodes+i][Nodes.index(DevNode1[i])]=-Dev
Value[i]
            STA_matrix[NumberOfNodes+i][Nodes.index(DevNode2[i])]=+D
evValue[i]
        if DevType[i]=='VoltSource':
          if DevNode1[i]!= '0':
            STA_matrix[NumberOfNodes+i][Nodes.index(DevNode1[i])]=1
            STA_matrix[Nodes.index(DevNode1[i])][NumberOfNodes+i]=1
          if DevNode2[i] != '0':
            STA_matrix[NumberOfNodes+i][Nodes.index(DevNode2[i])]=-1
            STA_matrix[Nodes.index(DevNode2[i])][NumberOfNodes+i]=-1
            STA_matrix[NumberOfNodes+i][NumberOfNodes+i]=0
            STA_rhs[NumberOfNodes+i]=0
        if DevType[i]=='CurrentSource':
          if DevNode1[i] != '0' :
            STA_matrix[Nodes.index(DevNode1[i])][NumberOfNodes+i]=1
          if DevNode2[i] != '0' :
            STA_matrix[Nodes.index(DevNode2[i])][NumberOfNodes+i]=-1
            STA_matrix[NumberOfNodes+i][NumberOfNodes+i]=1
            STA_rhs[NumberOfNodes+i]=0

    val=[[0 for j in range(100)] for i in range(DeviceCount)]
    freqpnts=[i*1e8 for i in range(100)]
    for NoiseSource in range(DeviceCount):
        if DevType[NoiseSource]=='resistor':# Here we add the current
noise source in parallel with the resistor
```

```
            if DevNode1[NoiseSource] != '0' :
                STA_matrix[Nodes.index(DevNode1[NoiseSource])][Numb
erOfNodes+DeviceCount-1]=1
            if DevNode2[NoiseSource] != '0' :
                STA_matrix[Nodes.index(DevNode2[NoiseSource])][Numb
erOfNodes+DeviceCount-1]=-1
            STA_matrix[NumberOfNodes+DeviceCount-1][NumberOfNodes
+DeviceCount-1]=1
    #
    #Loop through frequency points
    #
            for iter in range(100):
                omega=iter*1e8*2*3.14159265
                for i in range(DeviceCount):
                    if DevType[i]=='capacitor':
                        if DevNode1[i] != '0' :
                            STA_matrix[NumberOfNodes+i][Nodes.index
(DevNode1[i])]=DevValue[i]*omega
                        if DevNode2[i] != '0' :
                            STA_matrix[NumberOfNodes+i][Nodes.index
(DevNode2[i])]=-DevValue[i]*omega
                    if DevType[i]=='inductor':
                        STA_matrix[NumberOfNodes+i][NumberOfNodes+i]
=DevValue[i]*omega
                    if DevType[i]=='resistor' and i==NoiseSource:
                        STA_rhs[NumberOfNodes+DeviceCount-1]=math.
sqrt(4*k*Temperature/DevValue[i])
                sol=np.matmul(np.linalg.inv(STA_matrix),STA_rhs)
                val[NoiseSource][iter]=abs(sol[Nodes.index('out')])
            if DevNode1[NoiseSource] != '0' :
                STA_matrix[Nodes.index(DevNode1[NoiseSource])][Numb
erOfNodes+DeviceCount-1]=0
            if DevNode2[NoiseSource] != '0' :
                STA_matrix[Nodes.index(DevNode2[NoiseSource])][Numb
erOfNodes+DeviceCount-1]=0
    TotalNoiseSpectrum=[0 for i in range(100)]
    for NoiseSource in range(DeviceCount):
        if DevType[NoiseSource]=='resistor':
            for i in range(100):
                TotalNoiseSpectrum[i]+=abs(val[NoiseSource][i])*abs
(val[NoiseSource][i])

    plt.plot(freqpnts,TotalNoiseSpectrum)
    plt.title('Noise Power vs frequency')
    plt.xlabel('frequency [Hz]')
```

```
plt.ylabel('Noise Power [V^2/Hz]')
#fp=open('../pictures/Noisedata_4p4.csv',"w+")
#fp.write('frequency noise')
#for i in range(100):
#    fp.write("%g " % freqpnts[i])
#    fp.write("%g \n" % TotalNoiseSpectrum[i])
#fp.close()
```

4.9.3　代码 4.4

```
#!/usr/bin/env python3
# -*- coding: utf-8 -*-
"""
Created on Thu Feb 28 22:33:04 2019

@author: mikael
"""
import numpy as np
import matplotlib.pyplot as plt
import analogdef as ana
#
# Initialize Variables
#
MaxNumberOfDevices=100
DevType=[0*i for i in range(MaxNumberOfDevices)]
DevLabel=[0*i for i in range(MaxNumberOfDevices)]
DevNode1=[0*i for i in range(MaxNumberOfDevices)]
DevNode2=[0*i for i in range(MaxNumberOfDevices)]
DevNode3=[0*i for i in range(MaxNumberOfDevices)]
DevModel=[0*i for i in range(MaxNumberOfDevices)]
DevValue=[0*i for i in range(MaxNumberOfDevices)]
Nodes=[]
FreqStep=3e7
#
# Read modelfile
#
modeldict=ana.readmodelfile('models.txt')
ICdict={}
Plotdict={}
Printdict={}
Optionsdict={}

#
```

```
# Read the netlist
#
DeviceCount=ana.readnetlist('netlist_ac_stab_4p5.txt',modeldict,
ICdict,Plotdict,Printdict,Optionsdict,DevType,DevValue,DevLabel,
DevNode1,DevNode2,DevNode3,DevModel,Nodes,MaxNumberOfDevices)
#
# Create Matrix based on circuit size. We do not implement strict
Modified Nodal Analysis. We keep instead all currents
# but keep referring to the voltages as absolute voltages. We
believe this will make the operation clearer to the user
#
MatrixSize=DeviceCount+len(Nodes)
#
# The number of branch equations are given by the number of
devices
# The number of KCL equations are given by the number of nodes
in the netlist
# Hence the matrix size if set by the sum of DeviceCount and
len(Nodes)
#
    STA_matrix=[[0 for i in range(MatrixSize)] for j in
range(MatrixSize)]
    STA_rhs=[0 for i in range(MatrixSize)]
#
# Loop through all devices and create matrix/rhs entries accord-
ing to signature
#
NumberOfNodes=len(Nodes)
for i in range(DeviceCount):
    if DevType[i]=='capacitor' or DevType[i]=='inductor':
        DevValue[i]*=(0+1j)
    if DevType[i] == 'resistor' or DevType[i] == 'inductor':
        STA_matrix[NumberOfNodes+i][NumberOfNodes+i]=-DevValue[i]
        STA_matrix[NumberOfNodes+i][Nodes.index(DevNode1[i])]=1
        STA_matrix[Nodes.index(DevNode1[i])][NumberOfNodes+i]=1
        STA_matrix[NumberOfNodes+i][Nodes.index(DevNode2[i])]=-1
        STA_matrix[Nodes.index(DevNode2[i])][NumberOfNodes+i]=-1
    if DevType[i]=='capacitor':
        STA_matrix[NumberOfNodes+i][NumberOfNodes+i]=1
        STA_matrix[Nodes.index(DevNode1[i])][NumberOfNodes+i]=1
        STA_matrix[Nodes.index(DevNode2[i])][NumberOfNodes+i]=-1
        STA_matrix[NumberOfNodes+i][Nodes.index(DevNode1[i])]=-Dev
Value[i]
        STA_matrix[NumberOfNodes+i][Nodes.index(DevNode2[i])]=+Dev
Value[i]
```

```
    if DevType[i]=='VoltSource':
      if DevNode1[i]!= '0':
        STA_matrix[NumberOfNodes+i][Nodes.index(DevNode1[i])]=1
        STA_matrix[Nodes.index(DevNode1[i])][NumberOfNodes+i]=1
      if DevNode2[i] != '0':
        STA_matrix[NumberOfNodes+i][Nodes.index(DevNode2[i])]=-1
        STA_matrix[Nodes.index(DevNode2[i])][NumberOfNodes+i]=-1
        STA_matrix[NumberOfNodes+i][NumberOfNodes+i]=0
        STA_rhs[NumberOfNodes+i]=DevValue[i]
    if DevType[i]=='CurrentSource':
      if DevNode1[i] != '0' :
        STA_matrix[Nodes.index(DevNode1[i])][NumberOfNodes+i]=1
      if DevNode2[i] != '0' :
        STA_matrix[Nodes.index(DevNode2[i])][NumberOfNodes+i]=-1
        STA_matrix[NumberOfNodes+i][NumberOfNodes+i]=1
        STA_rhs[NumberOfNodes+i]=0 # No AC source, so put to zero
    if DevType[i]=='transistor':
        STA_matrix[NumberOfNodes+i][NumberOfNodes+i]=1
        STA_matrix[NumberOfNodes+i][Nodes.index(DevNode2[i])]=1/
DevValue[i]
        STA_matrix[NumberOfNodes+i][Nodes.index(DevNode3[i])]=-1/
DevValue[i]
        STA_matrix[Nodes.index(DevNode1[i])][NumberOfNodes+i]=1
        STA_matrix[Nodes.index(DevNode3[i])][NumberOfNodes+i]=-1
  #
  # Neutralize all voltage sources and turn on vstab
  #
  # For this to work properly the current, istab, needs to shoot
into the positive end of vstab. Then the voltage
  # ve is at the positive terminal of vstab and the current out of
the positive terminal of vstab that counts in the
  # second stage
  #
  print('Setting up stab run 1')
  for i in range(DeviceCount):
    if DevType[i]=='VoltSource':
        if DevLabel[i]=='vstab':
            STA_rhs[NumberOfNodes+i]=1
            VElabel=DevNode1[i]
            StabProbeIndex=i
            print('Found stability probe')
        else:
            STA_rhs[NumberOfNodes+i]=0
  #
  #Loop through frequency points
```

```python
#
val=[[0 for i in range(100)] for j in range(MatrixSize)]
freqpnts=[0 for i in range(100)]
D=[0+0j for i in range(100)]
B=[0+0j for i in range(100)]
for iter in range(100):
    omega=iter*FreqStep*2*3.14159265
    for i in range(DeviceCount):
        if DevType[i]=='capacitor':
            if DevNode1[i] != '0' :
                STA_matrix[NumberOfNodes+i][Nodes.index(DevNode
1[i])]=DevValue[i]*omega
            if DevNode2[i] != '0' :
                STA_matrix[NumberOfNodes+i][Nodes.
index(DevNode2[i])]=-DevValue[i]*omega
        if DevType[i]=='inductor':
            STA_matrix[NumberOfNodes+i][NumberOfNodes+i]=DevVal
ue[i]*omega
    STA_inv=np.linalg.inv(STA_matrix)
    sol=np.matmul(STA_inv,STA_rhs)
    freqpnts[iter]=iter*FreqStep
    for j in range(MatrixSize):
        val[j][iter]=abs(sol[j])
        if j<NumberOfNodes:
            if Nodes[j]==VElabel:
                D[iter]=sol[j]
        if j==NumberOfNodes+StabProbeIndex:
            B[iter]=sol[j]


#plt.plot(freqpnts,20*numpy.log10(D))#20*numpy.log10(val[7]))



print('Setting up stab run 2')
for i in range(DeviceCount):
    if DevType[i]=='VoltSource':
        STA_rhs[NumberOfNodes+i]=0
    if DevType[i]=='CurrentSource':
        if DevLabel[i]=='istab':
            STA_rhs[NumberOfNodes+i]=1
            print('Found stability current probe')
#
#Loop through frequency points
#
val=[[0 for i in range(100)] for j in range(MatrixSize)]
freqpnts=[0 for i in range(100)]
```

```
C=[0+0j for i in range(100)]
A=[0+0j for i in range(100)]
for iter in range(100):
    omega=iter*FreqStep*2*3.14159265
    for i in range(DeviceCount):
        if DevType[i]=='capacitor':
            if DevNode1[i] != '0' :
                STA_matrix[NumberOfNodes+i][Nodes.index(DevNode
1[i])]=DevValue[i]*omega
            if DevNode2[i] != '0' :
                STA_matrix[NumberOfNodes+i][Nodes.index(DevNode
2[i])]=-DevValue[i]*omega
        if DevType[i]=='inductor':
            STA_matrix[NumberOfNodes+i][NumberOfNodes+i]=DevVal
ue[i]*omega
    STA_inv=np.linalg.inv(STA_matrix)
    sol=np.matmul(STA_inv,STA_rhs)
    freqpnts[iter]=iter*FreqStep
    for j in range(MatrixSize):
        val[j][iter]=abs(sol[j])
        if j<NumberOfNodes:
            if Nodes[j]==VElabel:
                C[iter]=sol[j]
        if j==NumberOfNodes+StabProbeIndex:
            A[iter]=-sol[j] # its the current out of the positive
end that counts


T=[0+0j for i in range(100)]
magdB=[0 for i in range(100)]
phasedegree=[0 for i in range(100)]
for iter in range(100):
  T[iter]=(2*(A[iter]*D[iter]-B[iter]*C[iter])-A[iter]+D[iter])/
(2*(B[iter]*C[iter]-A[iter]*D[iter])+A[iter]-D[iter]+1)
    magdB[iter]=20*np.log10(np.abs(T[iter]))
  if (180/np.pi*np.arctan(np.imag(T[iter])/np.real(T[iter])))>=0:
    phasedegree[iter]=180-180/np.pi*np.arctan(np.imag(T[iter])/
np.real(T[iter]))
    else:
        phasedegree[iter]=180-(180+180/np.pi*np.arctan(np.imag
(T[iter])/np.real(T[iter])))


for i in range(100-1):
    if magdB[i]*magdB[i+1]<0:
        print('Phasemargin: ',phasedegree[i])
        print('UGF ',freqpnts[i])
```

```python
for i in range(100-1):
    if phasedegree[i]*phasedegree[i+1]<0:
        print('Gainmargin: ',-magdB[i])

#
plt.xscale('log')
plt.title('Gain/Phase vs Frequency')
plt.xlabel('Frequency [Hz]')
plt.ylabel('Phase [degrees], Gain [dB]')
#
plt.plot(freqpnts,magdB,label='Gain')
plt.plot(freqpnts,phasedegree,label='Phase')
plt.subplot(111).legend(loc='upper center', bbox_to_anchor=(0.8,
0.97), shadow=True)
plt.show()
#
if len(Printdict)> 0:
    ana.printdata(Printdict,NumberOfNodes,freqpnts,val,Nodes)
```

4.9.4　代码 4.5

```python
#!/usr/bin/env python3
# -*- coding: utf-8 -*-
"""
Created on Thu Feb 28 22:33:04 2019

@author: mikael
"""
import sys
import numpy as np
import matplotlib.pyplot as plt
import analogdef as ana
import math
#
# Initialize Variables
#
MaxNumberOfDevices=100
DevType=[0*i for i in range(MaxNumberOfDevices)]
DevLabel=[0*i for i in range(MaxNumberOfDevices)]
DevNode1=[0*i for i in range(MaxNumberOfDevices)]
DevNode2=[0*i for i in range(MaxNumberOfDevices)]
DevNode3=[0*i for i in range(MaxNumberOfDevices)]
DevModel=[0*i for i in range(MaxNumberOfDevices)]
```

```
DevValue=[0*i for i in range(MaxNumberOfDevices)]
Nodes=[]
Ports=['vp1','vp2']
PortNodes=['in','out']
NPorts=2
#
# Read modelfile
#
modeldict=ana.readmodelfile('models.txt')
ICdict={}
Plotdict={}
Printdict={}
Optionsdict={}
#sys.exit()

#
# Read the netlist
#
DeviceCount=ana.readnetlist('netlist_sp2_4p6.txt',modeldict,ICd
ict,Plotdict,Printdict,Optionsdict,DevType,DevValue,DevLabel,DevN
ode1,DevNode2,DevNode3,DevModel,Nodes,MaxNumberOfDevices)
    #
    # Create Matrix based on circuit size. We do not implement strict
Modified Nodal Analysis. We keep instead all currents
    # but keep referring to the voltages as absolute voltages. We
believe this will make the operation clearer to the user.
    #
MatrixSize=DeviceCount+len(Nodes)
    #
    # The number of branch equations are given by the number of
devices
    # The number of KCL equations are given by the number of nodes
in the netlist.
    # Hence the matrix size if set by the sum of DeviceCount and
len(Nodes)
    #
    STA_matrix=[[0  for  i  in  range(MatrixSize)]  for  j  in
range(MatrixSize)]
  STA_rhs=[0 for i in range(MatrixSize)]
    #
    # Loop through all devices and create matrix/rhs entries accord-
ing to signature
    #
  NumberOfNodes=len(Nodes)
  for i in range(DeviceCount):
```

```
      if DevType[i]=='capacitor' or DevType[i]=='inductor':
         DevValue[i]*=(0+1j)
      if DevType[i] == 'resistor' or DevType[i] == 'inductor':
         STA_matrix[NumberOfNodes+i][NumberOfNodes+i]=-DevValue[i]
         STA_matrix[NumberOfNodes+i][Nodes.index(DevNode1[i])]=1
         STA_matrix[Nodes.index(DevNode1[i])][NumberOfNodes+i]=1
         STA_matrix[NumberOfNodes+i][Nodes.index(DevNode2[i])]=-1
         STA_matrix[Nodes.index(DevNode2[i])][NumberOfNodes+i]=-1
      if DevType[i]=='capacitor':
         STA_matrix[NumberOfNodes+i][NumberOfNodes+i]=1
         STA_matrix[Nodes.index(DevNode1[i])][NumberOfNodes+i]=1
         STA_matrix[Nodes.index(DevNode2[i])][NumberOfNodes+i]=-1
         STA_matrix[NumberOfNodes+i][Nodes.index(DevNode1[i])]=-Dev
Value[i]
         STA_matrix[NumberOfNodes+i][Nodes.index(DevNode2[i])]=+
DevValue[i]
      if DevType[i]=='VoltSource':
        if DevNode1[i]!= '0':
         STA_matrix[NumberOfNodes+i][Nodes.index(DevNode1[i])]=1
         STA_matrix[Nodes.index(DevNode1[i])][NumberOfNodes+i]=1
        if DevNode2[i] != '0':
         STA_matrix[NumberOfNodes+i][Nodes.index(DevNode2[i])]=-1
         STA_matrix[Nodes.index(DevNode2[i])][NumberOfNodes+i]=-1
         STA_matrix[NumberOfNodes+i][NumberOfNodes+i]=0
         STA_rhs[NumberOfNodes+i]=DevValue[i]
      if DevType[i]=='CurrentSource':
        if DevNode1[i] != '0' :
         STA_matrix[Nodes.index(DevNode1[i])][NumberOfNodes+i]=1
        if DevNode2[i] != '0' :
         STA_matrix[Nodes.index(DevNode2[i])][NumberOfNodes+i]=-1
         STA_matrix[NumberOfNodes+i][NumberOfNodes+i]=1
         STA_rhs[NumberOfNodes+i]=0 # No AC source, so put to zero
  #
  #Loop through frequency points
  #
  val=[[[0 for i in range(1000)] for j in range(NPorts)] for k in
range(NPorts)]
   for port in range(NPorts):
      for iter in range(1000):
         omega=iter*1e8*2*3.14159265
         for i in range(DeviceCount):
            if DevType[i]=='capacitor':
               if DevNode1[i] != '0' :
                  STA_matrix[NumberOfNodes+i][Nodes.index(Dev
Node1[i])]=DevValue[i]*omega
```

```
                    if DevNode2[i] != '0' :
                        STA_matrix[NumberOfNodes+i][Nodes.index(Dev
Node2[i])]]=-DevValue[i]*omega
                if DevType[i]=='inductor':
                    STA_matrix[NumberOfNodes+i][NumberOfNodes+i]=De
vValue[i]*omega
                if DevLabel[i]==Ports[port]:
                    print('Exciting port:',DevLabel[i])
                    STA_rhs[NumberOfNodes+i]=2
                else:
                    STA_rhs[NumberOfNodes+i]=0
            STA_inv=np.linalg.inv(STA_matrix)
            sol=np.matmul(STA_inv,STA_rhs)
            for j in range(NPorts):
                print('Sniffing port: ',PortNodes[j])
                if port != j :
                    val[port][j][iter]=20*math.log10(abs(sol[Nodes.
index(PortNodes[j])]))
                else :
                    val[port][j][iter]=20*math.log10(abs(sol[Nodes.
index(PortNodes[j])]-1))
    plt.plot(val[0][0])
    plt.plot(val[0, 1])
    plt.plot(val[0, 1])
    plt.plot(val[1])
```

4.9.5　代码 4.6

```python
#!/usr/bin/env python3
# -*- coding: utf-8 -*-
"""
Created on Thu Feb 28 22:33:04 2019

@author: mikael
"""
import numpy as np
import matplotlib.pyplot as plt
import math
import analogdef as ana


#
# Read netlist
#
```

```
MaxNumberOfDevices=100
DevType=[0*i for i in range(MaxNumberOfDevices)]
DevLabel=[0*i for i in range(MaxNumberOfDevices)]
DevNode1=[0*i for i in range(MaxNumberOfDevices)]
DevNode2=[0*i for i in range(MaxNumberOfDevices)]
DevNode3=[0*i for i in range(MaxNumberOfDevices)]
DevModel=[0*i for i in range(MaxNumberOfDevices)]
DevValue=[0*i for i in range(MaxNumberOfDevices)]
Nodes=[]
#
# Read modelfile
#
modeldict=ana.readmodelfile('models.txt')
ICdict={}
Plotdict={}
Printdict={}
Optionsdict={}
Optionsdict['deltaT']=1e-12
Optionsdict['NIterations']=200
#
# Read the netlist
#
DeviceCount=ana.readnetlist('netlist_4p7.txt',modeldict,ICdict,
Plotdict,Printdict,Optionsdict,DevType,DevValue,DevLabel,DevNode1,
DevNode2,DevNode3,DevModel,Nodes,MaxNumberOfDevices)
#
# Create Matrix based on circuit size. We do not implement strict
Modified Nodal Analysis. We keep instead all currents
# but keep referring to the voltages as absolute voltages. We
believe this will make the operation clearer to the user.
#
MatrixSize=DeviceCount+len(Nodes)
STA_matrix=[[0 for i in range(MatrixSize)] for j in
range(MatrixSize)]
STA_rhs=[0 for i in range(MatrixSize)]
sol=[0 for i in range(MatrixSize)]
#
# Create sim parameters
#
deltaT=Optionsdict['deltaT']
NIterations=int(Optionsdict['NIterations'])
#
# Loop through all devices and create matrix/rhs entries accord-
ing to signature
#
```

```
NumberOfNodes=len(Nodes)
for i in range(DeviceCount):
  if DevType[i] != 'VoltSource' and DevType[i] != 'CurrentSource':
      STA_matrix[NumberOfNodes+i][NumberOfNodes+i]=-DevValue[i]
    if DevNode1[i] != '0' :
      STA_matrix[NumberOfNodes+i][Nodes.index(DevNode1[i])]=1
      STA_matrix[Nodes.index(DevNode1[i])][NumberOfNodes+i]=1
    if DevNode2[i] != '0' :
      STA_matrix[NumberOfNodes+i][Nodes.index(DevNode2[i])]=-1
      STA_matrix[Nodes.index(DevNode2[i])][NumberOfNodes+i]=-1
    if DevType[i]=='capacitor':
      STA_matrix[NumberOfNodes+i][NumberOfNodes+i]=0
      if DevNode1[i] != '0' : STA_matrix[NumberOfNodes+i][Nodes.
index(DevNode1[i])]=+1
      if DevNode2[i] != '0' : STA_matrix[NumberOfNodes+i][Nodes.
index(DevNode2[i])]=-1
      if DevNode1[i] != '0' : STA_matrix[Nodes.index(DevNode1[i])]
[NumberOfNodes+i]=+1
      if DevNode2[i] != '0' : STA_matrix[Nodes.index(DevNode2[i])]
[NumberOfNodes+i]=-1
        STA_rhs[NumberOfNodes+i]=sol[Nodes.index(DevNode1[i])]-
sol[Nodes.index(DevNode2[i])]+deltaT*sol[NumberOfNodes+i]/
DevValue[i]
    if DevType[i]=='inductor':
        STA_matrix[NumberOfNodes+i][NumberOfNodes+i]=1
      if DevNode1[i] != '0' : STA_matrix[NumberOfNodes+i][Nodes.
index(DevNode1[i])]=0
      if DevNode2[i] != '0' : STA_matrix[NumberOfNodes+i][Nodes.
index(DevNode2[i])]=0
      if DevNode1[i] != '0' : STA_matrix[Nodes.index(DevNode1[i])]
[NumberOfNodes+i]=1
      if DevNode2[i] != '0' : STA_matrix[Nodes.index(DevNode2[i])]
[NumberOfNodes+i]=-1
        STA_rhs[NumberOfNodes+i]=sol[NumberOfNodes+i]+(sol[Nodes.
index(DevNode1[i])]-sol[Nodes.index(DevNode2[i])])*deltaT/
DevValue[i]
    if DevType[i]=='VoltSource':
        STA_matrix[NumberOfNodes+i][NumberOfNodes+i]=0
      STA_rhs[NumberOfNodes+i]=ana.getSourceValue(DevValue[i],0)
  #
  #Loop through frequency points
  #
  val=[[0 for i in range(NIterations)] for j in range(MatrixSize)]
  timeVector=[0 for i in range(NIterations)]
  for iter in range(NIterations):
```

```
            SimTime=iter*deltaT
            STA_inv=np.linalg.inv(STA_matrix)
            sol=np.matmul(STA_inv,STA_rhs)
            timeVector[iter]=SimTime
            for j in range(MatrixSize):
                val[j][iter]=sol[j]
            for i in range(DeviceCount):
                if DevType[i]=='capacitor':
                STA_rhs[NumberOfNodes+i]=sol[Nodes.index(DevNode1[i])]-
sol[Nodes.index(DevNode2[i])]+deltaT*sol[NumberOfNodes+i]/
DevValue[i]
                if DevType[i]=='inductor':
                    STA_rhs[NumberOfNodes+i]=sol[NumberOfNodes+i]+(sol[
Nodes.index(DevNode1[i])]-sol[Nodes.index(DevNode2[i])])*deltaT/
DevValue[i]
                if DevType[i]=='VoltSource':
                    STA_rhs[NumberOfNodes+i]=ana.getSourceValue(DevValu
e[i],SimTime)

    ana.plotdata(Plotdict,NumberOfNodes,timeVector,val,Nodes)
```

4.9.6 代码 4.7

```
#!/usr/bin/env python3
# -*- coding: utf-8 -*-
"""
Created on Thu Feb 28 22:33:04 2019

@author: mikael
"""
import numpy as np
import matplotlib.pyplot as plt
import math
import analogdef as ana

MaxNumberOfDevices=100
DevType=[0*i for i in range(MaxNumberOfDevices)]
DevLabel=[0*i for i in range(MaxNumberOfDevices)]
DevNode1=[0*i for i in range(MaxNumberOfDevices)]
DevNode2=[0*i for i in range(MaxNumberOfDevices)]
DevNode3=[0*i for i in range(MaxNumberOfDevices)]
DevModel=[0*i for i in range(MaxNumberOfDevices)]
DevValue=[0*i for i in range(MaxNumberOfDevices)]
```

```
Nodes=[]
#
# Read modelfile
#
modeldict=ana.readmodelfile('models.txt')
ICdict={}
Plotdict={}
Printdict={}
Optionsdict={}
Optionsdict['deltaT']=1e-12
Optionsdict['NIterations']=200
#
# Read the netlist
#
DeviceCount=ana.readnetlist('netlist_4p7.txt',modeldict,ICdict,
Plotdict,Printdict,Optionsdict,DevType,DevValue,DevLabel,DevNode1,
DevNode2,DevNode3,DevModel,Nodes,MaxNumberOfDevices)
#
# Create Matrix based on circuit size. We do not implement strict
Modified Nodal Analysis. We keep instead all currents
# but keep referring to the voltages as absolute voltages. We
believe this will make the operation clearer to the user.
#
MatrixSize=DeviceCount+len(Nodes)
STA_matrix=[[0 for i in range(MatrixSize)] for j in
range(MatrixSize)]
STA_rhs=[0 for i in range(MatrixSize)]
sol=[0 for i in range(MatrixSize)]
#
# update initial conditions if present
#
NumberOfNodes=len(Nodes)
if len(ICdict)>0:
    for i in range(len(ICdict)):
        for j in range(NumberOfNodes):
            if Nodes[j]==ICdict[i]['NodeName']:
                sol[j]=ICdict[i]['Value']
                print('Setting ',Nodes[j],' to ',sol[j])
#
# Create sim parameters
#
deltaT=Optionsdict['deltaT']
NIterations=int(Optionsdict['NIterations'])
```

```
#
# Loop through all devices and create matrix/rhs entries accord-
ing to signature
#
for i in range(DeviceCount):
  if DevType[i] != 'VoltSource' and DevType[i] != 'CurrentSource':
      STA_matrix[NumberOfNodes+i][NumberOfNodes+i]=-DevValue[i]
  if DevNode1[i] != '0' :
      STA_matrix[NumberOfNodes+i][Nodes.index(DevNode1[i])]=1
      STA_matrix[Nodes.index(DevNode1[i])][NumberOfNodes+i]=1
  if DevNode2[i] != '0' :
      STA_matrix[NumberOfNodes+i][Nodes.index(DevNode2[i])]=-1
      STA_matrix[Nodes.index(DevNode2[i])][NumberOfNodes+i]=-1
  if DevType[i]=='capacitor':
      STA_matrix[NumberOfNodes+i][NumberOfNodes+i]=1
      if DevNode1[i] != '0' : STA_matrix[NumberOfNodes+i][Nodes.
index(DevNode1[i])]=-DevValue[i]/deltaT
      if DevNode2[i] != '0' : STA_matrix[NumberOfNodes+i][Nodes.
index(DevNode2[i])]=DevValue[i]/deltaT
      if DevNode1[i] != '0' : STA_matrix[Nodes.index(DevNode1[i])]
[NumberOfNodes+i]=1
      if DevNode2[i] != '0' : STA_matrix[Nodes.index(DevNode2[i])]
[NumberOfNodes+i]=-1
      if DevNode1[i] != '0' and DevNode2[i] != '0':
          STA_rhs[NumberOfNodes+i]=-DevValue[i]/deltaT*(sol[Nodes.
index(DevNode1[i])]-sol[Nodes.index(DevNode2[i])])
      if DevNode1[i] == '0':
              STA_rhs[NumberOfNodes+i]=-DevValue[i]/deltaT*(-
sol[Nodes.index(DevNode2[i])])
      if DevNode2[i] == '0':
          STA_rhs[NumberOfNodes+i]=-DevValue[i]/deltaT*(sol[Nodes.
index(DevNode1[i])])
  if DevType[i]=='inductor':
      STA_matrix[NumberOfNodes+i][NumberOfNodes+i]=1
      if DevNode1[i] != '0' : STA_matrix[NumberOfNodes+i][Nodes.
index(DevNode1[i])]=-deltaT/DevValue[i]
      if DevNode2[i] != '0' : STA_matrix[NumberOfNodes+i][Nodes.
index(DevNode2[i])]=deltaT/DevValue[i]
      if DevNode1[i] != '0' : STA_matrix[Nodes.index(DevNode1[i])]
[NumberOfNodes+i]=1
      if DevNode2[i] != '0' : STA_matrix[Nodes.index(DevNode2[i])]
[NumberOfNodes+i]=-1
      STA_rhs[NumberOfNodes+i]=sol[NumberOfNodes+i]
  if DevType[i]=='VoltSource':
```

```
            STA_matrix[NumberOfNodes+i][NumberOfNodes+i]=0
        STA_rhs[NumberOfNodes+i]=ana.getSourceValue(DevValue[i],0)
    #
    #Loop through frequency points
    #
    val=[[0 for i in range(NIterations)] for j in range(MatrixSize)]
    timeVector=[0 for i in range(NIterations)]
    for iter in range(NIterations):
        SimTime=iter*deltaT
        STA_inv=np.linalg.inv(STA_matrix)
        sol=np.matmul(STA_inv,STA_rhs)
        timeVector[iter]=SimTime
        for j in range(MatrixSize):
            val[j][iter]=sol[j]
        for i in range(DeviceCount):
            if DevType[i]=='capacitor':
                if DevNode1[i] != '0' and DevNode2[i] != '0':
                    STA_rhs[NumberOfNodes+i]=-DevValue[i]/deltaT*(sol
[Nodes.index(DevNode1[i])]-sol[Nodes.index(DevNode2[i])])
                if DevNode1[i] == '0':
                    STA_rhs[NumberOfNodes+i]=-DevValue[i]/deltaT*(-sol
[Nodes.index(DevNode2[i])])
                if DevNode2[i] == '0':
                    STA_rhs[NumberOfNodes+i]=-DevValue[i]/deltaT*(sol
[Nodes.index(DevNode1[i])])
            if DevType[i]=='inductor':
                STA_rhs[NumberOfNodes+i]=sol[NumberOfNodes+i]
            if DevType[i]=='VoltSource':
                STA_rhs[NumberOfNodes+i]=ana.getSourceValue(DevValu
e[i],SimTime)
    #
    ana.plotdata(Plotdict,NumberOfNodes,timeVector,val,Nodes)
```

4.9.7　代码 4.8

```
#!/usr/bin/env python3
# -*- coding: utf-8 -*-
"""
Created on Thu Feb 28 22:33:04 2019

@author: mikael
"""
import numpy as np
```

```python
import matplotlib.pyplot as plt
import math
import analogdef as ana
#
# Initialize Variables
#
MaxNumberOfDevices=100
DevType=[0*i for i in range(MaxNumberOfDevices)]
DevLabel=[0*i for i in range(MaxNumberOfDevices)]
DevNode1=[0*i for i in range(MaxNumberOfDevices)]
DevNode2=[0*i for i in range(MaxNumberOfDevices)]
DevNode3=[0*i for i in range(MaxNumberOfDevices)]
DevModel=[0*i for i in range(MaxNumberOfDevices)]
DevValue=[0*i for i in range(MaxNumberOfDevices)]
Nodes=[]
#
# Read modelfile
#
modeldict=ana.readmodelfile('models.txt')
ICdict={}
Plotdict={}
Printdict={}
Optionsdict={}
Optionsdict['deltaT']=1e-12
Optionsdict['NIterations']=200
#
# Read the netlist
#
DeviceCount=ana.readnetlist('netlist_4p9.txt',modeldict,ICdict,
Plotdict,Printdict,Optionsdict,DevType,DevValue,DevLabel,DevNode1,
DevNode2,DevNode3,DevModel,Nodes,MaxNumberOfDevices)
#
# Create Matrix based on circuit size. We do not implement strict
Modified Nodal Analysis. We keep instead all currents
# but keep referring to the voltages as absolute voltages. We
believe this will make the operation clearer to the user.
#
MatrixSize=DeviceCount+len(Nodes)
STA_matrix=[[0 for i in range(MatrixSize)] for j in
range(MatrixSize)]
STA_rhs=[0 for i in range(MatrixSize)]
sol=[0 for i in range(MatrixSize)]
#
# update initial conditions if present
#
```

```
NumberOfNodes=len(Nodes)
if len(ICdict)>0:
    for i in range(len(ICdict)):
        for j in range(NumberOfNodes):
            if Nodes[j]==ICdict[i]['NodeName']:
                sol[j]=ICdict[i]['Value']
                print('Setting ',Nodes[j],' to ',sol[j])
#
# Create sim parameters
#
deltaT=Optionsdict['deltaT']
NIterations=int(Optionsdict['NIterations'])
#
# Loop through all devices and create matrix/rhs entries accord-
ing to signature
#
for i in range(DeviceCount):
  if DevType[i] != 'VoltSource' and DevType[i] != 'CurrentSource':
      STA_matrix[NumberOfNodes+i][NumberOfNodes+i]=-DevValue[i]
    if DevNode1[i] != '0' :
        STA_matrix[NumberOfNodes+i][Nodes.index(DevNode1[i])]=1
        STA_matrix[Nodes.index(DevNode1[i])][NumberOfNodes+i]=1
    if DevNode2[i] != '0' :
        STA_matrix[NumberOfNodes+i][Nodes.index(DevNode2[i])]=-1
        STA_matrix[Nodes.index(DevNode2[i])][NumberOfNodes+i]=-1
     if DevType[i]=='capacitor':
         STA_matrix[NumberOfNodes+i][NumberOfNodes+i]=1
       if DevNode1[i] != '0' : STA_matrix[NumberOfNodes+i][Nodes.
index(DevNode1[i])]=-2*DevValue[i]/deltaT
         if DevNode2[i] != '0' : STA_matrix[NumberOfNodes+i][Nodes.
index(DevNode2[i])]=2*DevValue[i]/deltaT
        if DevNode1[i] != '0' : STA_matrix[Nodes.index(DevNode1[i])]
[NumberOfNodes+i]=1
         if DevNode2[i] != '0' : STA_matrix[Nodes.index(DevNode2[i])]
[NumberOfNodes+i]=-1
          if DevNode1[i] != '0' and DevNode2[i] != '0':
        STA_rhs[NumberOfNodes+i]=-2*DevValue[i]/deltaT*(sol[Nodes.
index(DevNode1[i])]-sol[Nodes.index(DevNode2[i])])-sol
[NumberOfNodes+i]
          if DevNode1[i] == '0':
            STA_rhs[NumberOfNodes+i]=-2*DevValue[i]/deltaT*(-sol
[Nodes.index(DevNode2[i])])-sol[NumberOfNodes+i]
          if DevNode2[i] == '0':
            STA_rhs[NumberOfNodes+i]=-2*DevValue[i]/deltaT*(sol[Nodes.
index(DevNode1[i])])-sol[NumberOfNodes+i]
```

```
        if DevType[i]=='inductor':
            STA_matrix[NumberOfNodes+i][NumberOfNodes+i]=1
          if DevNode1[i] != '0' : STA_matrix[NumberOfNodes+i][Nodes.
index(DevNode1[i])]=-deltaT/(2*DevValue[i])
          if DevNode2[i] != '0' : STA_matrix[NumberOfNodes+i][Nodes.
index(DevNode2[i])]=deltaT/(2*DevValue[i])
         if DevNode1[i] != '0' : STA_matrix[Nodes.index(DevNode1[i])]
[NumberOfNodes+i]=1
         if DevNode2[i] != '0' : STA_matrix[Nodes.index(DevNode2[i])]
[NumberOfNodes+i]=-1
            if DevNode1[i] != '0' and DevNode2[i] != '0':
                STA_rhs[NumberOfNodes+i]=sol[NumberOfNodes+i]+delta
T*(sol[Nodes.index(DevNode1[i])]-sol[Nodes.index(DevNode2[i])])/
(2*DevValue[i])
            if DevNode1[i] == '0':
                STA_rhs[NumberOfNodes+i]=sol[NumberOfNodes+i]+del
taT*(-sol[Nodes.index(DevNode2[i])])/(2*DevValue[i])
            if DevNode2[i] == '0':
                STA_rhs[NumberOfNodes+i]=sol[NumberOfNodes+i]+delta
T*(sol[Nodes.index(DevNode1[i])])/(2*DevValue[i])
       if DevType[i]=='VoltSource':
            STA_matrix[NumberOfNodes+i][NumberOfNodes+i]=0
           STA_rhs[NumberOfNodes+i]=ana.getSourceValue(DevValue[i],0)
   #
   #Loop through frequency points
   #
   val=[[0 for i in range(NIterations)] for j in range(MatrixSize)]
   timeVector=[0 for i in range(NIterations)]
   for iter in range(NIterations):
       SimTime=iter*deltaT
       STA_inv=np.linalg.inv(STA_matrix)
       sol=np.matmul(STA_inv,STA_rhs)
       timeVector[iter]=SimTime
       for j in range(MatrixSize):
           val[j][iter]=sol[j]
       for i in range(DeviceCount):
           if DevType[i]=='capacitor':
               if DevNode1[i] != '0' and DevNode2[i] != '0':
                   STA_rhs[NumberOfNodes+i]=-2*DevValue[i]/deltaT*
(sol[Nodes.index(DevNode1[i])]-sol[Nodes.index(DevNode2[i])])-
sol[NumberOfNodes+i]
               if DevNode1[i] == '0':
                   STA_rhs[NumberOfNodes+i]=-2*DevValue[i]/deltaT*(-
sol[Nodes.index(DevNode2[i])])-sol[NumberOfNodes+i]
               if DevNode2[i] == '0':
                   STA_rhs[NumberOfNodes+i]=-2*DevValue[i]/deltaT*
```

```
(sol[Nodes.index(DevNode1[i])])-sol[NumberOfNodes+i]
            if DevType[i]=='inductor':
                if DevNode1[i] != '0' and DevNode2[i] != '0':
                    STA_rhs[NumberOfNodes+i]=sol[NumberOfNodes+i]+d
eltaT*(sol[Nodes.index(DevNode1[i])]-sol[Nodes.index
(DevNode2[i])])/(2*DevValue[i])
                if DevNode1[i] == '0':
                    STA_rhs[NumberOfNodes+i]=sol[NumberOfNodes+i]+d
eltaT*(-sol[Nodes.index(DevNode2[i])])/(2*DevValue[i])
                if DevNode2[i] == '0':
                    STA_rhs[NumberOfNodes+i]=sol[NumberOfNodes+i]+d
eltaT*(sol[Nodes.index(DevNode1[i])])/(2*DevValue[i])
            if DevType[i]=='VoltSource':
                STA_rhs[NumberOfNodes+i]=ana.getSourceValue(DevValu
e[i],SimTime)
    #
    ana.plotdata(Plotdict,NumberOfNodes,timeVector,val,Nodes)
```

4.9.8　代码 4.9

```
#!/usr/bin/env python3
# -*- coding: utf-8 -*-
"""
Created on Thu Feb 28 22:33:04 2019

@author: mikael
"""
import numpy as np
import matplotlib.pyplot as plt
import math
import analogdef as ana
#
# Initialize Variables
#
MaxNumberOfDevices=100
DevType=[0*i for i in range(MaxNumberOfDevices)]
DevLabel=[0*i for i in range(MaxNumberOfDevices)]
DevNode1=[0*i for i in range(MaxNumberOfDevices)]
DevNode2=[0*i for i in range(MaxNumberOfDevices)]
DevNode3=[0*i for i in range(MaxNumberOfDevices)]
DevModel=[0*i for i in range(MaxNumberOfDevices)]
DevValue=[0*i for i in range(MaxNumberOfDevices)]
Nodes=[]
```

```
#
# Read modelfile
#
modeldict=ana.readmodelfile('models.txt')
ICdict={}
Plotdict={}
Printdict={}
Optionsdict={}
Optionsdict['deltaT']=1e-12
Optionsdict['NIterations']=200
#
# Read the netlist
#
DeviceCount=ana.readnetlist('netlist_4p9.txt',modeldict,ICdict,
Plotdict,Printdict,Optionsdict,DevType,DevValue,DevLabel,DevNode1,
DevNode2,DevNode3,DevModel,Nodes,MaxNumberOfDevices)
#
# Create Matrix based on circuit size. We do not implement strict
Modified Nodal Analysis. We keep instead all currents
# but keep referring to the voltages as absolute voltages. We
believe this will make the operation clearer to the user.
MatrixSize=DeviceCount+len(Nodes)
    STA_matrix=[[0 for i in range(MatrixSize)] for j in
range(MatrixSize)]
STA_rhs=[0 for i in range(MatrixSize)]
sol=[0 for i in range(MatrixSize)]
solm1=[0 for i in range(MatrixSize)]
#
# Create sim parameters
#
deltaT=Optionsdict['deltaT']
NIterations=int(Optionsdict['NIterations'])
#
# update initial conditions if present
#
NumberOfNodes=len(Nodes)
if len(ICdict)>0:
    for i in range(len(ICdict)):
        for j in range(NumberOfNodes):
            if Nodes[j]==ICdict[i]['NodeName']:
                sol[j]=ICdict[i]['Value']
                print('Setting ',Nodes[j],' to ',sol[j])
    #
# Loop through all devices and create matrix/rhs entries accord-
ing to signature
```

```python
#
for i in range(DeviceCount):
  if DevType[i] != 'VoltSource' and DevType[i] != 'CurrentSource':
      STA_matrix[NumberOfNodes+i][NumberOfNodes+i]=-DevValue[i]
  if DevNode1[i] != '0' :
      STA_matrix[NumberOfNodes+i][Nodes.index(DevNode1[i])]=1
      STA_matrix[Nodes.index(DevNode1[i])][NumberOfNodes+i]=1
  if DevNode2[i] != '0' :
      STA_matrix[NumberOfNodes+i][Nodes.index(DevNode2[i])]=-1
      STA_matrix[Nodes.index(DevNode2[i])][NumberOfNodes+i]=-1
  if DevType[i]=='capacitor':
      STA_matrix[NumberOfNodes+i][NumberOfNodes+i]=1
      if DevNode1[i] != '0' : STA_matrix[NumberOfNodes+i][Nodes.
index(DevNode1[i])]=-3/2.0*DevValue[i]/deltaT
      if DevNode2[i] != '0' : STA_matrix[NumberOfNodes+i][Nodes.
index(DevNode2[i])]=3/2.0*DevValue[i]/deltaT
      if DevNode1[i] != '0' : STA_matrix[Nodes.index(DevNode1[i])]
[NumberOfNodes+i]=1
      if DevNode2[i] != '0' : STA_matrix[Nodes.index(DevNode2[i])]
[NumberOfNodes+i]=-1
        if DevNode1[i] != '0' and DevNode2[i] != '0':
            STA_rhs[NumberOfNodes+i]=DevValue[i]/deltaT*(-2*(sol
[Nodes.index(DevNode1[i])]-sol[Nodes.index(DevNode2[i])])+1/2*(so
lm1[Nodes.index(DevNode1[i])]-solm1[Nodes.index(DevNode2[i])]) )
        if DevNode1[i] == '0':
            STA_rhs[NumberOfNodes+i]=DevValue[i]/deltaT*(-2*(-sol
[Nodes.index(DevNode2[i])])+1/2*(-solm1[Nodes.index(DevNode2[i])] ))
        if DevNode2[i] == '0':
            STA_rhs[NumberOfNodes+i]=DevValue[i]/deltaT*(-2*(sol
[Nodes.index(DevNode1[i])])+1/2*(solm1[Nodes.index(DevNode1[i])] ))
    if DevType[i]=='inductor':
        STA_matrix[NumberOfNodes+i][NumberOfNodes+i]=1
      if DevNode1[i] != '0' : STA_matrix[NumberOfNodes+i][Nodes.
index(DevNode1[i])]=-2/3*deltaT/DevValue[i]
      if DevNode2[i] != '0' : STA_matrix[NumberOfNodes+i][Nodes.
index(DevNode2[i])]=2/3*deltaT/DevValue[i]
      if DevNode1[i] != '0' : STA_matrix[Nodes.index(DevNode1[i])]
[NumberOfNodes+i]=1
      if DevNode2[i] != '0' : STA_matrix[Nodes.index(DevNode2[i])]
[NumberOfNodes+i]=-1
            STA_rhs[NumberOfNodes+i]=4/3*sol[NumberOfNodes+i]-1/3*
solm1[NumberOfNodes+i]
    if DevType[i]=='VoltSource':
        STA_matrix[NumberOfNodes+i][NumberOfNodes+i]=0
        STA_rhs[NumberOfNodes+i]=ana.getSourceValue(DevValue[i],0)
```

```
#
#Loop through frequency points
#
val=[[0 for i in range(NIterations)] for j in range(MatrixSize)]
timeVector=[0 for i in range(NIterations)]
for iter in range(NIterations):
    SimTime=iter*deltaT
    STA_inv=np.linalg.inv(STA_matrix)
    solm1=sol[:]
    sol=np.matmul(STA_inv,STA_rhs)
    timeVector[iter]=SimTime
    for j in range(MatrixSize):
        val[j][iter]=sol[j]
    for i in range(DeviceCount):
        if DevType[i]=='capacitor':
            if DevNode1[i] != '0' and DevNode2[i] != '0':
                STA_rhs[NumberOfNodes+i]=DevValue[i]/deltaT*(-
2*(sol[Nodes.index(DevNode1[i])]-sol[Nodes.index(DevNode2[i])])+1/
2*(solm1[Nodes.index(DevNode1[i])]-solm1[Nodes.index
(DevNode2[i])]) )
            if DevNode1[i] == '0':
                STA_rhs[NumberOfNodes+i]=DevValue[i]/deltaT*(-
2*(-sol[Nodes.index(DevNode2[i])])+1/2*(-solm1[Nodes.index
(DevNode2[i])] ))
            if DevNode2[i] == '0':
                STA_rhs[NumberOfNodes+i]=DevValue[i]/deltaT*(-
2*(sol[Nodes.index(DevNode1[i])])+1/2*(solm1[Nodes.
index(DevNode1[i])] ))
        if DevType[i]=='inductor':
                STA_rhs[NumberOfNodes+i]=4/3*sol[NumberOfNode
s+i]-1/3*solm1[NumberOfNodes+i]
        if DevType[i]=='VoltSource':
            STA_rhs[NumberOfNodes+i]=ana.getSourceValue(DevValu
e[i],SimTime)
    #
    ana.plotdata(Plotdict,NumberOfNodes,timeVector,val,Nodes)
```

4.9.9　代码 4.10

```
#!/usr/bin/env python3
# -*- coding: utf-8 -*-
"""
Created on Thu Feb 28 22:33:04 2019
```

```python
@author: mikael
"""
import numpy
import matplotlib.pyplot as plt
import math
import sys
import analogdef as ana

#
# Read netlist
#
MaxNumberOfDevices=100
DevType=[0*i for i in range(MaxNumberOfDevices)]
DevLabel=[0*i for i in range(MaxNumberOfDevices)]
DevNode1=[0*i for i in range(MaxNumberOfDevices)]
DevNode2=[0*i for i in range(MaxNumberOfDevices)]
DevNode3=[0*i for i in range(MaxNumberOfDevices)]
DevModel=[0*i for i in range(MaxNumberOfDevices)]
DevValue=[0*i for i in range(MaxNumberOfDevices)]
Nodes=[]
vkmax=0
#
# Read modelfile
#
modeldict=ana.readmodelfile('models.txt')
ICdict={}
Plotdict={}
Printdict={}
Optionsdict={}
Optionsdict['reltol']=1e-2
Optionsdict['iabstol']=1e-7
Optionsdict['vabstol']=1e-2
Optionsdict['lteratio']=2
Optionsdict['deltaT']=1e-12
Optionsdict['NIterations']=200
Optionsdict['GlobalTruncation']=True
#
# Read the netlist
#
DeviceCount=ana.readnetlist('netlist_4p7.txt',modeldict,ICdict,
Plotdict,Printdict,Optionsdict,DevType,DevValue,DevLabel,DevNode1,
DevNode2,DevNode3,DevModel,Nodes,MaxNumberOfDevices)
#
# Create Matrix based on circuit size. We do not implement strict
Modified Nodal Analysis. We keep instead all currents
```

```
    # but keep referring to the voltages as absolute voltages. We
believe this will make the operation clearer to the user.
    #
    MatrixSize=DeviceCount+len(Nodes)
        STA_matrix=[[0 for i in range(MatrixSize)] for j in
range(MatrixSize)]
    STA_rhs=[0 for i in range(MatrixSize)]
    sol=[0 for i in range(MatrixSize)]
    solold=[0 for i in range(MatrixSize)]
    solm1=[0 for i in range(MatrixSize)]
    solm2=[0 for i in range(MatrixSize)]
    #
    # Create sim parameters
    #
    deltaT=Optionsdict['deltaT']
    NIterations=int(Optionsdict['NIterations'])
    GlobalTruncation=Optionsdict['GlobalTruncation']
    PointLocal=not GlobalTruncation
    reltol=Optionsdict['reltol']
    iabstol=Optionsdict['iabstol']
    vabstol=Optionsdict['vabstol']
    lteratio=Optionsdict['lteratio']
    #
    # Loop through all devices and create matrix/rhs entries accord-
ing to signature
    #
    NumberOfNodes=len(Nodes)
    for i in range(DeviceCount):
        if DevType[i] != 'VoltSource' and DevType[i] != 'CurrentSource':
            STA_matrix[NumberOfNodes+i][NumberOfNodes+i]=-DevValue[i]
        if DevNode1[i] != '0' :
            STA_matrix[NumberOfNodes+i][Nodes.index(DevNode1[i])]=1
            STA_matrix[Nodes.index(DevNode1[i])][NumberOfNodes+i]=1
        if DevNode2[i] != '0' :
            STA_matrix[NumberOfNodes+i][Nodes.index(DevNode2[i])]=-1
            STA_matrix[Nodes.index(DevNode2[i])][NumberOfNodes+i]=-1
        if DevType[i]=='capacitor':
            STA_matrix[NumberOfNodes+i][NumberOfNodes+i]=0
            if DevNode1[i] != '0' : STA_matrix[NumberOfNodes+i][Nodes.
index(DevNode1[i])]=+1
            if DevNode2[i] != '0' : STA_matrix[NumberOfNodes+i][Nodes.
index(DevNode2[i])]=-1
            if DevNode1[i] != '0' : STA_matrix[Nodes.index(DevNode1[i])]
[NumberOfNodes+i]=+1
            if DevNode2[i] != '0' : STA_matrix[Nodes.index(DevNode2[i])]
```

```
[NumberOfNodes+i]=-1
            STA_rhs[NumberOfNodes+i]=sol[Nodes.index(DevNode1[i])]-
sol[Nodes.index(DevNode2[i])]+deltaT*sol[NumberOfNodes+i]/
DevValue[i]
        if DevType[i]=='inductor':
            STA_matrix[NumberOfNodes+i][NumberOfNodes+i]=1
            if DevNode1[i] != '0' : STA_matrix[NumberOfNodes+i][Nodes.
index(DevNode1[i])]=0
            if DevNode2[i] != '0' : STA_matrix[NumberOfNodes+i][Nodes.
index(DevNode2[i])]=0
            if DevNode1[i] != '0' : STA_matrix[Nodes.index(DevNode1[i])]
[NumberOfNodes+i]=1
            if DevNode2[i] != '0' : STA_matrix[Nodes.index(DevNode2[i])]
[NumberOfNodes+i]=-1
            STA_rhs[NumberOfNodes+i]=sol[NumberOfNodes+i]+(sol[Nodes.
index(DevNode1[i])]-sol[Nodes.index(DevNode2[i])])*deltaT/
DevValue[i]
        if DevType[i]=='VoltSource':
            STA_matrix[NumberOfNodes+i][NumberOfNodes+i]=0
            STA_rhs[NumberOfNodes+i]=ana.getSourceValue(DevValue[i],0)
    #
    #Loop through frequency points
    #
    val=[[0 for i in range(NIterations)] for j in range(MatrixSize)]
    timeVector=[0 for i in range(NIterations)]
    PredMatrix=[[0 for i in range(2)] for j in range(2)]
    Predrhs=[0 for i in range(2)]
    for iter in range(NIterations):
        SimTime=iter*deltaT
        STA_inv=numpy.linalg.inv(STA_matrix)
        solm2=[solm1[i] for i in range(MatrixSize)]
        solm1=[solold[i] for i in range(MatrixSize)]
        solold=[sol[i] for i in range(MatrixSize)]
        sol=numpy.matmul(STA_inv,STA_rhs)
        for node in range(NumberOfNodes):
            vkmax=max(vkmax,abs(sol[node]))
        timeVector[iter]=SimTime
        for j in range(MatrixSize):
            val[j][iter]=sol[j]
        for i in range(DeviceCount):
            if DevType[i]=='capacitor':
            STA_rhs[NumberOfNodes+i]=sol[Nodes.index(DevNode1[i])]-
sol[Nodes.index(DevNode2[i])]+deltaT*sol[NumberOfNodes+i]/
DevValue[i]
```

```
                if DevType[i]=='inductor':
                    STA_rhs[NumberOfNodes+i]=sol[NumberOfNodes+i]+(sol[
Nodes.index(DevNode1[i])]-sol[Nodes.index(DevNode2[i])])*deltaT/
DevValue[i]
                if DevType[i]=='VoltSource':
                    STA_rhs[NumberOfNodes+i]=ana.getSourceValue(DevValu
e[i],SimTime)
            if iter>2:
                LTEConverged=True
                for i in range(NumberOfNodes):
                    tau1=(timeVector[iter-2]-timeVector[iter-3])
                    tau2=(timeVector[iter-1]-timeVector[iter-3])
                    PredMatrix[0][0]=tau2
                    PredMatrix[0, 1]=tau2*tau2
                    PredMatrix[0, 1]=tau1
                    PredMatrix[1]=tau1*tau1
                    Predrhs[0]=solold[i]-solm2[i]
                    Predrhs[1]=solm1[i]-solm2[i]
                    Predsol=numpy.matmul(numpy.linalg.inv(PredMatrix),
Predrhs)
                    vpred=solm2[i]+Predsol[0]*(SimTime-timeVector[iter-
3])+Predsol[1]*(SimTime-timeVector[iter-3])*(SimTime-
timeVector[iter-3])
                    if PointLocal:
                        for node in range(NumberOfNodes):
                            vkmax=max(abs(sol[node]),abs(solm1[node]))
                            print('Is vkmax correct here?')
                            if abs(vpred-sol[i])> lteratio*(vkmax*relto
l+vabstol):
                                LTEConverged=False
                    elif GlobalTruncation:
                        for node in range(NumberOfNodes):
                            if abs(vpred-sol[i])> lteratio*(vkmax*relto
l+vabstol):
                                LTEConverged=False
                    else:
                        print('Error: Unknown truncation error')
                        sys.exit()
            if not LTEConverged:
                print('LTE NOT converging, change time step')
                sys.exit(0)

    ana.plotdata(Plotdict,NumberOfNodes,timeVector,val,Nodes)
```

4.10　练习

1. 请读者对文中所提供的网表进行修改，并试验提供的仿真代码是否可用于更大规模电路的仿真？如果不可以，是由于什么原因？可以将遇到的任何问题反馈到 https://fastictechniques.com/。

2. 创建一个线性电路的直流分析仿真器。仿真器可以支持如下网表：

1）网表中只包括电阻和电容。

2）网表中所有电感被短路。

3. 修改仿真器使其支持互感器件。

4. 完成仿真器的传递函数分析功能，使仿真器可以计算从各个独立电源到用户指定输出节点的传递函数。

5. 完成灵敏度分析例程，仿真用户定义的对如电阻大小等属性的输出响应。

6. 将 LTE 添加到其余的差分近似中，探究 reltol、iabstol、vntol 等对 LTE 的影响。lteratio 的意义是什么？

7. 请读者选择自己喜欢的仿真器，并对 4.6.7 节中的理想 LC 振荡器进行仿真。探究不同的积分方法对于仿真的响应有何影响。选用的仿真器的仿真结果与本书的结果相比是否相同？或者更好或更差？

参考文献

1. Berry, R. D. (1971). An optimal ordering of electronic circuit equations for a sparse matrix solution. *IEEE Transactions on Circuit Theory, 18,* 40–50.

2. Calahan, D. A. (1972). *Computer-aided network design* (Rev ed.). McGraw-Hill, New York.

3. Chua, L. O., & Lin, P.-M. (1975). *Computer-aided analysis of electronic circuits.* New York: McGraw-Hill.

4. Ho, C.-W., Zein, A., Ruehli, A. E., & Brennan, P. A. (1975). The modified nodal approach to network analysis. *IEEE Transactions on Circuits and Systems, 22,* 504–509.

5. Hachtel, G. D., Brayton, R. K., & Gustavson, F. G. (1971). The sparse tableau approach to network analysis and design. *IEEE Transactions on Circuit Theory, 18,* 101–113.

6. Nagel, L. W. (1975). *SPICE2: A computer program to simulate semiconductor circuits.* PhD thesis, University of California Berkeley. Memorandum No ERL-M520.

7. Nagel, L. W., & Pederson, D. O. (1973). *Simulation program with integrated circuit emphasis.* Waterloo: In Proceedings of the Sixteenth Midwest Symposium on Circuit Theory.

8. Ho, C. W., Zein, D. A., Ruehli, A. E., & Brennan, P. A. (1977). An algorithm for DC solutions in an experimental general purpose interactive circuit design program. *IEEE Transactions on Circuits and Systems, 24,* 416–422.

9. Saad, Y. (2003). *Iterative method for sparse linear systems* (2nd ed.). Philadelphia: Society for Industrial and Applied Mathematics.

10. Najm, F. N. (2010). *Circuit simulation.* Hobroken: Wiley.

11. Kundert, K., White, J., & Sangiovanni-Vicentelli, A. (1990). *Steady-state methods for simulating analog and microwave circuits.* Norwell: Kluwer Academic Publications.

12. Ogrodzki, J. (1994). *Circuit simulation methods and algorithms.* Boca Raton: CRC Press.

13. Vlach, J., & Singhai, K. (1994). *Computer methods for circuit analysis and design* (2nd ed.). New York: Van Nostrand Reinhold.
14. McCalla, W. J. (1988). *Fundamentals of computer-aided circuit simulation.* Norwell: Kluwer Academic Publishers.
15. Ruehli, A. E., editor (1986). *Circuit analysis, simulation and design – Part I*, North-Holland, Amsterdam published as Volume 3 of Advances in CAD for VLSI.
16. Ruehli, A. E., editor (1987). *Circuit analysis, simulation and design – Part 2*, North-Holland, Amsterdam published as Volume 3 of Advances in CAD for VLSI.
17. Vladimirescu, A. (1994). *The spice book.* New York: Wiley.
18. Nyquist, H. (1932). Regeneration theory. *Bell System Technical Journal, 11*(1), 126–147.
19. Franklin, F. F., Emami-Naeini, A., & Powell, J. D. (2005). *Feedback control of dynamic systems.* Englewood Cliffs: Prentice Hall.
20. Lee, T. (2003). *The design of CMOS radio-frequency integrated circuits* (2nd ed.). Cambridge: Cambridge University Press.
21. Middlebrook, R. D. (1975). Measurement of loop gain in feedback systems. *International Journal of Electronics, 38*(4), 485–512.
22. Visvanathan, V., Hantgan, J., & Kundert, K. (2001). Striving for small signal stability. *IEEE Circuits and Devices, 17*, 31–40.
23. Sahrling, M. (2019). *Fast techniques for integrated circuit design.* Cambridge: Cambridge University Press.
24. Posar, D. (2012). *Microwave engineering* (4th ed.). Wiley and Sons: Hoboken.
25. Kundert, K. (1995). *The designers guide to spice and spectre.* Norwell: Kluwer Academic Press.

电路仿真器：非线性情况

本章将研究非线性直流工作点的仿真，进而在非线性层面讨论电路仿真。在瞬态求解方案中，人们通常从直流工作点开始并以新的时间步长查看微小的变化。然而在非线性仿真中，通常没有一个实际的初始点，因此非线性仿真在电路仿真历史上可能是最棘手的问题。在直流分析后，本章将使用有源器件进行完整的非线性瞬态仿真。本章最后探讨了电路仿真的其他发展，例如周期稳态求解器。它们对电路开发非常有帮助，我们将使用工作代码示例检验几个求解过程。

5.1 引言

正如本书在第 2 章关于非线性求解器的讨论中所提到的，非线性求解器总是包含一个迭代步骤，最常用的求解为牛顿 – 拉夫森法。本章将针对电路仿真器更详细地讨论这一点。最值得注意的是，电路仿真中通常遇到的第一个困难是直流收敛问题，这是具有非线性元件的电路仿真中最具挑战性的问题之一，本章将首先对此进行讨论。下一节将介绍如何在瞬态仿真中处理非线性问题。在此之后，我们将详细介绍周期稳态求解器（Periodic Steady-state-Solver，PSS），这部分内容将讨论最常用的求解方法——谐波平衡法和打靶法。一旦找到 PSS 的解，我们就可以使用微扰技术来找到周期性交流（PAC）和周期性噪声（PNOISE）问题的解，这些问题将在后续章节中讨论。在本章的最后，我们将讨论一些常见的电路示例仿真，其中常借助稳态方法来求解。

需要注意的是，本章的内容非常密集，许多复杂的问题仅仅通过简单的例子来简要展示。由于篇幅原因，如收敛问题这样复杂的问题难以在本章彻底解决。因此，强烈鼓励读者在本章提供的示例之外进行拓展。构建具有严格收敛困难的电路并不难，读者应该考虑如何处理它们并使用 Python 代码作为基础自己进行实验。现代仿真器是众多研究人员数十年来致力于解决这些类型问题的成果，希望读者能够学会感激这些开发人员在现代仿真器中克服的困难。

5.2 直流非线性仿真

第 4 章展示了一些线性仿真器的实现，并讨论了以下事实：将电路元器件表征为具有特定矩阵特征，这使得构建包含已知右侧列矩阵的基本矩阵方程变得非常容易。在这里，我们将讨论直流仿真器和当分支方程为非线性时实现这种仿真器的关键困难，以及常用的解决方法。

对于电路设计师，直流仿真通常看起来微不足道，因为它只是解决电路的工作点，不涉及或不考虑电容器、电感器以及其他频率相关元器件，可以直接使用之前开发的方案。简单地将所有的电感器视作短路，并将所有的电容器视作断路，便可以完成直流仿真。但是当电路中存在非线性元器件时，会出现可能存在很多解的问题，而且如果直流迭代的起点不好，需要很长时间才能找到其中一个解（见文献 [4，18]）。本章将在这里概述其中的一些困难，这部分将涉及一些常见术语。

5.2.1　求解方法

非线性方程的研究具有很长的历史。本书在第 2 章中提到了主要的求解方法是牛顿－拉夫森算法，还讨论了该方法的一维求导。本节将介绍一个多维求导方法，并展示如何在数值上实现它。牛顿－拉夫森算法是非线性数值代码中的主力之一，很好地理解它及其收敛特性可以使其成为读者"工具箱"中真正有用的工具。还有一些问题源于一开始就没有获得"足够接近"正确的解，本节也将对此做简要介绍。

5.2.1.1　非线性模型求解

我们将通过一个具体示例来详细讨论直流问题，如图 5-1 所示。新器件是一个非线性晶体管，我们将遵循 3.4 节中的分析大纲以三种不同的方式对其进行建模。晶体管可以看作压控电流源（VCCS）：由其栅极－源极（或基极－发射极）之间的输入电压控制通过漏极（或集电极）的电流。正如本书在第 3 章中已经讨论过的那样，对晶体管建模还涉及很多内容，但出于本书的目的，将保持模型足够简单，以便能够更全面展示模拟电路仿真器。我们将从3.4 节中简单的 CMOS 模型开始。该模型描述的漏极电流变化为

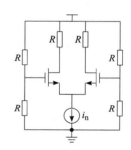

图 5-1　具有两个非线性晶体管的简单网络（差分对）

$I_\mathrm{d} \sim V_\mathrm{gs}^2$，这也许是人们能想到的最简单的非线性关系。为了继续建模，我们需要确认电流方向的定义，因为它们分别适用于 NMOS 和 PMOS 晶体管。再次回顾图 3-8，其中展示了源极电流和漏极电流的方向。电流方向的约定为输入器件（或子电路）的电流为正；输出电流为负。对于 NMOS 晶体管，可得到漏电流如下：

$$I_\mathrm{d} = K(V_\mathrm{g} - V_\mathrm{s})^2 = KV_\mathrm{gs}^2 \qquad (5\text{-}1)$$

对于 PMOS 晶体管，漏电流 I_d 为负，如下所示：

$$I_\mathrm{d} = -K(V_\mathrm{s} - V_\mathrm{g})^2 = -KV_\mathrm{sg}^2 \qquad (5\text{-}2)$$

注意 PMOS 下标的细微变化。对于这个模型来说，它没有什么意义，但它将在之后更复杂的实现中发挥作用。考虑到这些符号约定，现在讨论此类非线性器件的求解方法。

对于图 5-1 展示的电路模型。读者将发现求解过程在分析上相当简单，但让我们通过

牛顿－拉夫森迭代来看看它是如何工作的。经过一些简单的代数运算后，我们发现试图求解的方程为

$$\begin{cases} I_p + I_n = I_{sink} \\ I_p = K(V_a - V_s)^2 \\ I_n = K(V_b - V_s)^2 \end{cases} \rightarrow \begin{cases} f_0 : I_p + I_n - I_{sink} = 0 \\ f_1 : I_p - K(V_a - V_s)^2 = 0 \\ f_2 : I_n - K(V_b - V_s)^2 = 0 \end{cases} \rightarrow \boldsymbol{f}(\boldsymbol{v}) = 0, \boldsymbol{v} = \begin{pmatrix} V_s \\ I_p \\ I_n \end{pmatrix} \quad (5\text{-}3)$$

式中，我们明确求解了电压 $V_a = V_{dd} R_1 / (R_1 + R_2)$ 和 $V_b = V_{dd} R_3 / (R_3 + R_4)$，以简化数学计算并保持网络方程可管理性以进行分析计算。漏极电压与电流 I_p 和 I_n 的关系很小，因而不会被直接添加到网络方程中。这里 $\boldsymbol{v}$ 是未知量的向量。在讨论网络方程时，函数 f 是文献 [3-4，10-11] 中的常见符号。上述文献通常使用完整的改进节点分析法描述且不包括明确的电路分支；因此，通常认为 f 是基尔霍夫电流定律（KCL）的方程式。然而，在本书中，我们明确地包括了所有的分支方程，所以 f 在这里也包括这些分支方程。读者在阅读参考文献 [1-21] 时需要注意这一点。当我们明确说明仅参考基尔霍夫定律方程时，我们将 f 写作 f_{KCL}。

这组方程包含线性项和非线性项。我们可以把它们分离，即

$$\boldsymbol{f}(\boldsymbol{v}) = \begin{pmatrix} 0 & 1 & 1 \\ 0 & 1 & 0 \\ 0 & 0 & 1 \end{pmatrix} \begin{pmatrix} V_s \\ I_p \\ I_n \end{pmatrix} + \begin{pmatrix} 0 \\ -K(V_a - V_s)^2 \\ -K(V_b - V_s)^2 \end{pmatrix} - \begin{pmatrix} I_{sink} \\ 0 \\ 0 \end{pmatrix} = 0 \quad (5\text{-}4)$$

方程中的第二项称为非线性项。它只是作为一个单独的列矩阵添加到矩阵方程中。最后一项是矩阵方程的右侧，我们刚刚将其作为 f 定义的一部分。这种分离网络方程线性和非线性部分的方法是标准做法。

遵循第 2 章讨论的牛顿－拉夫森方程，我们现在可以把这个方程写成关于某个点 $\boldsymbol{v}_0$ 的多维泰勒展开式：

$$\boldsymbol{f}(\boldsymbol{v}) = \boldsymbol{f}(\boldsymbol{v}_0) + \frac{\partial \boldsymbol{f}}{\partial \boldsymbol{v}}\bigg|_{\boldsymbol{v}_0} (\boldsymbol{v} - \boldsymbol{v}_0) \quad (5\text{-}5)$$

现在，让我们计算第二项中的矩阵，称为雅可比矩阵：

$$J_{ij} = \frac{\partial f_i}{\partial v_j} \quad (5\text{-}6)$$

对于这种情况，计算较为简单，可获得以下表达式：

$$\boldsymbol{J} = \left(\frac{\partial \boldsymbol{f}}{\partial V_s} \frac{\partial \boldsymbol{f}}{\partial I_p} \frac{\partial \boldsymbol{f}}{\partial I_n} \right) = \begin{pmatrix} 0 & 1 & 1 \\ 2K(V_a - V_s) & 1 & 0 \\ 2K(V_a - V_s) & 0 & 1 \end{pmatrix} \quad (5\text{-}7)$$

该矩阵在上一次迭代中进行评估，因此所有对象都是已知的。由牛顿－拉夫森法可知用以下方法迭代解（见第 7 章和文献 [1，3，15-20]）：

$$\boldsymbol{v}_{k+1} = \boldsymbol{v}_k - (\boldsymbol{J})^{-1} \boldsymbol{f}(\boldsymbol{v}_k) \quad (5\text{-}8)$$

结构上这与我们在第 2 章中介绍的一维案例非常相似，这些都写在矩阵注释中。这里

的困难主要是找到雅可比矩阵，幸运的是，大多数情况下可以通过器件模型查看雅可比矩阵。我们找到以下 Python 代码示例：

```
Python code
.if DevType[i]=='transistor':
    STA_matrix[NumberOfNodes+i][NumberOfNodes+i]=DevValue[i]
    STA_matrix[NumberOfNodes+i][Nodes.index(DevNode1[i])]=0
    STA_matrix[Nodes.index(DevNode1[i])][NumberOfNodes+i]=1
    STA_matrix[NumberOfNodes+i][Nodes.index(DevNode3[i])]=0
    STA_matrix[Nodes.index(DevNode3[i])][NumberOfNodes+i]=-1
    STA_nonlinear[NumberOfNodes+i]=(sol[Nodes.index(DevNode2[i]
)] - sol[ Nodes.index( DevNode3[i])])**2

    #
    # Now we need the Jacobian, the transistors look like VCCS with
a specific gain = 2 K (Vg-Vs) in our case
    #
    for i in range(MatrixSize):
        for j in range(MatrixSize):
            Jacobian[i][j]=STA_matrix[i][j]
        for i in range(DeviceCount):
            if DevType[i]=='transistor':
                Jacobian[NumberOfNodes+i][NumberOfNodes+i]=DevValue
[i] # due to derfivative leading to double gain
                Jacobian[ NumberOfNodes+I ][ Nodes.index(DevNode2[i])]
= 2*( sol[Nodes.index( DevNode2[i]  ) ]- sol[Nodes.index
(DevNode3[i])])+0.01
                Jacobian[NumberOfNodes+i][Nodes.index(DevNode3[i])]= - 2
*( sol[ Nodes.index( DevNode2 [i] )] - sol[Nodes.index
(DevNode3[i])])-0.01
                Jacobian[Nodes.index(DevNode1[i])][NumberOfNodes+i]=1
                Jacobian[Nodes.index(DevNode3[i])][NumberOfNodes+i]=-1
            sol=sol-numpy.matmul(numpy.linalg.inv(Jacobian),f)
        for i in range(MatrixSize):
            solm1[i]=solold[i]
        f=numpy.matmul(STA_matrix,sol)-STA_rhs+STA_nonlinear
        val[iter]=sol[5]#2*(sol[Nodes.index(DevNode2[12])]-sol[Nodes.
index(DevNode3[12])])#sol[3]#sol[1]-sol[3]#0.9-K*(sol[3]-
sol[7])**2*100
    #plt.plot(vin)
    plt.plot(val)
    Here python implementation of Newton's method will be presented
.
    End Python
```
Code 5.1

使用以下网表对图 5-1 中的电路进行仿真：

```
*
vdd vdd 0 0.9
vss vss 0 0
r1 vdd inp 30
r2 inp vss 150
r3 vdd inn 30
r4 inn vss 150
i1 vs vss 1e-3
m1 vdd inp vs nch1
m2 vdd inn vs nch1
.options MaxNewtonIterations=10
.ic v(vdd)=1 v(vss)=0 v(inp)=0 v(vs)=-2
.plot v(vs)
```
netlist 5.1

在运行上述代码之后，根据表 5-1 中晶体管模型的迭代来观察节点电压"vs"。

表5-1　CMOS模型1中节点电压值与迭代次数的关系

迭代次数	节点电压值 /V	误差 / (%)
0	−2.0	4762.7
1	−0.375	974.3
2	−0.347 22	180.9
3	0.039 054	8.949
4	0.042 883	0.024
5	0.042 893	0

现在，我们可以按照相同的步骤推导 3.4 节中更真实模型的矩阵元素。在这里，我们需要考虑有限的输出电导，并添加晶体管漏极的方程。

当 $V_{gs} - V_{th} < 0$ 时，可得到

$$f(v_k) = \begin{pmatrix} 0 & 0 & 0 & 1 & 0 & -1 & 0 \\ 0 & 0 & 0 & 0 & 1 & 0 & -1 \\ 0 & 0 & 0 & 1 & 1 & 0 & 0 \\ 0 & 0 & 0 & 1 & 0 & 0 & 0 \\ 0 & 0 & 0 & 0 & 1 & 0 & 0 \\ 0 & 0 & 0 & 0 & 0 & 1 & 0 \\ 0 & 0 & 0 & 0 & 0 & 0 & 1 \end{pmatrix} \begin{pmatrix} V_{op} \\ V_{on} \\ V_s \\ I_p \\ I_n \\ I_{R,p} \\ I_{R,n} \end{pmatrix} + \begin{pmatrix} 0 \\ 0 \\ 0 \\ 0 \\ 0 \\ 0 \\ 0 \end{pmatrix} - \begin{pmatrix} 0 \\ 0 \\ I_{sink} \\ 0 \\ 0 \\ 0 \\ 0 \end{pmatrix} = 0 \tag{5-9}$$

雅可比矩阵就是这个方程对未知量的导数，我们得到

$$J = \begin{pmatrix} 0 & 0 & 0 & 1 & 0 & -1 & 0 \\ 0 & 0 & 0 & 0 & 1 & 0 & -1 \\ 0 & 0 & 0 & 1 & 1 & 0 & 0 \\ 0 & 0 & 0 & 1 & 0 & 0 & 0 \\ 0 & 0 & 0 & 0 & 1 & 0 & 0 \\ 0 & 0 & 0 & 0 & 0 & 1 & 0 \\ 0 & 0 & 0 & 0 & 0 & 0 & 1 \end{pmatrix}$$

（5-10）

当 $V_{ds} < V_{gs} - V_{th}$ 时，可得到

$$f(v_k) = \begin{pmatrix} 0 & 0 & 0 & 1 & 0 & -1 & 0 \\ 0 & 0 & 0 & 0 & 1 & 0 & -1 \\ 0 & 0 & 0 & 1 & 1 & 0 & 0 \\ 0 & 0 & 0 & 1 & 0 & 0 & 0 \\ 0 & 0 & 0 & 0 & 1 & 0 & 0 \\ 0 & 0 & 0 & 0 & 0 & 1 & 0 \\ 0 & 0 & 0 & 0 & 0 & 0 & 1 \end{pmatrix} \begin{pmatrix} V_{op} \\ V_{on} \\ V_s \\ I_p \\ I_n \\ I_{R,p} \\ I_{R,n} \end{pmatrix} + $$

$$\begin{pmatrix} 0 \\ 0 \\ 0 \\ -2K(V_a - V_s - V_{th})^2[1 + \lambda(V_{op} - V_s)] \\ -2K(V_a - V_s - V_{th})^2[1 + \lambda(V_{on} - V_s)] \\ 0 \\ 0 \end{pmatrix} - \begin{pmatrix} 0 \\ 0 \\ I_{sink} \\ 0 \\ 0 \\ 0 \\ 0 \end{pmatrix} = 0$$

（5-11）

同样，该条件下的雅可比矩阵如下（为了清楚展示，显式矩阵未具体列出）：

$$J = \left(\frac{\partial I_d}{\partial V_g}, \frac{\partial I_d}{\partial V_s}, \frac{\partial I_d}{\partial V_d} \right) = K(V_d - V_s), -2K(V_g - V_s - V_{th}),$$

$$K\left[(V_g - V_s - V_{th}) - (V_d - V_s) \right] = K(V_g - V_d - V_{th})$$

（5-12）

当 $V_{ds} > V_{gs} - V_{th}$ 时，可得到

$$f(v_k) = \begin{pmatrix} 0 & 0 & 0 & 1 & 0 & -1 & 0 \\ 0 & 0 & 0 & 0 & 1 & 0 & -1 \\ 0 & 0 & 0 & 1 & 1 & 0 & 0 \\ 0 & 0 & 0 & 1 & 0 & 0 & 0 \\ 0 & 0 & 0 & 0 & 1 & 0 & 0 \\ 0 & 0 & 0 & 0 & 0 & 1 & 0 \\ 0 & 0 & 0 & 0 & 0 & 0 & 1 \end{pmatrix} \begin{pmatrix} V_{op} \\ V_{on} \\ V_s \\ I_p \\ I_n \\ I_{R,p} \\ I_{R,n} \end{pmatrix} + $$

$$\begin{pmatrix} 0 \\ 0 \\ 0 \\ -2K\left[(V_a - V_s - V_{th})(V_{op} - V_s) - \dfrac{1}{2}(V_{op} - V_s)^2\right] \\ -2K\left[(V_a - V_s - V_{th})(V_{on} - V_s) - \dfrac{1}{2}(V_{on} - V_s)^2\right] \\ 0 \\ 0 \end{pmatrix} - \begin{pmatrix} 0 \\ 0 \\ I_{sink} \\ 0 \\ 0 \\ 0 \\ 0 \end{pmatrix} = 0 \qquad (5\text{-}13)$$

此条件下的雅可比矩阵如下：

$$J = \left(\frac{\partial I_d}{\partial V_g}, \frac{\partial I_d}{\partial V_s}, \frac{\partial I_d}{\partial V_d}\right) = 2K(V_g - V_s - V_{th})(1 + \lambda V_{ds}),$$

$$-2K(V_g - V_s - V_{th})(1 + \lambda V_{ds}) - \lambda K(V_g - V_s - V_{th})^2, \qquad (5\text{-}14)$$

$$K\lambda(V_g - V_s - V_{th})^2$$

这个矩阵是在上一次迭代中计算的，所以所有元素都是已知的。实现这个模型很简单，如下段代码片段所示：

```
Python code
    if DevType[i]=='transistor':
       STA_matrix[NumberOfNodes+i][NumberOfNodes+i]=DevValue[i]
       STA_matrix[NumberOfNodes+i][Nodes.index(DevNode1[i])]=0
       STA_matrix[Nodes.index(DevNode1[i])][NumberOfNodes+i]=1
       STA_matrix[NumberOfNodes+i][Nodes.index(DevNode3[i])]=0
       STA_matrix[Nodes.index(DevNode3[i])][NumberOfNodes+i]=-1
       VD=sol[Nodes.index(DevNode1[i])]
       VG=sol[Nodes.index(DevNode2[i])]
       VS=sol[Nodes.index(DevNode3[i])]
       Vgs=VG-VS
       Vds=VD-VS
       if Vds < Vgs-VT :
            STA_nonlinear[NumberOfNodes+i]=2*((Vgs-VT)*Vds-0.5*
Vds**2)
       else :
            STA_nonlinear[NumberOfNodes+i]=(Vgs-VT)**2*(1+lambda
T*Vds)
    #
    # Now we need the Jacobian, the transistors look like VCCS with
a specific gain = 2 K (Vg-Vs) in our case
    #
        for i in range(MatrixSize):
          for j in range(MatrixSize):
            Jacobian[i][j]=STA_matrix[i][j]
```

```python
        for i in range(DeviceCount):
            if DevType[i]=='transistor':
                Jacobian[NumberOfNodes+i][NumberOfNodes+i]=DevValue[i]
# due to derfivative leading to double gain
                VD=sol[Nodes.index(DevNode1[i])]
                VG=sol[Nodes.index(DevNode2[i])]
                VS=sol[Nodes.index(DevNode3[i])]
                Vgs=VG-VS
                Vds=VD-VS
                Vgd=VG-VD
                if Vgs<VT :
                    Jacobian[NumberOfNodes+i][Nodes.index(DevNode1[i])]=
1e-5
                    Jacobian[NumberOfNodes+i][Nodes.index(DevNode2[i])]=
1e-5
                    Jacobian[NumberOfNodes+i][Nodes.index(DevNode3[i])]=
-2e-5
                    Jacobian[Nodes.index(DevNode1[i])][NumberOfNodes+i]=1
                    Jacobian[Nodes.index(DevNode3[i])][NumberOfNodes+i]=-1
                elif Vds <= Vgs-VT:
                    Jacobian[NumberOfNodes+i][Nodes.index(DevNode1[i])]=
2*(Vgd-VT)
                    Jacobian[NumberOfNodes+i][Nodes.index(DevNode2[i])]=
2*Vds
                    Jacobian[NumberOfNodes+i][Nodes.index(DevNode3[i])]=
-2*(Vgs-VT)
                    Jacobian[Nodes.index(DevNode1[i])][NumberOfNodes+i]=1
                    Jacobian[Nodes.index(DevNode3[i])][NumberOfNodes+i]=-1
                else :
                    Jacobian[NumberOfNodes+i][Nodes.index(DevNode1[i])]=
lambdaT*(Vgs-VT)**2
                    Jacobian[NumberOfNodes+i][Nodes.index(DevNode2[i])]=
2*(Vgs-VT)*(1+lambdaT*Vds)
                    Jacobian[NumberOfNodes+i][Nodes.index(DevNode3[i])]=
-2*(Vgs-VT)*(1+lambdaT*Vds)-lambdaT*(Vgs-VT)**2
                    Jacobian[Nodes.index(DevNode1[i])][NumberOfNodes+i]=1
                    Jacobian[Nodes.index(DevNode3[i])][NumberOfNodes+i]=-1
            sol=sol-numpy.matmul(numpy.linalg.inv(Jacobian),f)
        for i in range(MatrixSize):
            solm1[i]=solold[i]
        f=numpy.matmul(STA_matrix,sol)-STA_rhs+STA_nonlinear
Here python implementation of Newton's method will be presented
.
End Python
```

Code 5.2

```
vss vss 0 0
```

```
vdd vdd 0 0.9
r1 vdd inp 30
r2 inp vss 150
r3 vdd inn 30
r4 inn vss 150
i1 vs vss 1e-3
m1 vdd inp vs nch
m2 vdd inn vs nch
.options MaxNewtonIterations=10
.ic v(vdd)=1 v(vss)=0 v(inp)=0 v(vs)=-2
.plot v(vs)
```
netlist 5.2 The only difference compared to netlist 5.1 is the transistor model used.

在使用网表 5.2 执行代码之后，我们现在可以观察表 5-2 中迭代的节点电压 "vs"。

表5-2　CMOS模型2中节点电压值与迭代次数的关系

迭代次数	节点电压值 /V	误差 / (%)
0	−2.0	1682
1	−0.465 638	468
2	−0.088 471	170
3	0.073 748	41.6
4	0.121 37	3.97
5	0.126 34	0.0007

3.4 节中的双极晶体管模型如以下矩阵方程组。

当 $V_{be}<0$ 时：

$$f(v_k) = \begin{pmatrix} 0 & 0 & 0 & 1 & 0 & -1 & 0 \\ 0 & 0 & 0 & 0 & 1 & 0 & -1 \\ 0 & 0 & 0 & 1 & 1 & 0 & 0 \\ 0 & 0 & 0 & 1 & 0 & 0 & 0 \\ 0 & 0 & 0 & 0 & 1 & 0 & 0 \\ 0 & 0 & 0 & 0 & 0 & 1 & 0 \\ 0 & 0 & 0 & 0 & 0 & 0 & 1 \end{pmatrix} \begin{pmatrix} V_{op} \\ V_{on} \\ V_{s} \\ I_{p} \\ I_{n} \\ I_{R,p} \\ I_{R,n} \end{pmatrix} + \begin{pmatrix} 0 \\ 0 \\ 0 \\ 0 \\ 0 \\ 0 \\ 0 \end{pmatrix} - \begin{pmatrix} 0 \\ 0 \\ I_{sink} \\ 0 \\ 0 \\ 0 \\ 0 \end{pmatrix} = 0 \qquad (5\text{-}15)$$

$$J = \begin{pmatrix} 0 & 0 & 0 & 1 & 0 & -1 & 0 \\ 0 & 0 & 0 & 0 & 1 & 0 & -1 \\ 0 & 0 & 0 & 1 & 1 & 0 & 0 \\ 0 & 0 & 0 & 1 & 0 & 0 & 0 \\ 0 & 0 & 0 & 0 & 1 & 0 & 0 \\ 0 & 0 & 0 & 0 & 0 & 1 & 0 \\ 0 & 0 & 0 & 0 & 0 & 0 & 1 \end{pmatrix}$$

当 $V_{be}>0$ 时：

$$f(\mathbf{v}_k) = \begin{pmatrix} 0 & 0 & 0 & 1 & 0 & -1 & 0 \\ 0 & 0 & 0 & 0 & 1 & 0 & -1 \\ 0 & 0 & 0 & 1 & 1 & 0 & 0 \\ 0 & 0 & 0 & 1 & 0 & 0 & 0 \\ 0 & 0 & 0 & 0 & 1 & 0 & 0 \\ 0 & 0 & 0 & 0 & 0 & 1 & 0 \\ 0 & 0 & 0 & 0 & 0 & 0 & 1 \end{pmatrix} \begin{pmatrix} V_{op} \\ V_{on} \\ V_s \\ I_p \\ I_n \\ I_{R,p} \\ I_{R,n} \end{pmatrix} +$$

$$\begin{pmatrix} 0 \\ 0 \\ 0 \\ -I_0 \exp\left(\dfrac{V_{be}q}{kT}\right)\left(1+\dfrac{V_{ce}}{V_a}\right) \\ -I_0 \exp\left(\dfrac{V_{be}q}{kT}\right)\left(1+\dfrac{V_{ce}}{V_a}\right) \\ 0 \\ 0 \end{pmatrix} - \begin{pmatrix} 0 \\ 0 \\ I_{sink} \\ 0 \\ 0 \\ 0 \\ 0 \end{pmatrix} = 0 \qquad (5\text{-}16)$$

该条件下，雅可比矩阵可表示为

$$J = \left(\frac{\partial I_c}{\partial V_b}, \frac{\partial I_c}{\partial V_e}, \frac{\partial I_c}{\partial V_c}\right) = -I_0 \frac{q}{kT} \exp\left(\frac{V_{be}q}{kT}\right)\left(1+\frac{V_{ce}}{V_a}\right),$$

$$I_0 \frac{q}{kT} \exp\left(\frac{V_{be}q}{kT}\right)\left[\frac{q}{kT}\left(1+\frac{V_{ce}}{V_a}\right)+\frac{1}{V_a}\right], \qquad (5\text{-}17)$$

$$-I_0 \exp\left(\frac{V_{be}q}{kT}\right)\frac{1}{V_a}$$

该模型的代码实现如下：

```
Python code
. if DevType[i]=='bipolar':
      STA_matrix[NumberOfNodes+i][NumberOfNodes+i]=DevValue[i]
      STA_matrix[NumberOfNodes+i][Nodes.index(DevNode1[i])]=0
      STA_matrix[Nodes.index(DevNode1[i])][NumberOfNodes+i]=1
      STA_matrix[NumberOfNodes+i][Nodes.index(DevNode3[i])]=0
      STA_matrix[Nodes.index(DevNode3[i])][NumberOfNodes+i]=-1
      VC=sol[Nodes.index(DevNode1[i])]
      VB=sol[Nodes.index(DevNode2[i])]
      VE=sol[Nodes.index(DevNode3[i])]
      Vbe=VB-VE
      Vce=VC-VE
      if Vbe < 0 :
```

```
                STA_nonlinear[NumberOfNodes+i]=0
            else :
                STA_nonlinear[NumberOfNodes+i]=math.exp(Vbe/Vthermal)
*(1+Vce/VEarly)
    #
    # Now we need the Jacobian, the transistors look like VCCS with
a specific gain = 2 K (Vg-Vs) in our case
    #
        for i in range(MatrixSize) :
            for j in range(MatrixSize) :
                Jacobian[i][j]=STA_matrix[i][j]
        for i in range(DeviceCount) :
            if DevType[i]=='bipolar' :
                Jacobian[NumberOfNodes+i][NumberOfNodes+i]=DevValue[i]
# due to derfivative leading to double gain
                VC=sol[Nodes.index(DevNode1[i])]
                VB=sol[Nodes.index(DevNode2[i])]
                VE=sol[Nodes.index(DevNode3[i])]
                Vbe=VB-VE
                Vce=VC-VE
                Vbc=VB-VC
                if Vbe<=0 :
                    Jacobian[NumberOfNodes+i][Nodes.index(DevNode1[i])]=
1e-5
                    Jacobian[NumberOfNodes+i][Nodes.index(DevNode2[i])]=
1e-5
                    Jacobian[NumberOfNodes+i][Nodes.index(DevNode3[i])]=
-1e-5
                    Jacobian[Nodes.index(DevNode1[i])][NumberOfNodes+i]=1
                    Jacobian[Nodes.index(DevNode3[i])][NumberOfNodes+i]=-1

                else :
                    Jacobian[ NumberOfNodes+ I ][ Nodes.index( DevNode1
[i]) ] = math.exp( Vbe/ Vthermal ) /VEarly
                    Jacobian[NumberOfNodes+i][Nodes.index(DevNode2[i])]=
math.exp(Vbe/Vthermal)*(1+Vce/VEarly)/Vthermal
                    Jacobian[NumberOfNodes+i][Nodes.index(DevNode3[i])]=
(-math.exp(Vbe/Vthermal)/VEarly-math.exp(Vbe/Vthermal)*(1+Vce/
VEarly)/Vthermal)
                    Jacobian[Nodes.index(DevNode1[i])][NumberOfNodes+i]=1
                    Jacobian[Nodes.index(DevNode3[i])][NumberOfNodes+i]=-1
            sol=sol-numpy.matmul(numpy.linalg.inv(Jacobian),f)

            Jac_inv=numpy.linalg.inv(Jacobian)
        for i in range(MatrixSize) :
            solm1[i]=solold[i]
        f=numpy.matmul(STA_matrix,sol)-STA_rhs+STA_nonlinear
```

```
Here python implementation of Newton's method will be presented.
End Python
```
Code 5.3

运行上述代码后，观察表 5-3 中简单双极晶体管模型的迭代节点电压"vs"。

表5-3　简单双极晶体管模型中节点电压值与迭代次数的关系

迭代次数	节点电压值 /V	误差 / (%)
0	−0.3	6542
1	0.022 582	58.2
2	0.040 781	24.58
3	0.051 170	5.363
4	0.053 914	0.2900
5	0.054 070	0.000 88

值得注意的是，此处使用初始条件至关重要。由于指数相关，除非接近初始条件，否则例程可能很快失控并且完全错过正确的解。这种情况也会发生于简单的带隙电路仿真，如果没有参考初始条件，很难处理由于模型中的指数相关性带来的收敛问题。通常，此类模型具有相应的指数极限，以避免"解爆炸"问题。

PMOS 晶体管

PMOS 晶体管的实现看起来与 NMOS 非常相似，但有以下符号差异：

$$K \rightarrow -K, (V_g - V_s) \rightarrow -(V_g - V_s) \tag{5-18}$$

我们可以使用与 NMOS 相同的编码实现，如图 5-2 所示。我们使用 3.4 节中概述的 CMOS 晶体管模型示例一，网络矩阵如下所示：

$$\begin{cases} V_g = V_{in} \\ I_d = -K(V_s - V_g)^2 \\ I_{source} = -I_d \end{cases} \rightarrow f(v_k) = \begin{cases} V_g - V_{in} = 0 \\ I_d + K(V_s - V_g)^2 = 0 \\ I_{source} + I_d = 0 \end{cases} \tag{5-19}$$

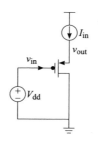

图 5-2　简单 PMOS 跟随器

对于未知数，$\boldsymbol{v}_k = (V_g,\ I_d,\ V_s)$。伴随的雅可比矩阵变为

$$\boldsymbol{J} = \begin{pmatrix} 1 & 0 & 0 \\ -2K(V_s - V_g) & 1 & 2K(V_s - V_g) \\ 0 & 1 & 0 \end{pmatrix} \tag{5-20}$$

Python 代码实现如下所示：

```
Python code
.
            if DevModel[i][0]=='p':
                PFET=-1
                Vgs=-Vgs
                Vds=-Vds
                Vgd=-Vgd
            else:
                PFET=1
For the rest of the details see Code 5.2
.
End Python
```

接下来，我们使用如下网表运行代码：

```
*
vdd vdd 0 1
vss vss 0 0
m1 vss in out pch
vin in vss 0.2
i1 vdd out 1e-3
netlist 5.3
```

仿真结果如图 5-3 所示，如牛顿 – 拉夫森法预测的那样，迭代收敛得非常快。

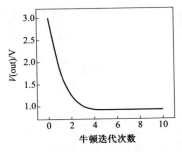

图 5-3　PMOS 跟随器源电压与牛顿迭代次数的关系

模型实现验证

我们使用直流扫描来验证上述模型的实现。

栅极 / 基极扫描

作为对晶体管实现的最终检验，我们需要模拟漏极（集电极）电流作为栅极 – 漏极电压（基极 – 集电极电压）的函数，并与 3.4 节中的精确分析公式进行比较。图 5-4、图 5-5

和图 5-6 显示了仿真结果。由此产生的误差可以通过牛顿－拉夫森迭代次数进行调整。

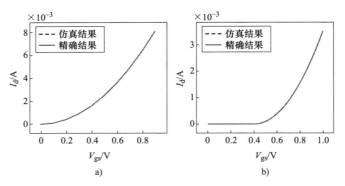

图 5-4　漏极电流和栅极电压的仿真结果与精确结果的比较：a）CMOS 模型 1；b）CMOS 模型 2

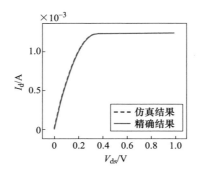

图 5-5　CMOS 模型 2 漏极电压和漏极电流的仿真结果与精确结果的比较

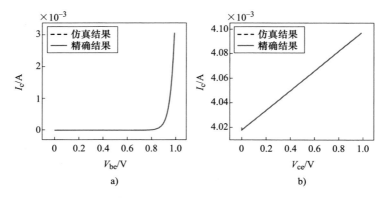

图 5-6　模型 3 中集电极电流与 a）基极电压和 b）集电极电压仿真结果与精确结果的比较

漏极／集电极扫描

也可以扫描漏极（集电极）电压，与分析结果进行比较，可再次发现精度会随着迭代次数的增加而提高。

5.2.1.2　带隙电路

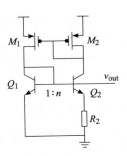

图 5-7　简单的带隙电路

带隙电路是一种经典的模拟电路，以图 5-7 为例来看看它的收敛性是如何受到影响的。带隙电路展示了双极晶体管和 CMOS 晶体管共存的状况，可以得到一些有趣的结果。通过这个例子，我们模拟施加电源电压启动电路的过程。

这个电路虽然看起来很简单，但存在一些实际的收敛问题。首先，电路中至少有两种稳定的状态：一种情况是电路中没有任何电流，$v_{out} \approx 0$；另一种情况就是我们的理想解。在没有任何其他帮助的情况下，仿真器很容易找到其中一种状态，但在大多数情况下是关闭状态。进行本操作的网表如下：

```
*
vdd vdd 0 2
vss vss 0 0
m1 out a vdd pch
m2 a a vdd pch
q1 out out vss npn
q2 a out d npn
q3 a out d npn
q4 a out d npn
q5 a out d npn
q6 a out d npn
q7 a out d npn
q8 a out d npn
q9 a out d npn
q10 a out d npn
q11 a out d npn
r2 d vss 59.51
.options MaxNewtonIterations=40
.plot v(out) v(a) v(d) v(vdd)
netlist 5.4
```

首先，在没有任何初始条件的情况下运行该电路得到的结果如图 5-8 所示。

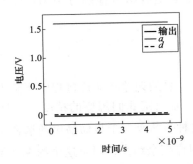

图 5-8　没有任何初始条件的带隙电路，它的运行结果是电路中没有任何电流通过的状态，这是一个有效解，但不是所需要的结果

这时候可以观察到仿真器找到了电路的关闭状态，这并不是理想解，但可以通过设置电路的初始条件来找到理想的情况。实际应用将使用启动电路来确保达到理想的结果。首先，需要计算出所需要的偏置电压，发现当两条支路的电流相等时：

$$I_s e^{V_{out}/V_{th}} = 10 I_s e^{(V_{out}-V_d)/V_{th}} \rightarrow V_d = V_{th}\ln 10 = 59.51\text{mV}$$

对于 1mA 的电流，可以得到 $R_1 = 59.51\Omega$ 和 $V_{out} = V_{th}\ln(10^{-3}/I_s) = 0.714\,06\text{V}$。我们知道 $V_{dd} - V_a = \sqrt{10^{-3}/K} + V_{th} = \sqrt{0.1} + 0.4 \rightarrow V_a = 1.283\,77\text{V}$。

通过在网表中添加如下代码来将这些参数添加到仿真器中，然后可以开始仿真，仿真得到的点如图 5-9 所示。

```
.ic v(a)=1.5 v(out)=0.9 v(d)=0.06 v(vdd)=2 v(vss)=0
```

现在得到的这种情况是我们的理想解，仿真器也证明了我们的计算。

这种电路很难收敛到合适的情况。读者可以尝试将各种初始条件组合在一起，看看困难可能出现在哪些地方。由于双极晶体管中的电流与电压的强指数关系，一些不当的设置会导致解的数量很多，即解爆炸，其他设置会和前面提到的零解相匹配。如果起始点足够接近最终解，那么这就可以作为牛顿－拉夫森定理发挥作用的一个例子。一个更复杂的模型将防止解爆炸现象的出现。读者能想到什么来防止出现这种情况呢？

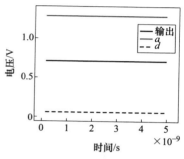

图 5-9　带隙输出电压作为时间的函数，其中初始条件语句已用于设置所需的输出电压

因为它的目的只是说明仿真器的性能，所以带隙在某些任意点有偏差。通常，这种电路具有温度依赖性，所以需要在工作温度下进行仿真。鼓励读者正确调整电路尺寸作为练习。

对于这些晶体管模型的例子，尝试用不同的初始条件进行实验。你能想到一种方法破坏代码来使它不会收敛吗？双极晶体管模型由于指数关系的存在而容易出现解爆炸，需要我们尝试各种组合来探索它。还有什么其他的方法吗？你能想出一种提高收敛性的方法吗？

5.2.2　收敛判别准则

正如在表 5-1～表 5-3 所示，总的误差在迭代过程中下降得很快，我们只需要定义迭代误差下降的意义，换句话说就是决定我们想要的精度。一种方法是对基尔霍夫电流定律进行约束，即 $f_{KCL}(v_k) < \varepsilon$。这种方法是一个显而易见的选择，在一些仿真器中也确实如此。另一种方法是把这个约束叫作剩余约束，但是这个约束并不是总能被实现，用户需要知道在所使用的特定仿真器中实现了什么收敛准则。除了在文献 [4] 中提到的残差收敛准则以外，最广泛使用的准则依赖于连续迭代的 v_k 和 v_{k+1} 的差值，称为更新准则。

对于残差 $f_{\mathrm{KCL}}(v_k)$，如果满足式（5-21），那么牛顿 – 拉夫森迭代残差已经收敛了。

$$|f_{\mathrm{KCL}}(v_k)| < \mathrm{reltol}\ i_{n,\mathrm{max}} + \mathrm{iabstol} \qquad （5\text{-}21）$$

式中， $i_{n,\mathrm{max}}$ 是流入节点 n 的最大绝对电流。

更新的牛顿 – 拉夫森迭代收敛准则为

$$|v_k - v_{k-1}| < \mathrm{reltol}\ v_{k,\mathrm{max}} + \mathrm{vabstol} \qquad （5\text{-}22）$$

式中， $v_{k,\mathrm{max}}$ 通常是 $\max\left(|v_k|, |v_{k-1}|\right)$。

在大多数仿真器中，这两者都需要完成，以便确认牛顿 – 拉夫森迭代是收敛的。我们可以在 Python 环境中通过以下方式来实现这一点：

```
Python code
  .
  .
  .
        ResidueConverged=True
        node=0
        while ResidueConverged and node<NumberOfNodes:
# Let us find the maximum current going into node, Nodes[node]
            MaxCurrent=0
            for current in range(NumberOfCurrents):
                MaxCurrent= max(MaxCurrent,abs(STA_matrix[node]
[NumberOfNodes+current]*(
                                sol[NumberOfNodes+current])))
            if f[node] > reltol*MaxCurrent+iabstol:
                ResidueConverged=False
            node=node+1
    .
    .
    .
        SolutionCorrection=numpy.matmul(numpy.linalg.inv(Jacob
ian),f)
        UpdateConverged=True
        if PointLocal:
          for node in range(NumberOfNodes):
                            vkmax=max(abs(sol[node]),abs(sol[n
ode]-SolutionCorrection[node]))
            if abs(SolutionCorrection[node])>vkmax*reltol+vabstol:
                    UpdateConverged=False
        elif GlobalTruncation:
            for node in range(NumberOfNodes):
                if abs(SolutionCorrection[node])>vkmax*reltol+v
abstol:
                    UpdateConverged=False
    End Python code
```

运行前面的例子来进行收敛性检查并与给定公差所需的迭代次数进行比较，结果在表 5-4 中展示。

表5-4 图5-2、图5-3和图5-4中示例的牛顿–拉夫森迭代次数与reltol的关系

reltol	图 5-2	图 5-3	图 5-4
1e–1	5	5	3
1e–3	6	6	18
1e–7	7	7	19

正如预期的那样，随着 reltol 的设置，迭代的次数会增加。更复杂的带隙电路需要为给定的公差提供更多的迭代次数。不出意料的是，迭代次数高度依赖初始条件的设置。

收敛性问题

真实的电路中可能存在着数以百万计的非线性器件，因而可能存在很多的工作点，所以找到正确的工作点是一个困难的任务。为此，我们开发了几种不同的方法。首先应该清楚的是，如果所有电压和电流均为零，那么只有一个解，即 0！然后可以仅仅逐步增加各个电压源和电流源到它们的额定值，如果这个过程进行得足够缓慢，电路系统应该能够跟随，这样就能得到一个合理的直流解。通常情况下，这个逐步增加的过程结束时对应的解可以作为另一种仿真的起点，比如瞬态仿真。我们将在本节中讨论其他方法，选择一个通常被称为同伦（该术语来源于数学学科拓扑学，其中同伦是两个函数之间的关系，粗略地说就是其中一个函数通过某个参数连续转换为另一个函数）方法的方法进行讨论。对于刚刚讨论的缓慢增加的情况，我们经常在仿真器中看到 ramp up 或 source stepping，或者一些其他的选项。

同伦方法

在本节中，我们将讨论最常见的同伦方法，如源步进、g_{min} 步进和伪瞬态等方法。我们们主要强调在实践中非常有用的内容。

源步进（source stepping）

许多电路都有这样的便利性，如果电压源是 0V，电流源是 0A，那么这个电路有一个解为 0；所有其他的电流和电压均为 0。我们在本节的介绍中主要提到了这个案例，在存在直流电收敛问题的情况下，一种方法是让所有的源信号都从 0 开始，然后慢慢地将所有的源信号逐步增加到它们的最终值。电路显然存在从一种状态到另一种状态的连续变化，因此它被归类到同伦。在大多数商业用途的仿真器中，它被称为源步进，是实现直流收敛的一种非常方便的方法。它的诀窍在于调整源信号缓慢上升的速度，如果一个新的步长运行失败，就需要调整下一个的值。但是这种方法并不能总是保证收敛，人们做了大量的理论工作来研究这些问题。通常，严重的非线性是开关型电路的致命弱点，在开关点附近可能有很大的增益。

交叉耦合的反相器电路中展示一种实现步进算法代码 5.4 的方法。电路如图 5-10 所示，它的网表为

```
*
M1 out in vss nch
M2 out in vdd pch
M3 in out vss nch
M4 in out vss pch
R1 in vss 10000
R2 out vss 10000
Vdd vdd 0 1
Vss vss 0 0
```
netlist 5.5

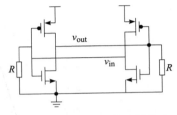

图 5-10　带上拉 / 下拉电阻的交叉耦合反相器电路

对于步进算法，我们只需要提供电源电压 V_{dd}，并通过一定的步长将其值从零更改为满标度。值得注意的是，这是一个直流仿真，在这个过程中所有的电容和电感都需要进行断路或短路操作。

Python 中的代码片段如下：

```
NumberOfSourceSteps=100
For step in range(NumberOfSteps):
    … Do Newton-Raphson iteration
    …
        If DevLabel[i]='Vdd':
                STA_rhs[NumberOfNodes+i]=DevValue[i]*steps/
NumberOfSourceSteps
    …
```

该仿真的结果如图 5-11 所示。很明显，该算法选择了中点解。有没有别的办法让算法选择另外一个解？如果将下拉电阻更改为上拉电阻或者上拉和下拉电阻的组合，则根据电阻值，可以看到该算法求解的几种不同结果。

一个意料之中的困难是当电路遇到不同的情况时，几种路径会得到不同的解。然后，算法可能会陷入僵局，无法收敛到任何一个解，这一点通常可以通过改变电路条件来改善。我们可以将电阻更改为上拉 / 下拉，并像以前一样逐步调整电源电压。图 5-12 展示了四种电阻上拉 / 下拉组合的结果。

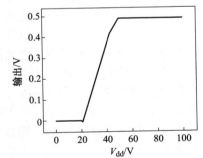

图 5-11　源步进响应，两个电阻都为 100kΩ，并向下拉到地

在这里，给定上拉 / 下拉电阻的不同组合，把电路响应的变化作为缓慢增长的电压的函数，对于这个器件来说，当阈值电压对应的 V_{dd}=0.4V 时收敛很困难。这只是使用该方法时可能遇到的收敛问题的一个简单例子。

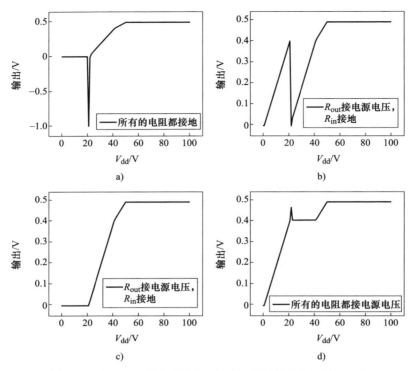

图 5-12　在 10MΩ 的电阻条件下输出作为斜坡上升电压的函数

g_{min} 步进

　　另一种普遍采用的方法是在每个节点和地之间添加一个大电阻 $1/g_{min}$，缓慢地增大这个电阻的值，使 $g_{min} \to 0$，并在每一次增大时求解矩阵方程。当 g_{min} 的值达到一个很小的数值且电压和电流的变化不超过一定的公差时，可以认为电路已经收敛。在使用硅基的实际情况下，每一个节点和地之间因为漏电或者其他因素总是存在一定的电阻，所以 $g_{min} \neq 0$ 不一定是一个糟糕的近似。因为这种方法也持续地将电路从一个状态改变到另一个状态，所以它显然也是一种同伦方法。我们可以用我们刚刚建立的 CMOS 晶体管模型（即模型 1）来说明这个问题，用这种方法来研究图 5-13 中的反相器电路。

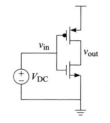

图 5-13　带直流电压输入的 CMOS 反相器

　　使用的网表如下所示：

```
*
M1 Vo Vi vss nch
M2 Vo Vi vdd pch
Vdd vdd vss 0.9
Vss vss 0 0
Vin Vi 0 0.2
```
netlist 5.6

当尝试运行该网表时，会得到一个奇点错误。为了更加深入地研究，编写如下矩阵方程（为了清晰起见，跳过了不重要的源信号以及接地电流）：

$$\begin{pmatrix} 0 & 1 & 1 \\ 0 & 1 & 0 \\ 0 & 0 & 1 \end{pmatrix}\begin{pmatrix} V_o \\ i_p \\ i_n \end{pmatrix} = \begin{pmatrix} 0 \\ -K(V_{in}-V_{dd})^2 \\ KV_{in}^2 \end{pmatrix} \tag{5-23}$$

因为它的行列式等于 0，这个矩阵显然是一个奇异矩阵。出现这种情况的根本原因是输出 V_o 没有在任何等式中出现，所以它是不受限制的。我们不考虑将 V_o 从方程系统中完全删除，因为这样操作将意味着这个节点将不满足基尔霍夫电流定律。此外，PMOS 的输出电流也存在问题，除非 $V_{in}=V_{dd}/2$，否则 CMOS 晶体管和这个方程并不匹配。接下来，我们讨论第 3 章晶体管模型 2 的例子，在说明 g_{min} 步进方法之前需要做一些准备工作。如图 5-14 所示，在输出和地之间添加一个值为 $R=1/g_{min}$ 的电阻。这个电阻会在矩阵中加入另一个方程，这时矩阵的形式变为

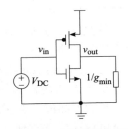

图 5-14 在反相器输出模型中添加一个电阻

$$\begin{pmatrix} 0 & 1 & 1 & 1 \\ 0 & 1 & 0 & 0 \\ 0 & 0 & 1 & 0 \\ -1/g_{min} & 0 & 0 & 1 \end{pmatrix}\begin{pmatrix} V_o \\ i_p \\ i_n \\ i_o \end{pmatrix} = \begin{pmatrix} 0 \\ -K(V_{in}-V_{dd})^2 \\ KV_{in}^2 \\ 0 \end{pmatrix} \tag{5-24}$$

如果现在没有其他的项要加入，则这个方程系统是可解的。我们将输出节点作为 g_{min} 的一个函数，结果见表 5-5。

表5-5 当 V_{in}=0.2V时输出电压作为 g_{min} 的函数

g_{min} /S	V_{out} /V
1e-5	45
1e-7	4500
1e-9	450 000

值得注意的是，随着 g_{min} 的变化，输出电压也是变化的，它并没有收敛到一个特定值，原因是两个 MOS 晶体管流入这个电阻的输出电流之间存在差异，输出电压的值将随之变化。在专业的仿真器中，这样的情况会导致一个错误，并将设置一个收敛标志。如果我们设置输入电压 $V_{in}=V_{dd}/2$，情况会有所不同。这样就可以和当前的输出相匹配，我们就能看到更好的收敛（见表 5-6）。这里我们使用了代码 5.5。

表5-6 当 $V_{in} = \dfrac{V_{dd}}{2} = 0.45V$ 时输出电压作为g_{min}的函数

g_{min}/S	V_{out}/V
1e-5	0
1e-7	0
1e-9	0

这是 g_{min} 方法如何操作的一个简单示例。它试图通过在各个节点上添加电阻来找到一个稳定的解决方案。

伪瞬态（pseudo-transient）

伪瞬态法简称 ptran，是实践中最有效的方法。在这种方法中，所有动态元件（如电感、电容）都被考虑在内。该方法的基本思想是使用时间作为连续变量，如果清楚地认为电路可以在任意时刻进行仿真，那么原则上可以达到一个直流值，并使所有独立的源信号保持在其直流值。该方法的工作原理是在所有电压源和一些受控源上串联电感，在所有独立电流源和一些受控电流源上串联电容。稀疏表分析系统自然会随着提供额外的节点和电流而增加。此外，作为电路的初始条件，通过插入串联电感而产生的所有新节点都被设置为电压源的值。所有其他节点初始设置为 0V，所以许多电容的电压为 0V。最后，所有电流初始设置为 0A。在这个初始条件下，我们运行了一次非常有规律的瞬态仿真。通过实践证明，这种方法非常有效。显然，从初始状态到最终状态的过渡过程在这个分析中并不重要。因此，电路只要收敛到一个正确的最终值就可以忽略截断误差。这意味着伪瞬态中的步长比常规瞬态时间中的步长要大得多，而且只需要确保牛顿–拉夫森算法的收敛性即可。

这种方法的一个问题就是所有这些动态元件（如电感和电容）都可能引起谐振或者振荡。

本章的瞬态部分将介绍这类算法的一个例子。

dptran

阻尼伪瞬态法（dptran）是 ptran 方法的一种，它通过减少振荡的似然性来提高收敛性。

5.2.3 需要注意的特殊情况

浮栅器件示例

一个浮动电阻遵循我们所概述的方法，其矩阵方程为

$$
\begin{pmatrix} 0 & 0 & -1 \\ 0 & 0 & 1 \\ -1 & 1 & -R \end{pmatrix} \begin{pmatrix} v_a \\ v_b \\ i \end{pmatrix} = \begin{pmatrix} 0 \\ 0 \\ 0 \end{pmatrix}
$$

很快可以看出矩阵有行列式为零的情况（为了获得它所需要的一个非平凡的解）。上边两行可以得到一个相同的等式，即电流 $i=0$，现在只剩下最后一行：

$$(-1 \quad 1)\begin{pmatrix} v_a \\ v_b \end{pmatrix} = 0$$

这是一个欠定方程，有一个方程和两个未知数，会出现无穷多个解。仿真器会弹出一些有关奇异矩阵的问题或者类似的警告。在 Python 的设置中尝试以下网表：

```
Netlist
*
R1 a b 10
```

这个脚本会因为奇异矩阵的警告而退出。

在几乎所有的仿真器中，这个问题的解决方法都是在所有节点和接地端中间放一个电阻，类似于我们前一节讨论的 g_{min} 方法。该电阻的阻值是 $1/g_{min}$，其中 g_{min} 是用户控制的电导变量。在刚刚讨论的例子中，有

$$\begin{pmatrix} 0 & 0 & -1 & -1 & 0 \\ 0 & 0 & 1 & 0 & 1 \\ -1 & 1 & -R & 0 & 0 \\ -1 & 0 & 0 & -1/g_{min} & 0 \\ 0 & 1 & 0 & 0 & -1/g_{min} \end{pmatrix}\begin{pmatrix} v_a \\ v_b \\ i \\ i_a \\ i_b \end{pmatrix} = \begin{pmatrix} 0 \\ 0 \\ 0 \\ 0 \\ 0 \end{pmatrix}$$

从中可以得到 $i_a = i_b = -i$，并且

$$-v_a + v_b = iR$$
$$v_a = i/g_{min}$$
$$v_b = -i/g_{min}$$

因为 g_{min} 和 $R>0$，所以它有唯一的可能解就是 $i=0$。

我们可以用 Python 设置如下网表来对这个问题进行仿真，会发现它现在收敛到和刚刚导出的解相同的值。

```
Netlist
*
R1 a b 10
Rgmin1 a 0 10000
Rgmin2 b 0 10000
```

5.3　线性化技术

线性电路的一个特征是可以将一个特定的工作点周围的响应线性化，在这个点周围所有的响应都接近线性的一个小区域内应用线性分析工具（交流分析）。本节主要讨论仿真器如何实现这一点，使用前面提到的晶体管模型作为例子，从最简单的模型 1 开始进行分析。

模型 1

该模型具有由式（3-47）给出的简单传递函数。为了线性化，在工作点周围做简单的

泰勒展开：

$$g_m = \frac{\partial I_d}{\partial V_{gs}}\bigg|_o = 2KV_{gs}\big|_o = 2K(V_{g,o} - V_{s,o})$$

式中，下标 o 表示工作点处的直流值。

输入阻抗是无穷大的，输出阻抗也一样。加入这个条件，我们发现被线性化描述的晶体管是一个具有 g_m 增益的压控电流源，这可以很容易地在 4.3.3 节中的矩阵设置中表示出来。

模型 2

考虑到不同的工作区域，这里的传递函数有点复杂，所以有

$$g_m = \begin{cases} 0, V_{gs} - V_{th} < 0 \\ 2KV_{ds}, V_{ds} < V_{gs} - V_{th} \\ 2K(V_{gs} - V_{th})(1 + \lambda V_{ds}) \end{cases}$$

$$g_o = \begin{cases} 0, V_{gs} - V_{th} < 0 \\ 2K\big[(V_{gs} - V_{th}) - V_{ds}\big], V_{ds} < V_{gs} - V_{th} \\ K(V_{gs} - V_{th})^2 \lambda \end{cases}$$

这也可以表示为一个增益取决于工作区域的压控电流源，还添加了一个和直流偏置相关的输出电导连接漏极和源极。这个电导可以模型化为输出电阻：$r_o = 1/g_o$。

接下来，运行非线性的直流仿真以建立工作点。然后，运行交流仿真，用被线性化描述的模型来替换所有的非线性器件，这样就建立了一个新的矩阵系统。

鼓励读者修改交流仿真的代码，并在图 4-10 中构建的电路上实现这个线性化方案，最后应该得到如图 5-15 所示的交流响应。

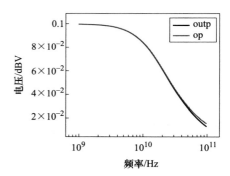

图 5-15　线性化电路的交流响应

5.4　非线性瞬态仿真

本节将描述如何建立一个非线性瞬态仿真器。这涉及时间步长算法和积分方法的重要抉择。第 1 章和第 2 章讨论了一些基本的积分方法，这里将进行进一步的研究。方法的选择对仿真的精度有显著的影响，在这里，我们将在仿真器的帮助下对细节进行深入分析。此外，这里把直流章节讨论的非线性求解器与时间步长算法相结合，该算法使用 4.6.6 节中描述的方法对局部截断误差进行评估。首先，非线性求解器需要在给定时间步长下进行求解，然后对截断误差进行评估，看看是否在允许的误差范围内，如果不在，则需要调整时间步长。本章首先使用统一的时间步长，并记录在给定的一组仿真参数下，求解三个晶

体管模型中的每一个所需的迭代次数；其次，讨论什么是可调时间步长，以及如何实现它；然后，用可调时间步长算法重新检查电路，并注意所需迭代次数的差异，比较精度。这里也描述了全局截断误差的概念，以及给定电路和其他因素对它的影响。下一小节将描述非线性电容如何在 CMOS 晶体管模型中实现以及断点的概念。本节最后详细描述了采用微扰方法的稳态仿真器。

大多数示例将采用梯形方法，代码中也提供了二阶 Gear 法和后向欧拉法。

瞬态仿真器主代码更新

至此，瞬态仿真器所需的所有必要模块已经给出。第 4 章定义了局部截断误差和它的代码，还讨论了各种不同差分方程的求解方法。本章讨论了求解非线性方程的牛顿 – 拉夫森算法，现在可以把所有这些代码合并到一个更大的代码段中，其中包括所有这些不同的模块。读者无疑已经注意到，仿真器代码变得相当庞大并且难以阅读。我们将在附录 A 定义的子例程中合并不同的部分。因此，在 5.7.6 节中我们有了代码 5.6。这段代码现在将用于后续使用瞬态方法的所有仿真。

5.4.1　固定时间步长

图 5-1 展示了没有动态元件的情况。为了实现非线性的瞬态仿真，我们只需要按照上一节所概述的方法，计算每个时间步长的雅可比行列式并进行牛顿 – 拉夫森迭代，并采用满足误差条件的时间步长。这种方法被称为统一的时间步长仿真。更复杂的可调时间步长仿真将在 5.4.2 节中进行讨论。

很明显，处理非线性情况的一种方法是在器件近似线性的情况下采用小的时间步长，然后使用牛顿 – 拉夫森法来确定误差。

整体过程如下所示：

- 猜测一个时间步长 Δt_{step}。
- 用牛顿 – 拉夫森迭代法求解 $N \cdot \Delta t_{step}$ 时刻新的变量，使用 5.2.1 节介绍的收敛准则。
- 如果牛顿 – 拉夫森法和 4.6.6 节中提出的局部截断误差标准没有在给定的时间步长内收敛，则需要利用一个更小的时间步长从头开始，这就是这节所介绍的内容。

本节将展示几个非线性瞬态仿真的例子，将在有和没有动态元件两种情况下对电路进行测试。前两个电路是简单的放大器和具有电阻负载的缓冲器，其余的电路包含具有记忆功能的各种动态元件。

5.4.1.1　具有统一时间步长的电路示例：纯电阻电路的情况

如果没有像电容和电感这样的动态元件存在，就没有需要求解的时间微分方程，因此电路没有记忆功能。t 时刻电路的状态是在同一时间驱动源信号的结果。分析这种瞬态仿真的一种方法是简单地将它看成一系列的直流仿真，可以将上一个时间步长的结果作为下一个时间步长的起点。在这里，我们将展示类直流仿真的两个例子，然后再引入动态元件。

使用模型 2 的简单缓冲器

让我们用 3.4 节中的晶体管模型 2 来对图 5-1 中的缓冲器进行仿真。我们使用如下网表:

```
*
vdd vdd 0 0.9
vss vss 0 0
vinp inp 0 sin(0 1.95 1e9 0 0)
vinn inn 0 sin(0 1.95 1e9 0.5e-9 0)
r1 vdd inp 100
r2 inp vss 100
r3 vdd inn 100
r4 inn vss 100
r5 vdd outp 100
r6 vdd outn 100
i1 vs vss 1e-3
m1 outn inp vs nch1
m2 outp inn vs nch1
   .options  MaxSimTime=2e-9  reltol=1e-7  FixedTimeStep=True
deltaT=1e-12 iabstol=1e-12 vabstol=1e-8 lteratio=200000
   .plot v(outp) v(outn)
netlist 5.7
```

输出结果见图 5-16 和表 5-7。当然,虽然这个模型非常不现实,但它的行为是相当合理的。

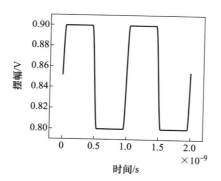

图 5-16　使用晶体管模型 2 的缓冲器输出

表5-7　基于reltol=1e-7,iabstol=1e-12,vabstol=1e-8,
FixedTimeStep=True参数的仿真

参数	值	单位
Δt	1e-12	s
迭代次数	5719	

　　牛顿 – 拉夫森误差计算与直流情况相同。对于时间步长本身，因为没有动态元件的存在，所以没有对它进行误差估计。这个模型的主要目的是说明每个时间点的情况。读者很快就会意识到，如果结果不收敛，就必须改变时间步长并重新开始，它可能需要额外的时间才能够完成。因此，可调时间步长的方法是至关重要的，这将在 5.4.2 节中讨论。许多仿真器在启动时使用类似的算法，其中初始时间步长被设置为总仿真时间的一部分。如果满足误差条件，它就会继续执行。这有时会产生意想不到的后果，因为仿真器得出的解在原则上是可行的，例如，对于一个没有振荡的压控振荡器来说，现实中的噪声会让压控振荡器运行，但是如果时间步长太大，则数值噪声可能不够使其响应。换句话说，初始时间步长可能太大，导致电路在时间尺度上的细节被抹平了。

　　请确保默认的初始时间步长足够小，以便电路正常启动；否则，电路可能无法正确响应，造成混乱。

CMOS 反相器

　　模型 2 更接近实际且有一个优点，就是可以构建 PMOS 晶体管，并以一种数字门的方式连接到 NMOS。这样，我们就能仿真 CMOS 反相器。

　　现在运行一个瞬态仿真。输入是幅值为 450mV 的正弦波，直流偏置为 450mV，因此信号在中点附近摆动，结果见图 5-17 和表 5-8。

```
Netlist
*
vdd vdd 0 0.9
vin in 0 sin(0.45 0.45 1e9 0 0)
vss vss 0 0
mn1 out in vss nch2
mp2 out in vdd pch2
    .options  MaxSimTime=2e-9   reltol=1e-2   FixedTimeStep=True
deltaT=1e-12    iabstol=1e-3    vabstol=1e-3    lteratio=1000000
MaxNewtonIter=15
    .ic v(in)=0.45 v(out)=0.45
    .plot v(out) v(in)
```
netlist 5.8

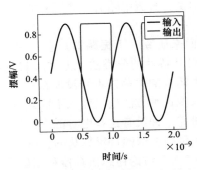

图 5-17　CMOS 反相器的输入与输出

表5-8   固定时间步长的迭代次数

参数	值	单位
Δt	1e–12	s
迭代次数	2052	

5.4.1.2   具有统一时间步长的电路示例：动态情况

最后两个例子使用带有电阻的有源器件来说明非线性方法。因为截断误差不存在，所以不需要执行局部截断误差标准的错误检查算法。接下来的几个电路例子中将同时包含电容和电感，因此从一般情况的角度来看会更有价值。我们将从交叉耦合反相器开始，然后进行振荡器和射频混频器电路的分析。

交叉耦合反相器

有了改进的晶体管模型（即模型2），我们就可以对交叉耦合反相器进行分析，类似于我们之前在直流部分中的讨论。我们注意到这里有三种可能的解，其中中点解是稳定的。现在，让我们在网表5.5的系统中加入电容器：

```
C1 in vss 1e-13
C2 out vss 1e-13
.ic v(in)=0.0 v(out)=0.0
```

我们把它作为时间的函数来运行，最终结果见表 5-9。

表5-9   交叉耦合反相器使用梯形数值积分方法的迭代次数

Δt	迭代次数
1e–12	约 10 000
1e–13	约 125 000
1e–14	约 125 000

正如我们所熟知的那样，中点解的时间尺度直接取决于容性负载，这与收敛到中点的直流解形成了对比。

从这个例子中得到的启示是，直流电路有一些意外的特性，使求解变得更加困难。

振荡器

作为另一个例子，让我们来研究一下振荡器。它是实现许多现代芯片的关键电路之一，人们已经提出了诸多针对其特性的分类法（见文献 [22]）。在电路开发的环境中，除了工艺监控的目的，一个自由运行的振荡器本身没那么有用。通常情况下，我们需要一种方法来控制振荡频率，一般来说这种方法通过输入不同的电压来实现。这种器件被称为压控振荡器。在这里，我们将研究一种没有这些电容的振荡器。这种振荡器是仿真器实现的优秀测试平台，因为它的振幅是高度依赖特定算法的，可以参考 5.4 节的例子。5.4.2 节讨论可调时间步长的求解以及 5.5.7 节讨论稳态仿真器和相位噪声仿真时还会用到它。现在，我们只做瞬态仿真，目标是通过开发的简化模型 2 来实现振荡。

振荡器是一种表现出受控但是不稳定的系统，其中有一种正反馈机制，它会导致扰动的增长，直到晶体管中的非线性部分限制它的增长。实际上，如果振幅变得过大，晶体管对就会耗尽增益。这一点可以从估计的角度进行分析，并且已经在其他文献中给出（见文献 [22-23]）。有很多方法可以实现这种反馈效应，这里我们将重点讨论由一个电感和一个电容作为一对交叉耦合的 NMOS 晶体管负载的 *LC* 振荡器。这样的谐振电路，其中经常存在分流的电感和电容，总是有一些电阻损耗被建模为分流电阻器。这样的电阻器可以表示引入谐振电路的串联损耗。这对晶体管的作用是为系统提供负电阻（或增益），从而使系统保持振荡。振荡器的研究工作非常丰富且包含了很多复杂问题。如果读者想深入了解其中的细节，强烈推荐阅读文献 [22]。现在来分析一下本书提出的振荡器模型（见图 5-18）。它的网表很简单：

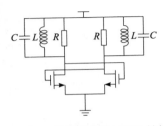

图 5-18　基本振荡器的拓扑结构

```
Netlist
*
vdd vdd 0 0.9
vss vss 0 0
l1 vdd outp 1e-9
l2 vdd outn 1e-9
c1 vdd outp 1e-12
c2 vdd outn 1e-12
r1 vdd outp 1e3
r2 vdd outn 1e3
m1 outp outn vss nch1
m2 outn outp vss nch1
i1 outp vss pwl(0 0 1e-8 0 1.1e-8 1e-3 1.2e-8 0)
    .options  MaxSimTime=6e-8   reltol=1e-3   FixedTimeStep=True
deltaT=1e-12    iabstol=1e-6   vabstol=1e-6    MaxNewtonIter=15
ThreeLevelStep=True
    .plot v(outp) v(outn)
```
netlist 5.9

注意，为了使电路仿真在合理的时间内开始，通常使用一个理想的分段线性电流源在短时间内打开仿真以避开一些问题。如果没有进行这个操作，仿真器可能只得到一个稳定点，即直流，特别是在跨导增益较弱的情况下。利用三种集成方法在仿真器中触发这个网表，就会得到图 5-19。

系统启动之后的初始阶段是图 5-19 所示的稳定振荡。在使用 ngspice 时，我们需要构建一个和之前一样的晶体管模型，然后就可以比较我们的仿真器和 ngspice 的结果。如图 5-19 所示，这两者的结果几乎相同。我们可以用文献 [23] 中导出的公式来估计振幅，发现

$$A = \sqrt{\left(g_{\mathrm{m}} - \frac{1}{R}\right)\frac{4}{g_{\mathrm{m}}''3}} \tag{5-25}$$

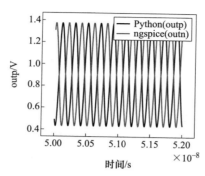

图 5-19　使用梯形方法的振荡器输出与使用 ngspice 仿真程序的相同方法的比较。注意，输出节点在 ngspice 中是 outn，在 Python 中是 outp，而且不仅振幅和频率相同，相位也相同

经比较，结果偏差在合理范围内，大概有 5% 的偏差。

设置汇总见表 5-10。

表5-10　使用固定时间步长进行60ns仿真的迭代次数

参数	值	单位
Δt	5e–12	s
迭代次数	19 402	N/A

射频混频器电路

混频器电路是窄带射频电路的主要类型（见图 5-20），它用于将调频信号转换为基带（或低频）。它也可以用于在发射机中将基带频率转换为射频，它的网表如下：

```
*
vdd vdd 0 0.9
vss vss 0 0
vinp in1 0 sin(0 0.3 1e9 0 0)
vinn in2 0 sin(0 0.3 1e9 5e-10 0)
r1 vdd inp 100
r2 inp vss 100
r3 vdd inn 100
r4 inn vss 100
r5 vdd outp 100
r6 vdd outn 100
c1 in1 inp 1e-12
c2 in2 inn 1e-12
i1 vs vss sin(1e-3 100e-6 1.001e9 0 0)
m1 outn inp vs nch
m2 outp inn vs nch
```

```
i2 vs2 vss sin(1e-3 100e-6 1.001e9 4.995e-10 0)
m3 outp inp vs2 nch
m4 outn inn vs2 nch
    .options    MaxSimTime=2e-6    reltol=1e-3    FixedTimeStep=True
deltaT=2e-11    iabstol=1e-6    vabstol=1e-6    MaxNewtonIter=15
ThreeLevelStep=True
.plot v(outp) v(outn)
```
netlist 5.10

仿真这个电路并观察所得到的基带信号，我们选择的输入射频信号是 1GHz+1MHz，本振频率为 1GHz。我们可以预计基带信号出现在 1MHz。这意味着仿真时长必须大于 1μs。这是一个相当大的延伸。在 5.5.4 节中，我们用一种更好的仿真算法（PAC）来探索类似的情况并加快得到结果的速度。仿真结果如图 5-21 所示。

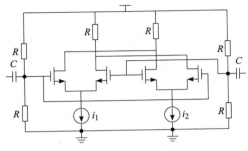

图 5-20 吉尔伯特单元混频器

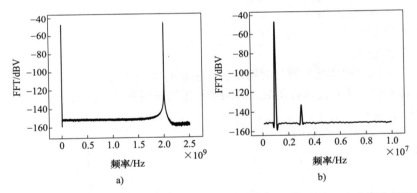

a)   b)

图 5-21 输出差分电压的频谱：a）高达 2.5GHz 的全频谱；b）在 1MHz 左右混合信号的放大

5.4.2 可调时间步长

在 5.4.1 节中可以看到，固定时间步长应用灵活度差，因为精度可能在某个时间点无法满足，不得不在该时间点重新仿真。本节将展示可调时间步长的优势。虽然从本节的最后可以看出它存在很小的精度损失，但是对于仿真时间而言，其速度有了显著的提高。

5.4.2.1 时间步长的调整

可调时间步长的变化是相对容易实现的，但其难点在于选择什么样的算法。显而易见的是，如果牛顿迭代在合理的迭代次数内没有收敛（一般的次数为 5），仿真就需要选取一个更小的时间步长。本小节将重点关注时间步长的取值以及该取值对后续工作的影响。一些人可能会认为，如果不满足收敛条件，可以将时间步长除以 2，或在满足收敛条件的情况下将时间步长加倍。本节以振荡器为例，该电路是一个很好的测试平台，如果时间步长的算法是错误的，则振荡器会停止振荡（振荡器在没有噪声的理想情况下存在直流解）。本节将研究 5.4.1.2 节中的振荡器，尝试将时间步长乘以 2 和除以 2，并观察现象（见图 5-22）。

```Python
Python code
    if NewtonConverged:
    .
    .
    .
            if not FixedTimeStep:
                deltaT=2*deltaT
    .
    .
    .
        else:
    .
    .
    .
            SimTime=SimTime-deltaT
            deltaT=deltaT/2
End Python
```

结果如图 5-22 所示。

为什么会出现这种情况？因为时间步长在很短时间内变得很大，仿真器"错过"振荡并直接求得直流解。此处尝试利用最大时间步长结构来纠正这种情况。

```Python
Python code
    if NewtonConverged:
    .
    .
    .
            if not FixedTimeStep:
                deltaT=min(MaxTimeStep,2*deltaT)
    .
    .
    .
        else:
    .
    .
    .
            SimTime=SimTime-deltaT
            deltaT=deltaT/2
End Python
```

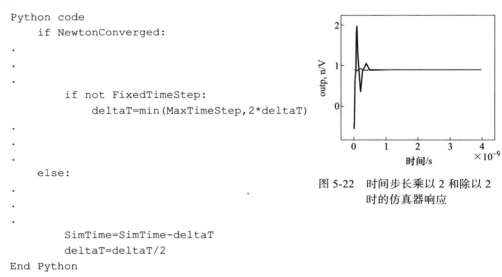

图 5-22　时间步长乘以 2 和除以 2 时的仿真器响应

结果如图 5-23 所示。

这种情况下仿真器求解更加顺利，或者可以让时间步长增加或降低不等的数量，如下面的代码段所示：

```
Python code
    if NewtonConverged:
    .
    .
    .

        if not FixedTimeStep:
            deltaT=1.01*deltaT
    .
    .
    .

    else:
    .
    .
    .

        SimTime=SimTime-deltaT
        deltaT=deltaT/1.1
End Python
```

　　结果如图 5-24 所示。这样也可以求解。现在研究基于 reltol 调整的递增 / 递减算法，结果见表 5-11。

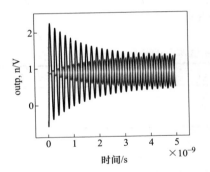

图 5-23　最大时间步长下的仿真器响应

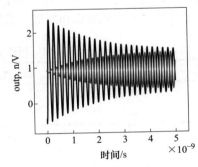

图 5-24　随时间步长非对称递增或递减的仿真器响应

表5-11　基于reltol的两级时间步长调整算法

reltol	幅度 /V
1e-1	0.47
1e-2	0.47
1e-3	0.47
1e-4	0.47

注：仿真器总会改变时间步长，使数值噪声增加，从而导致振荡，在高 reltol 下仍存在这种情况。

　　这种特殊实现的根本难点在于每次更新都会改变时间步长，会增加累积的误差，可以通过增加第三个中间级来进行调整，只需要简单地跟踪电压差与误差限制的最大比例，如

$$v_{\max} = \frac{|v_k - v_{\text{pred}}|}{\text{reltol}\, v_{k,\max} + \text{vabstol}}$$

该值可用于所有的电压节点，如果这个最大值大于 0.9，则将该值降低一定比例；如果它小于 0.1，则按另一个比例增大；如果它在这个区域范围之间，则保持时间步长不变。这将在大范围仿真中保证时间步长相同，并提高精度。

接下来在不同 reltol 下运行振荡器，方法与两级算法实现相同，其结果见表 5-12。

表5-12   基于reltol的三级时间步长调整算法

reltol	幅度 /V
1e–1	0
1e–2	0
1e–3	0.47
1e–4	0.47

注：注意，中间时间步长过长容易使高 reltol 的仿真器错过振荡！这些情况下产生的数值噪声较少，仿真器可以找到直流解。

我们可以利用这些方法并将其结果与固定时间步长的解相对比，还可以以固定时间步长作为绝对参考来测量频率和幅值，其结果见表 5-13。

表5-13   两个时间步长调整版本下的精度

属性	固定时间步长	最大时间差异率 / (%)	微弱的增长误差 / (%)
频率	5.032e9	0.1	0.1
幅值	0.47	2	1

5.4.2.2   总结

商用仿真器的时间步长控制方法需要严格保密，因为它直接影响仿真器的性能。本节展示了几种可以使用的策略，并与更精确的固定时间步长仿真器对比，展示了每种策略的优缺点。

关于时间步长调整的文献非常丰富，例如文献 [4，15-17，24]。

当使用二阶 Gear 法实现时，可调时间步长可能导致部分问题。如果回顾第 2 章和第 4 章，二阶 Gear 法依赖两个时间步长之间的信息。如果这两个时间步长不同，就不会得到正确的值，并且需要额外的插值来得到适当的数值。这通常会导致收敛问题，除非人为干预。读者可以尝试寻找规避这个潜在问题的好方法。

5.4.2.3   时间步长控制示例电路：纯电阻电路

在验证了调整时间步长的一般方法后，本小节对 5.4.1 节中的测试电路重新验证。
基于现实化 CMOS 模型的简单缓冲器

我们可以使用可调时间步长重新进行缓冲器仿真。表 5-14 展示了结果的迭代次数以及与固定时间步长情况的比较。

表5-14　固定时间步长与基于reltol的三级非对称时间步长调整的10ns仿真迭代次数

reltol	固定时间步长	1e−3	1e−4	1e−5	1e−6	1e−7
迭代次数	5719	827	827	912	969	1078

注：设置的 reltol 越小，需要进行的迭代次数就越多，并且与固定时间步长相比，在速度（迭代次数）方面有显著的改进。

CMOS 反相器

CMOS 反相器可以利用可调时间步长进行仿真，并且与固定时间步长情况进行比较。

```
Netlist
*
vdd vdd 0 0.9
vin in 0 sin(0.45 0.45 1e9 0 0)
vss vss 0 0
mn1 out in vss nch2
mp2 out in vdd pch2
    .options  MaxSimTime=2e-9  reltol=1e-2  FixedTimeStep=False
deltaT=1e-12    iabstol=1e-3    vabstol=1e-3    lteratio=1000000
MaxNewtonIter=15
    .ic v(in)=0.45 v(out)=0.45
    .plot v(out) v(in)
```

运行瞬态仿真，输入振幅为 450mV 的正弦波，直流偏置为 450mV，因此该信号绕中点摆动。图 5-25 通过对时间求导得到最终的边沿速率。可以看到，因为沿着电压边沿移动，时间步长调整算法会带来误差，所以统一的时间步长仿真电路更合适。

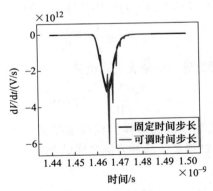

图 5-25　CMOS 反相器输出的导数（此处比较可调时间步长和固定时间步长情况下的边沿速率）

5.4.2.4　时间步长控制示例电路：动态电路

交叉耦合反相器

此处用可调时间步长重新仿真交叉耦合反相器，可以在不同初始条件下重新进行收敛仿真，并与固定时间步长情况进行比较。

通过观察电压边沿周围的响应可以得出结论。对再生时间尺度进行仿真，结果如图 5-26 所示。表 5-15 还与固定时间步长情况比较了迭代次数。

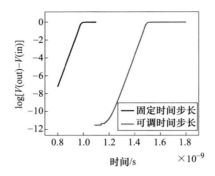

图 5-26　用固定时间步长和可调时间步长仿真再生时间尺度的比较，可以看到这两种方案的斜率非常相似

表5-15　使用固定和可调时间步长时，交叉耦合反相器所需的迭代次数

步长算法	迭代次数
三级	无触发
二级	约 2000
固定（1e-12）	约 10 000

注：可调时间步长算法很容易在最初采用过长的步长，导致无法产生足够的数字噪声来触发决策电路。

此处利用练习 5（稳定交叉耦合对）的结果计算准确的时间常数

$$\tau = \frac{C}{g_m}$$

式中，g_m 为所使用的晶体管跨导与全网表电容值的和。计算得到

$$\tau = \frac{10^{-13}}{2 \times 2 \times 10^{-3}} = 2.5 \times 10^{-11} s$$

对比结果见表 5-16。正如预测的那样，获得最终结果所需的迭代次数明显降低。需要注意，斜率估计的不确定性掩盖了两种方法之间的差异。两个仿真都在准确值的误差范围内。

表5-16　固定和可调两级时间步长与精确计算对比

方法	固定时间步长	可调时间步长	精确计算	单位
时间常数	2.60	2.68	2.5	10^{-11} ln [V]/s
sigma	0.28	0.40	N/A	10^{-11} ln [V]/s
迭代次数	50 062	6221	N/A	

振荡器

5.4.2.1 节讨论可调时间步长算法时，对振荡器进行了研究。表 5-17 展示了迭代次数与时间步长的关系。

表5-17　各种时间步长下网表5.9中振荡器的迭代次数

时间步长算法	固定	两级	三级
迭代次数	19 402	14 776	14 035

射频混频器电路

此处使用图 5-20 所示的混频器作为比较固定时间步长和可调时间步长的电路拓扑的最后一个实例，使用与之前仿真相同的容差及仿真停止时间。为了比较精度，此处使用射频基带转换的增益，结果见表 5-18。

表5-18　固定及可调时间步长控制在单个时间步长固定精度下所需的时间步长数对比

方法	固定时间步长	可调时间步长
增益误差 / (%)	0	1
迭代次数	100 000	68 200

误差适度增加的情况下，迭代次数降低约 32%。

需要强调的是，由于电路规模很小，所有方法的误差也很小。对于更大更真实的电路，误差可能会更高。

5.4.2.5　时间步长控制的好处

前面的几节中，我们已经讨论了时间步长，以及如何在电路仿真需要时将时间步长调整至更小。在仿真强度较低时，可以采用更长的步长。代价则是当时间步长变化时，尤其是时间步长迅速变化时，差分方程的精度就会降低。最大的好处是整体仿真速度的提升，仿真速度提升了 4 倍，这是非常重要的。同时可以观察到，误差的影响是可以接受的。事实上，对于现代仿真器来说，时间步长算法通常是严格保密的。在实践中，如果需要实现高精度，可以通过人为将最大时间步长变量设置为较小的值以限制时间步长，这通常会迫使仿真器在整个仿真过程中采用近似等同的时间步长。这种情况下，花费在仿真上的物理时间无疑会大大增加，设计师通常会在该决定上有所保留。

5.4.3　收敛问题

收敛问题是困扰电路设计师的一大难题，现代仿真器能够很好地解决这些问题。本节将分析几个使用仿真器遇到困难的例子，并尝试解决问题。

所选的积分方法经过离散时间后，即可逐步求解大型非线性方程组。注意到，在 5.2 节中没有电容的反相器的情况下，非线性问题类似于直流分析。实际上，我们可以将瞬态分析看作一种以时间为延续参数的延续方法。一般来说，如果所有的模型都是连续的且具有连续的一阶导数，只需要时间步长足够小，就可以实现收敛。这就是瞬态分析比直流分析更不容易出现收敛问题的原因。

实例：波形中的跳变

当波形中存在跳变时，可能会出现无法收敛的现象，仅仅通过缩短时间步长是不起作用的。这种情况可能发生在没有电容接地的特定节点上。这使得该节点具有无限的带宽，导致收敛困难。这主要是实际操作中不合理的建模带来的问题，因为实践中不存在这样的节点，但是仿真器中通常会添加一个 C_{min} 电容到所有的节点，以保证有限的带宽。在早期的 CMOS 建模中，存在栅极电容仅被建模为通道电容的情况。当通道消失时，可能会导致电容突然消失，但增加侧壁电容和重叠电容就可以保证总电容不为零。

5.4.3.1 LTE 标准的指导方针

LTE 标准取决于用户选择的设置，包括全局、局部或点局部（详见 4.6.6 节）。本节将讨论全局及局部变化的实用性，并提出一些简单的论点。

全局的实用性

全局标准在电路同时存在大电压和小电压的情况下是有用的。此处关注图 5-27 中的例子。

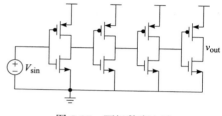

图 5-27　两级数字电路

其网表表示为

```
*
vdd vdd 0 1
vin in 0 sin(0.45 0.45 1e9 0 0)
vss vss 0 0
mn1 o1 in vss nch
mp1 o1 in vdd pch
mn2 o2 o1 vss nch
mp2 o2 o1 vdd pch
mn3 o3 o2 vss nch
mp3 o3 o2 vdd pch
mn4 out o3 vss nch
mp4 out o3 vdd pch
c1 o1 vss 1e-15
c2 o2 vss 1e-15
c3 o3 vss 1e-15
c4 out vss 1e-15
.options reltol=1e-3 vabstol=1e-6 iabstol=1e-12 MaxSimTime=5e-9
GlobalTruncation=True
.ic v(in)=0 v(o1)=1 v(o2)=0 v(o3)=1 v(out)=0
.plot v(in) v(o1) v(out)
netlist 5.11
```

同时使用全局和点局部设置运行该电路，其结果如图 5-28 所示。注意，对于局部设置，接地节点 vss 需要比其他节点更加紧凑。这是迭代缓慢的主要原因。

点局部的实用性

　　局部标准在电路同时存在灵敏小电压和较大电压的情况下是实用的。图 5-29 中的例子是两个环形振荡器在两个供电电压下工作。

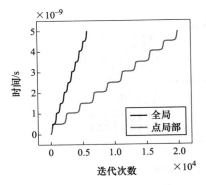

图 5-28　数字电路的点局部与全局设置

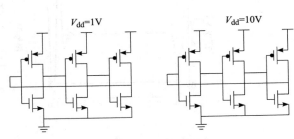

图 5-29　多电压级电路

　　其网表表示为

```
Netlist
*
vdd vdd 0 0.9
vdd10 vdd10 0 10
vss vss 0 0
m1 int1 inp vdd10 pchp1
m2 int1 inp vss nchp1
m3 int2 int1 vdd10 pchp1
m4 int2 int1 vss nchp1
m5 inp int2 vdd10 pchp1
m6 inp int2 vss nchp1
c1 inp vss 1e-11
c2 int1 vss 1e-11
c3 int2 vss 1e-11
m1 int21 inp2 vdd pch
m2 int21 inp2 vss nch
m3 int22 int21 vdd pch
m4 int22 int21 vss nch
m5 inp2 int22 vdd pch
m6 inp2 int22 vss nch
c1 inp2 vss 1e-14
c2 int21 vss 1e-14
c3 int22 vss 1e-14
.plot v(inp) v(inp2)
.ic v(inp2)=0.45 v(int21)=0.45 v(int22)=0.45
 .options reltol=1e-3 vabstol=1e-3 iabstol=1e-3 deltaT=1e-10
MaxSimTime=1e-7 GlobalTruncation=True MaxTimeStep=1e-1End
```

netlist 5.12

同时使用全局和点局部设置运行该电路，其结果如图 5-30 所示。从图中可以看出，在低电压振荡器中，点局部设置使得振荡速度比全局情况下快得多，全局情况下振荡仍在其直流工作点上。

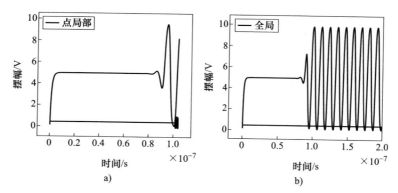

图 5-30　模拟多电压级电路的全局和点局部设置：a）点局部设置更关注小电压，因此低压振荡器可以更快地启动；b）全局情况下，低电压动作被忽略

这个例子只是为了演示，低电压电路很容易使振荡向其他方向移动。事实上，这两种设置之间的区别在更大规模的电路中更加显著，但这超过了所使用的仿真器的能力。

对于牛顿－拉夫森迭代的残差准则，一些仿真器中也存在这些局部和全局的准则，对跳变的容忍度较低。对于这些迭代，应该使用全局标准。

5.4.3.2　全局截断误差

上一节研究了跨区域 MOS 管模型以及常见的电路拓扑，并得出了一些需要精确模型的结论。用截断差分方式逼近微分方程近似的误差主要可以分为两类：局部截断误差和全局截断误差。本小节更加详细地讨论全局截断误差效应。

例如，在数字系统中，反相器的输出有误差。随着时间的推移，它将很快地返回到接地端或供电端。这些类型的电路对误差非常不敏感。另外，考虑 LC 振荡器，在零点处引入误差，在图 5-31 中可以看到与未受干扰的仿真相比的结果差异。

误差发生在过零点处，导致相位随时间的偏移。这个误差将永远存在。在真实电路中，零点处噪声的引入会造成相位噪声（见文献 [23]）。

现在考虑驱动电路的误差（例如放大器），用随

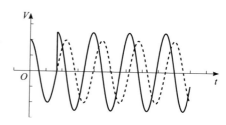

图 5-31　振荡器相位误差，误差将无限延续

后的 Python 代码在零点处输入干扰。如图 5-32 的驱动信号所示，误差将随时间消失。

本节已经了解两个误差消失程度不同的例子。根据环境以及所涉及的时间常数，全局截断误差可能会随时间消失，也可能不会消失。显然，全局截断误差是难以预测的。第 6 章将提到一种实用的方法，通过改变精度要求或时间步长来了解全局截断误差的大小。

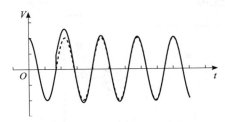

图 5-32 放大器步进误差，在驱动信号的作用下，在某个时间点的误差将随时间消散

5.4.3.3 辅助收敛的伪瞬态方法

基于最后的瞬态代码，本节研究实现收敛的伪瞬态（ptran）方法。如图 5-10 所示，根据下拉电阻及它们连接输出的位置不同，源步进相应会改变，直流电源步进有三种不同的可能结果。本节将关注相同的电路，但会模拟一个伪瞬态解，将一个电感与电源电压串联，并使用两个电容将反相器输出分流到地（见图 5-33）。本节将对此进行长"伪"时间的仿真，观察解的变化。重要的是，仿真将保留上拉 / 下拉电阻。电感 L 和电容 C 会形成一个谐振块，并有可能发生某种振荡。随着时间的推移，电阻提供的损耗将使振荡停止。很明显，在实践中有很多方法可以做到这一点，而且这种类型的振荡对于算法实现来说是很困难的，有已经开发的阻尼版本，通常被称为 dptran 方法。此处不再深入讨论这个问题，但注意在示例添加电阻提供所需的阻尼。

```
Netlist
. *
vdd vdd1 0 1
vss vss 0 0
mn1 out in vss nch
mp1 out in vdd pch
mn2 in out vss nch
mp2 in out vdd pch
r1 in vdd 1000000
r2 out vdd 1000000
l1 vdd1 vdd 1e-12
c1 in vss 1e-13
c2 out vss 1e-13
End
```
netlist 5.13

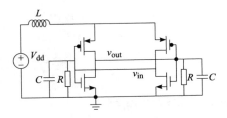

图 5-33 通过增加电感和电容演示 ptran 电路，注意电感的初始条件下两端电压差为 0，即 PMOS 源端的电压为电源电压

结果如图 5-34 所示，其收敛相对容易。对于前文中研究的源步进情况，可以发现一些初始条件下存在严重的收敛问题，在这些情况下使用电阻稀疏地连接节点，并使用 ptran，可以看到在相同的稳定工作点收敛问题减少。在实际操作中，这种情况也经常发生在较大的电路中；ptran 方法和其同类型的阻尼 ptran 或 dptran，有更好的收敛性。本节不应该从这些相对简单的例子中得出过于深邃的结论，但是所讨论的结果确实类似于日常工程开发中可能发生的情况。

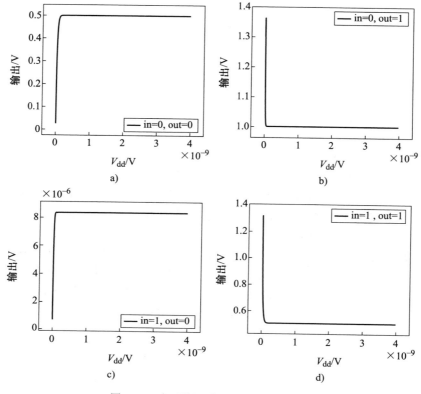

图 5-34　在"伪"时间内电路仿真结果

5.4.4　非线性电容

前一节描述了如何处理非线性有源器件，本节将讨论非线性电容。该元件自然存在，在第 2 章中可以看到，其中 MOSFET 的栅极电容随着栅极电压以非线性方式变化，因此需要关注如何处理此类元件。第 2 章及第 4 章中的电容行为是由微分方程控制的，为了方便计算，这些方程需要用差分方程近似，从而造成了精度上的问题。如果现在将电容本身的非线性响应类比为电压的函数，问题会变得更加糟糕。本节将解释该问题，并展示仿真器处理它的多种方法。

非线性电容与电荷守恒

此处对该问题的起源做简单的论证，在文献 [4] 中可以找到更加详细的论述，其解释如下。

连接一个 1pF 的线性电容到电压源，假设电压源在一个时间步长内从 0 变化到 1mV，然后在下一个时间步长内回到 0。此处假设两个时间步长均为 1ps，第一步计算的电流为 $i=C\mathrm{d}V/\mathrm{d}t=10^{-12}\times10^{-3}/10^{-12}=1\mathrm{mA}$，电荷为 $Q=CU=1\mathrm{fC}$。在下一个时间步长内，电荷是相反的，因此对于线性电容器，不存在电荷守恒问题。

考虑一个非线性电容器，在 0V 时电容为 1pF，在 1mV 时电容为 1.1pF。然后和线性电容器一样，初始时间步长的电荷为 1fC，但下一个时间步长的电荷为 1.1fC。因此，时间步长序列的净电荷为 –0.1fC。可以用更小的时间步长来减少累积的误差从而解决该问题。但这样无法完全地消除误差，除非准确地知道所有的导数，但这已超出了本书的范围（见文献 [4]）。

如何处理这类复杂问题呢？通过基于电荷的模型来研究这个例子，例如电荷 $q(v) = Cv + Dv^2$。对于电容电流，$i(t) = [q(t_1) - q(t_0)]/\Delta t$，可以计算得到

$$i(t_1) = 1.05\text{mA}$$
$$\Delta q(t_1) = 1.05\text{fC}$$
$$i(t_2) = -1.05\text{mA}$$
$$\Delta q(t_2) = -1.05\text{fC}$$

很明显，电荷会保持不变，因为电荷的代数表达式是不变的。重点在于，由于电荷是直接计算的，因此电荷会守恒。

请读者在自己的仿真器中验证守恒律。针对非线性电容，验证它是一个电荷守恒的仿真器还是一个电压守恒的仿真器。

更公式化地，在牛顿–拉夫森公式中使用电荷公式，可以得到

$$i(v) = \frac{\partial q}{\partial t} \rightarrow i_{n+1} \approx \frac{q(u_{n+1}) - q(u_n)}{\Delta t} = g(u_{n+1}) \tag{5-26}$$

首先，需要了解电容上的电荷如何依赖于电压，$q(u) \approx C(u)u$。此处可以像子例程调用一样使用稀疏表分析非线性函数：

```
def charge(V1, V2, deltaT)
    V=V1-V2
    C=some function of V
    return C*V
```

其次，需要将响应线性化并加入雅可比矩阵，就像非线性晶体管那样。根据定义可以得到

$$\frac{\partial q}{\partial u} = C(u) \rightarrow \frac{\partial g}{\partial u} = \frac{C(u)}{\Delta t} \tag{5-27}$$

然后，可以发现下一个牛顿步骤 $k+1$ 中电流 i 和电压 v 的关系为

$$i = g(u_{n+1}) \approx g(u_{n+1}^k) + \frac{\partial g}{\partial u}(u - u_n) = \frac{q(u_{n+1}^k) - q(u_n)}{\Delta t} + \frac{C(u_{n+1}^k)}{\Delta t}(u - u_n)$$

在后向欧拉公式中，可以得到，前一个时间步长中已知的电压应该保持在稀疏表分析系统的右侧，并且对于矩阵本身存在剩余的项。

Python 实现如下所示：

```
i=(q(sol[])-q(solold[]))/deltaT
```

对于稀疏表分析非线性项以及雅可比矩阵计算为

```
STA_rhs=(q[sol]-q[solold])/deltaT-C(u[sol])solold[]/deltaT
Jacobian[][]=C(u[sol])/deltaT
```

本节将该算法的 Python 版本留给读者实现，并在练习中验证电荷守恒。

5.4.5 断点

假设存在一个电路，其激励是某种阶跃函数或者时间相关的分段线性函数。激励可以是电压，也可以是电流。在特定时间点，激励会发生变化，这些点会包含在仿真中（见图 5-35）。例如，

```
Vpwl nodea nodeb    {0ps, 0V} {100ps,1V} (120ps,1V) (150ps,0}
```

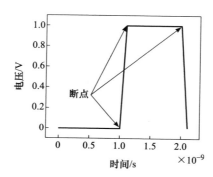

图 5-35　分段线性（pwl）函数的断点

时间-电压坐标在特定的电压值对应特定的时间。如果两个连续的点具有不同的电压，中间电压变化过程将为一个线性斜坡。时间点 0ps、100ps、120ps 和 150ps 被称为断点。它只是意味着仿真器在处理电路时必须包含这些时间点，在网表中搜索包含在时间点集合中的断点。在真实情况下，仿真器将检查某个特定的时间步长是否覆盖了断点。如果是，则需要调整步长，使其正好显示在断点处。在所提出的简单仿真器中，代码如下所示：

```
If time+deltaT > NextBreakPoint
  deltaT=NextBreakPoint-time
  BreakPointUsed
If timestepAccepted and BreakPointUsed
  NextBreakPoint=FindNextBreakPoint[NextBreakPoint]
```

在代码示例中，本节将该函数留给读者实现。

由于仿真器知道在该情况下何时发生何事，它可以预先采取措施。仿真器通常在这些时间步长附近使用后向欧拉法来避免梯形振铃效应。在 4.6 节中，欧拉方法具有特定的耗散能量并抑制振荡的虚电阻。因此，采用这种方案时，可以存在一定的初始边沿率退化。

5.4.6 瞬态精度

瞬态仿真的精度由许多不同的条件决定：

- 电路本身会放大误差或者误差会随着时间的变化而消失。
- reltol，相对公差参数。
- $v_{n,max}$ 是全局还是局部确定的。

实际使用的仿真器应该提供大量确定精度的数据，用户应该确保了解仿真器的操作。

最后，传统的确定性检验是在公差缩小后再次运行仿真，并比较最终结果，其差异应小于误差的可容忍范围。

5.5　周期稳态求解器

到目前为止，所展示的情况涉及 SPICE 的早期开发描述及算法，这些描述和算法在现如今的工程团队中可能仍然是最常用的。在 20 世纪 70 年代早期，人们开始考虑这样一种情况：电路处于稳定状态，所有的初始瞬态均消失。如何仿真这种情况？如果考虑驱动电路存在一些非线性元件，这些元件会产生谐波，在稳定状态下，所有的电流和电压都只包含这个谐波。然后，可以将未知的量表述为未知的相位和所有这些谐波的量。事实上，这些方程可以用谐波基表示。简而言之，这就是谐波平衡法的工作原理。某些情况需要合并大量的谐波，特别是在使用理想电压源快速上升 – 下降时。知名的吉布斯（Gibbs）现象不断得到证实，而其解的傅里叶反变换（即时域）较为奇特。我们可以使用所谓的打靶法。首先尝试对每个节点的变化率进行初始预测，跟踪一段时间的变化，然后利用算法检查结束条件是否与初始的猜测相同。如果相同，则找到一个周期解；如果不同，则再次尝试，5.5.1 节将讨论这种方法。毫无疑问，打靶法看起来十分清晰明了，但是其收敛难度要大得多，尤其是对于大型电路来说。本节将讨论这些细节。

和前面一样，本节将讨论 Python 代码的基本实现。

5.5.1　打靶法

目前有两种通用的方法来实现稳态求解器。本节将讨论什么是打靶法，其基本思想是，如果电路是周期性的，则响应应该在一个基本周期后重复。在 5.4 节中看到的其他时间仿真器被称为初值求解器，从直流推断的工作点开始，在时间上进行模拟。打靶法有不同的假设。这里假设信号在时间上具有用户定义的周期 T。在周期开始和结束，所有信号不仅有相同的值，即 $v_n(0) = v_n(T)$，而且还有相同的曲率，使得 $v_n(t) = v_n(t+T)$，此处在时间维度上讨论边界问题。打靶法以一种特殊的方式利用了这一点。这里不会深入地讨论数学推导（见第 7 章和文献 [1，3]）。相反，本节将提供理论基础。

和之前一样，存在限制方程

$$f(v(t)) = i(v(t)) + \dot{q}(v(t)) + u = 0 \tag{5-28}$$

打靶法的基本思想是对于一个周期系统 f，系统应该在时间 T 之后回到相同的状态。从某种意义上说，打靶法就是找到一个正确的初始条件，可以有很多正确的初始条件。此处通过一个没有电容的电路来更好地理解该方法，使用固定时间步长运行图 5-1 中的放大器，用电压源替换电阻输入偏置。

```
...
vinp inp 0 sin(0.5 0.45 1e9 0 0)
vinn inn 0 sin(0.5 0.45 1e9 0.5e-9 0)
...
```

表 5-19 比较了初始状态和最终状态。显然初始状态不正确。但是此处简单地使用下面的初始状态，表 5-19 中反映了最终状态。再次仿真，可以得到表 5-20 中的结果。

表5-19 初始状态为0时，谐波周期内电压的初态和终态

电压节点	初始状态 /V	最终状态 /V
inp	0	0.5
inn	0	0.5
outp	0	0.85
outn	0	0.85
vs	0	−0.2075

表5-20 特定的初始条件下，谐波周期内电压的初态和终态

电压节点	初始状态 /V	最终状态 /V
inp	0.5	0.5
inn	0.5	0.5
outp	0.85	0.85
outn	0.85	0.85
vs	−0.2075	−0.2075

可以看到完美的一致，这是因为在网表中没有电感，所以电路不存在记忆，每个时间点只取决于电路本身。

现在将电容加到输出端，使情况复杂化。

```
...
c1 vdd outp 3e-12
c2 vdd outn 3e-12
...
```

通过同样的迭代，结果展示在表 5-21 中。

表5-21 负载带电容时的初态和终态（未在表中显示所有初始状态设置）

电压节点	初始状态 /V	最终状态 /V
inp	0.5	0.5
inn	0.5	0.5
outp	0.830 08	0.827 56
outn	0.873 54	0.872 57
vs	−0.207 503	0.207 503

可以看出，终态和初态并不是在同一个点，即初始瞬态仍然没有消失，并且可以通过更长的时间仿真出或者迭代出所概述的过程，并找到正确的初始条件和周期解。这类迭代可以系统化，接下来对此进行讨论。

想象一下系统响应应该是什么样的，并且这里已经很接近了，可以得出 $f(\tilde{v}(t)) \approx f(\tilde{v}(t+T))$。显然，最终状态取决于初始状态，与前面例子中相同。如果现在扰动近似解 $v(t) = v(t) + \delta v$，可以再次应用熟悉的牛顿－拉夫森公式，能够计算出从初始状态到最终状态的传递函数。此处将专门讨论电容的情况，并将电感的情况留给读者练习。

初始状态的变化可描述为（详见第 7 章）

$$\Delta v_i(t) = \left[\boldsymbol{I} - \boldsymbol{J}_{\varphi,ij}(T) \right]^{-1} \left[-v_i(t) + v_i(t+T) \right] \tag{5-29}$$

式中，

$$\boldsymbol{J}_{\varphi,ij}(T) = \frac{\partial \boldsymbol{v}_N}{\partial \boldsymbol{v}_0} = \frac{\partial \boldsymbol{v}_N}{\partial \boldsymbol{v}_{N-1}} \frac{\partial \boldsymbol{v}_{N-1}}{\partial \boldsymbol{v}_{N-2}} \cdots \frac{\partial \boldsymbol{v}_1}{\partial \boldsymbol{v}_0} \frac{\partial \boldsymbol{v}_0}{\partial \boldsymbol{v}_0}$$

该式为所需的传递函数。在这里，下标表示时间步长序号，所以为了得到时间步长 N，需要了解时间步长 1 如何依赖时间步长 0，时间步长 2 如何依赖时间步长 1，以此类推。第 7 章表明，对于网表中存在电容的情况，该雅可比矩阵可以按照时间步长 n 计算，为

$$\frac{\partial \boldsymbol{v}(t_n)}{\partial \boldsymbol{v}_0} = \frac{1}{\Delta t} \boldsymbol{J}_f^{-1} \frac{\partial \boldsymbol{q}(\boldsymbol{v}(t_{n-1}))}{\partial \boldsymbol{v}(t_{n-1})} \frac{\partial \boldsymbol{v}(t_{n-1})}{\partial \boldsymbol{v}_0}$$

式中，

$$\boldsymbol{J}_f = \frac{\partial \boldsymbol{i}(\boldsymbol{v}(t_n))}{\partial \boldsymbol{v}(t_n)} + \frac{1}{\Delta t} \frac{\partial \boldsymbol{q}(\boldsymbol{v}(t_n))}{\partial \boldsymbol{v}(t_n)}$$

该式为 5.2 节和 5.4 节中的常见网表雅可比矩阵。换句话说，随着时间的推移，可以计算出雅可比矩阵 $\boldsymbol{J}_{\varphi}$。

这可能看起来很复杂，但是此处再考虑一个没有电容或电感的无记忆电路的例子。因为在特定时间点的所有信号仅依赖同一时间点的驱动源，显然 $\boldsymbol{J}_{\varphi,ij} \equiv 0$，并且如果在这个时间点用直流求解器求解电路，可以得到 $v_i(t) = v_i(t+T)$，随后可推导出 $\Delta v_i(t) = 0$。这与示例电路中得出的结论相同。

总体的思路很简单。从瞬态仿真或大胆猜测中得到，仿真从 $t=0$ 时的某个初始状态开始；之后，一步步计算所有的时间步长，直到 $t=T$，其计算过程均为雅可比矩阵。当到达最终状态时，使用牛顿－拉夫森法和式（5-29）来计算新的初始状态并重新计算。

现在考虑算法实现。代码 5.7 为使用电容作为动态元件的打靶法实现，可以将这段代码应用到图 5-1 中的例子，该例子将电容 C_1、C_2 添加到输入，并找到网表

```
*
vdd vdd 0 0.9
vss vss 0 0
vinp in1 0 sin(0 1.95 1e9 0 0)
vinn in2 0 sin(0 1.95 1e9 0.5e-9 0)
r1 vdd inp 100
```

```
r2 inp vss 100
r3 vdd inn 100
r4 inn vss 100
r5 vdd outp 100
r6 vdd outn 100
c1 in1 inp 1e-11
c2 in2 inn 1e-11
c3 vdd outp 1e-12
c4 vdd outn 1e-12
i1 vs vss 1e-3
m1 outn inp vs nch1
m2 outp inn vs nch1
.plot v(outp) v(outn)
netlist 5.14
```

其结果如图 5-36 所示，可以看到算法在几次迭代后就收敛了。

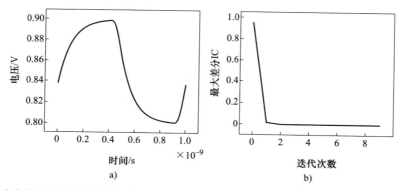

图 5-36 稳态仿真器的打靶法求解输出：a）网表的输出波形；b）初始状态的最大差分作为迭代次数的函数。对于这个简单例子，其代码收敛得非常快

多音模拟

上文所验证的示例代码只包含一个信号，原则上可以实现任意数量的信号，只需要跟踪它们之间的拍频，并将其用作基本谐波。例如，有一个信号，其频率为 2GHz，另一个信号频率为 3GHz。以 2GHz 为基频不会捕捉 3GHz 信号及其谐波，使用 3GHz 信号也是如此。如果替换为拍频，这种情况下使用 1GHz 的信号，那么显然所有的谐波和谐波的交叉耦合信号都可以使用，该部分留给读者在练习中实现。

5.5.2 谐波平衡法

谐波平衡法是一种通过在频率空间而不是时间内工作来找到电路稳态的方法。有一个由某一频率信号驱动的电路，如果电路是线性的，那么所有的节点将包含这个频率和直流。这只是一个相位和幅值的问题。正常的拓扑结构约束，即基尔霍夫电流定律，也可以应用于频率空间。若电路是非线性的，根据基本理论，基频的谐波也会出现。这是谐波平衡法的基础，各种算法背后的想法是确定所有元器件电流和节点电压的谐波集，包括幅值和相位。在这里，我们将通过基本理论，不使用太多的公式化表达，简单地介绍其内部工作原理。然后，像之前一样，在 Python 代码中实现。

当在频率空间工作时，傅里叶变换定义为

$$H(f) = \frac{1}{T} \int_{-\infty}^{\infty} h(t) e^{-j\omega t} dt \tag{5-30}$$

式中，$\omega = 2\pi f$，T 是定义积分的周期。此外，我们将使用正负频率。对于实值函数 $h(t)$，下列性质很容易证明：

$$H(f) = H^*(-f) \tag{5-31}$$

式中，* 表示复共轭。以这种方式进行计算要容易得多。对于仿真器来说，使用离散傅里叶变换：

$$H(f) = \int_0^T h(t) e^{-\frac{j2\pi nt}{T}} dt \, \delta\left(f - \frac{n}{T}\right), \quad 0 < n < \frac{T}{2T_s}$$

式中，T 是信号周期，T_s 是采样周期。一些仿真器通常可以通过采样率或类似参数来控制采样时间步长。人们可以利用这一点来对信号进行过采样，以提高精度。

第 7 章将展示谐波平衡方程更正式的推导。这里只简单地说明对网络方程 $f(v_k) = 0$ 进行傅里叶变换得到

$$F(V) = I(V) + \Omega Q(V) + U \tag{5-32}$$

这里，大写的 V 表示每个节点处电压的傅里叶系数。

定义雅可比系数为

$$J_{ij} = \frac{\partial F_i}{\partial V_j} \tag{5-33}$$

得到

$$J(V) = \frac{\partial I(V)}{\partial V} + \Omega \frac{\partial Q(V)}{\partial V} \tag{5-34}$$

应用牛顿 – 拉夫森算法进行迭代：

$$V^{j+1} = V^{(j)} - J^{-1}(V^{(j)}) F(V^{(j)}) \tag{5-35}$$

矩阵 J 被称为谐波雅可比矩阵或转换矩阵。它表示某些节点 j 处的傅里叶分量是如何与节点 i 处的另一傅里叶分量耦合的。每个电路节点都包含一组傅里叶矢量分量，注意这里使用了复合嵌套的矩阵，它们与其他节点的傅里叶分量相耦合。所以现在的程序与在时间域情况下的程序非常相似。我们设置了矩阵 F 和 J，并依照它们进行迭代。由 U 设置的边界条件有固定分量，我们可以轻松地迭代到正确的解。我们确实有很多的变量；每个节点有 k 个傅里叶分量，但一旦迭代至收敛，迭代过程就完成了。但在时域中不得不继续迭代，由此在谐波平衡法中付出的代价是：矩阵要大得多，但只解一次。

现在来看一下器件模型中的一些例子。我们将从晶体管模型 1 开始，因为它不仅模型简单，而且对设置基本矩阵 F 和 J 的步骤进行了说明，可以发现

$$i(t) = K[v_g(t) - v_s(t)]^2 \qquad (5\text{-}36)$$

若要计算频率空间中的雅可比矩阵，需要先进行傅里叶变换：

$$i(t) = \sum_{k=1-K}^{K-1} I_k e^{j2\pi k \frac{t}{T}} \qquad (5\text{-}37)$$

$$I_k = \frac{1}{T} \sum_{n=0}^{N-1} i(n\tau) e^{-j2\pi k \frac{n\tau}{T}} \qquad (5\text{-}38)$$

现在可以看到

$$\frac{\partial I_k}{\partial V_l^g} = \frac{1}{T} \sum_{n=0}^{N} \frac{\partial i(t)}{\partial V_l^g} e^{-j2\pi k \frac{n\tau}{T}} = \frac{1}{T} \sum_{n=0}^{N} \frac{\partial i(t)}{\partial v_g} \frac{\partial v_g}{\partial V_l^g} e^{-j2\pi k \frac{n\tau}{T}} \qquad (5\text{-}39)$$

有

$$v_g(t) = \sum_{k=1-K}^{K-1} V_k^g e^{j2\pi k \frac{t}{T}} \rightarrow \frac{\partial v_g}{\partial V_l^g} = e^{j2\pi l \frac{t}{T}} \qquad (5\text{-}40)$$

对 v_s 也是如此：

$$v_s(t) = \sum_{k=1-K}^{K-1} V_k^s e^{j2\pi k \frac{t}{T}} \rightarrow \frac{\partial v_s}{\partial V_l^s} = e^{j2\pi l \frac{t}{T}} \qquad (5\text{-}41)$$

导数项很简单：

$$\frac{\partial i(t)}{\partial v_g} = 2K[v_g(t) - v_s(t)], \quad \frac{\partial i(t)}{\partial v_s} = -2K[v_g(t) - v_s(t)] \qquad (5\text{-}42)$$

整合上述式子，得到

$$\begin{aligned}\frac{\partial I_k}{\partial V_l^g} &= \frac{1}{T} \sum_{n=0}^{N} \frac{\partial i(n\tau)}{\partial v_g} \frac{\partial v_g}{\partial V_l^g} e^{-j2\pi k \frac{n\tau}{T}} = \frac{1}{T} \sum_{n=0}^{N} \frac{\partial i(n\tau)}{\partial v_g} e^{j2\pi l \frac{n\tau}{T}} e^{-j2\pi k \frac{n\tau}{T}} \\ &= \frac{1}{T} \sum_{n=0}^{N} \frac{\partial i(n\tau)}{\partial v_g} e^{j2\pi(l-k)\frac{n\tau}{T}} \\ &= \sum_{n=0}^{N} 2K[v_g(n\tau) - v_s(n\tau)] e^{j2\pi(l-k)\frac{n\tau}{T}} \end{aligned} \qquad (5\text{-}43)$$

同样，对于另一个电压，有

$$\frac{\partial I_k}{\partial V_l^s} = J_{l-k} = \frac{1}{T} \sum_{n=0}^{N} \frac{\partial i(n\tau)}{\partial v_s} e^{j2\pi(l-k)\frac{n\tau}{T}} \qquad (5\text{-}44)$$

在这两种情况下，一般来说不难看出，雅可比矩阵很像某个函数时间导数的傅里叶变换。同样要注意的是下标之间的差值，即 $l-k$。在矩阵形式中，有

$$\boldsymbol{J} = \begin{pmatrix} \dfrac{\partial I_{1-K}}{\partial V_{1-K}^s} & \cdots & \dfrac{\partial I_{1-K}}{\partial V_{K-1}^s} \\ \vdots & \ddots & \vdots \\ \dfrac{\partial I_{K-1}}{\partial V_{1-K}^s} & \cdots & \dfrac{\partial I_{K-1}}{\partial V_{K-1}^s} \end{pmatrix} \qquad (5\text{-}45)$$

对于 $K=3$ 的情况，有

$$
\begin{pmatrix}
\dfrac{\partial I_{-2}}{\partial V_{-2}^{s}} & \dfrac{\partial I_{-2}}{\partial V_{-1}^{s}} & \dfrac{\partial I_{-2}}{\partial V_{0}^{s}} & \dfrac{\partial I_{-2}}{\partial V_{1}^{s}} & \dfrac{\partial I_{-2}}{\partial V_{2}^{s}} \\[2mm]
\dfrac{\partial I_{-1}}{\partial V_{-2}^{s}} & \dfrac{\partial I_{-1}}{\partial V_{-1}^{s}} & \dfrac{\partial I_{-1}}{\partial V_{0}^{s}} & \dfrac{\partial I_{-1}}{\partial V_{1}^{s}} & \dfrac{\partial I_{-1}}{\partial V_{2}^{s}} \\[2mm]
\dfrac{\partial I_{0}}{\partial V_{-2}^{s}} & \dfrac{\partial I_{0}}{\partial V_{-1}^{s}} & \dfrac{\partial I_{0}}{\partial V_{0}^{s}} & \dfrac{\partial I_{0}}{\partial V_{1}^{s}} & \dfrac{\partial I_{0}}{\partial V_{2}^{s}} \\[2mm]
\dfrac{\partial I_{1}}{\partial V_{-2}^{s}} & \dfrac{\partial I_{1}}{\partial V_{-1}^{s}} & \dfrac{\partial I_{1}}{\partial V_{0}^{s}} & \dfrac{\partial I_{1}}{\partial V_{1}^{s}} & \dfrac{\partial I_{1}}{\partial V_{2}^{s}} \\[2mm]
\dfrac{\partial I_{2}}{\partial V_{-2}^{s}} & \dfrac{\partial I_{2}}{\partial V_{-1}^{s}} & \dfrac{\partial I_{2}}{\partial V_{0}^{s}} & \dfrac{\partial I_{2}}{\partial V_{1}^{s}} & \dfrac{\partial I_{2}}{\partial V_{2}^{s}}
\end{pmatrix}
$$

这些项只是傅里叶变换的组成部分，一旦得到了它们，就得到了雅可比矩阵。考虑积分（或离散傅里叶变换的离散和）：

$$
\frac{1}{T}\sum_{n=0}^{N}\frac{\partial i(n\tau)}{\partial v_{s}}\mathrm{e}^{\mathrm{j}2\pi(l-k)\frac{n\tau}{T}} \tag{5-46}
$$

上面的和是两个函数 $\dfrac{\partial i(n\tau)}{\partial v_{s}}$ 和 $\mathrm{e}^{\mathrm{j}2\pi(l-k)\frac{n\tau}{T}}$ 乘积后的和，除非两个函数的频率相同，否则该和始终为零。这是因为函数只能由基波的谐波组成，并且在基波谐波周期内积分。特别是在 $\dfrac{\partial i(n\tau)}{\partial v_{s}}=C$ 为常数的情况下，唯一的非零分量是 $l=k$ 项，矩阵简化为

$$
\boldsymbol{J}=\begin{pmatrix}
J_{0} & \cdots & 0 \\
\vdots & \ddots & \vdots \\
0 & \cdots & J_{0}
\end{pmatrix} \tag{5-47}
$$

可以看到，傅里叶分量之间没有耦合，因为所有非对角元素都为零。对于导数 $\dfrac{\partial i(n\tau)}{\partial v_{s}}\neq C$ 的情况，将存在非对角项，因此谐波之间存在耦合。假设

$$
\frac{\partial i(n\tau)}{\partial v_{s}}=\mathrm{e}^{-\mathrm{j}\frac{2\pi m}{T}t}=\mathrm{e}^{-\mathrm{j}\omega_{m}t} \tag{5-48}
$$

$$
J_{l-k}=\frac{1}{T}\sum_{n=0}^{N}\mathrm{e}^{-\mathrm{j}\omega_{m}n\tau}\mathrm{e}^{\mathrm{j}2\pi(l-k)\frac{n\tau}{T}} \tag{5-49}
$$

当 $l-k=\pm m$ 时，只有非零矩阵分量：

$$
\boldsymbol{J}=\begin{pmatrix}
0\cdots & J_{m} & \cdots & 0 \\
J_{-m} & 0 & & J_{m} \\
0\cdots & J_{-m} & \cdots & 0
\end{pmatrix} \tag{5-50}
$$

可以看到，从 $1-K+m$ 分量中得到了 $1-K$ 分量的贡献，这从三角关系中也可以明显看出：

$$\sin(l-k+m)\frac{2\pi}{T}\sin m\frac{2\pi}{T}=\frac{1}{2}\left[\cos(l-k+2m)\frac{2\pi}{T}+\cos(l-k)\frac{2\pi}{T}\right] \quad (5\text{-}51)$$

很明显，当谐波从 $1-K$ 限制到 $K-1$ 时，所做的基本近似是忽略由超出该范围的项所产生的谐波。这将导致收敛问题，因为只是在尝试解决所有谐波的一个子集。这就是为什么必须包含足够多的谐波，这些谐波至少要覆盖系统最大带宽的几倍。

> 重要的是要包含足够的谐波，要至少覆盖系统最大带宽的几倍，从而最大化地减少收敛问题。

现在，线性电阻的情况显而易见：

$$\frac{\partial i}{\partial v}=\frac{1}{R}\rightarrow J_0=\frac{1}{T}\sum_{n=0}^{N}\frac{\partial i(n\tau)}{\partial v_s}\mathrm{e}^{\mathrm{j}2\pi(l-k)\frac{n\tau}{T}}=\frac{1}{T}\sum_{n=0}^{N}\frac{1}{R}=\frac{1}{R} \quad (5\text{-}52)$$

对于线性电容，可得

$$i=C\frac{\partial u}{\partial t}=C\sum_{k=1-K}^{K-1}\mathrm{j}\omega_k V_k^C\mathrm{e}^{\mathrm{j}\omega_k t}=\sum_{k=1-K}^{K-1}I_k^C\mathrm{e}^{\mathrm{j}\omega_k t} \quad (5\text{-}53)$$

式中，

$$I_k^C=C\mathrm{j}\omega_k V_k^C \quad (5\text{-}54)$$

因此，有

$$\frac{\partial I_k}{\partial V_l}=C\mathrm{j}\omega_k\delta(k-l) \quad (5\text{-}55)$$

最后，对于线性电感，有

$$u=L\frac{\partial i}{\partial t}=L\sum_{k=1-K}^{K-1}\mathrm{j}\omega_k I_k^L\mathrm{e}^{\mathrm{j}\omega_k t}=\sum_{k=1-K}^{K-1}V_k^L\mathrm{e}^{\mathrm{j}\omega_k t} \quad (5\text{-}56)$$

和电容一样，得到

$$V_k^L=L\mathrm{j}\omega_k I_k^L \quad (5\text{-}57)$$

和

$$\frac{\partial I_k}{\partial V_l}=\frac{1}{L\mathrm{j}\omega_k}\delta(k-l) \quad (5\text{-}58)$$

在这里看到，任何电压都会导致一个无限大的电流流过电感，所以在直流时会出现发散。需要特别注意的是，电感上的任何直流电压都为零。

在稀疏表分析矩阵的描述中，回顾前面的电阻特征：

$$\begin{matrix}v_a\\v_b\\\vdots\\i_R\end{matrix}\begin{pmatrix}&&&-1\\&&&+1\\&&&\vdots\\-1&+1&\cdots&-R\end{pmatrix} \quad (5\text{-}59)$$

在谐波平衡公式中，我们只需要将数字替换为与所涉及的谐波相对应的对角线矩阵。例如，在三次谐波情况下，结果为

$$
\begin{matrix}
v_a \\
\\
v_b \\
\\
\vdots \\
i_R
\end{matrix}
\left(
\begin{array}{cccc}
& & & \begin{pmatrix} -1 & 0 & 0 \\ 0 & -1 & 0 \\ 0 & 0 & -1 \end{pmatrix} \\
& & & \begin{pmatrix} +1 & 0 & 0 \\ 0 & +1 & 0 \\ 0 & 0 & +1 \end{pmatrix} \\
& & & \vdots \\
\begin{pmatrix} -1 & 0 & 0 \\ 0 & -1 & 0 \\ 0 & 0 & -1 \end{pmatrix} & \begin{pmatrix} 1 & 0 & 0 \\ 0 & 1 & 0 \\ 0 & 0 & 1 \end{pmatrix} & \cdots & \begin{pmatrix} -R & 0 & 0 \\ 0 & -R & 0 \\ 0 & 0 & -R \end{pmatrix}
\end{array}
\right)
\tag{5-60}
$$

由于电阻在这里是一个线性元件，因此每个谐波只与自身相互作用，这一点从矩阵特征中可以清楚地看出。

对于电感，可以得到

$$
\begin{matrix}
& v_a & v_b & i_L \\
v_a \\
v_b \\
i_L
\end{matrix}
\left(
\begin{array}{ccc}
& & -1 \\
& & +1 \\
+1 & -1 & -L
\end{array}
\right)
\tag{5-61}
$$

$$
\begin{matrix}
v_a \\
\\
v_b \\
\\
\vdots \\
i_R
\end{matrix}
\left(
\begin{array}{cccc}
& & & \begin{pmatrix} -1 & 0 & 0 \\ 0 & -1 & 0 \\ 0 & 0 & -1 \end{pmatrix} \\
& & & \begin{pmatrix} +1 & 0 & 0 \\ 0 & +1 & 0 \\ 0 & 0 & +1 \end{pmatrix} \\
& & & \vdots \\
\begin{pmatrix} -1 & 0 & 0 \\ 0 & -1 & 0 \\ 0 & 0 & -1 \end{pmatrix} & \begin{pmatrix} 1 & 0 & 0 \\ 0 & 1 & 0 \\ 0 & 0 & 1 \end{pmatrix} & \cdots & \begin{pmatrix} -j\omega_{-1}L & 0 & 0 \\ 0 & -j\omega_0 L & 0 \\ 0 & 0 & -j\omega_1 L \end{pmatrix}
\end{array}
\right)
\tag{5-62}
$$

线性电容为

$$
\begin{matrix}
& v_a & v_b & i_C \\
v_a \\
v_b \\
i_C
\end{matrix}
\left(
\begin{array}{ccc}
& & -1 \\
& & +1 \\
+C & -C & -1
\end{array}
\right)
\tag{5-63}
$$

$$
\begin{array}{c}
v_a \\[20pt]
v_b \\[20pt]
\vdots \\[10pt]
i_R
\end{array}
\left(
\begin{array}{cccccc}
 & & & & \begin{pmatrix} -1 & 0 & 0 \\ 0 & -1 & 0 \\ 0 & 0 & -1 \end{pmatrix} \\[20pt]
 & & & & \begin{pmatrix} +1 & 0 & 0 \\ 0 & +1 & 0 \\ 0 & 0 & +1 \end{pmatrix} \\[20pt]
 & & & & \vdots \\[10pt]
\begin{pmatrix} j\omega_{-1}C & 0 & 0 \\ 0 & j\omega_0 C & 0 \\ 0 & 0 & j\omega_1 C \end{pmatrix} & \begin{pmatrix} -j\omega_{-1}C & 0 & 0 \\ 0 & -j\omega_0 C & 0 \\ 0 & 0 & -j\omega_1 C \end{pmatrix} & \cdots & \begin{pmatrix} -1 & 0 & 0 \\ 0 & -1 & 0 \\ 0 & 0 & -1 \end{pmatrix}
\end{array}
\right)
\tag{5-64}
$$

最后，对于建模为非线性压控电流源的晶体管，需要添加一个非线性项，如瞬态仿真部分所示。因为在频域工作，所以需要对晶体管跨导进行傅里叶变换，对于简单模型，这意味着使用

$$
I = K(v_g - v_s)^2 \tag{5-65}
$$

可以发现：

$$
I_k = \frac{1}{T}\sum_{n=0}^{N} K\big[v_g(n\tau) - v_s(n\tau)\big]^2 e^{-j\omega_k n\tau} \tag{5-66}
$$

对于这个简单的例子，可以展开和识别各项，但是需要做适当的傅里叶变换，并将得到的谐波添加到函数 $\boldsymbol{F}(\boldsymbol{V})$ 中。

对于雅可比矩阵（导数），已经推导出

$$
\begin{array}{c}
v_a \\[20pt]
v_b \\[20pt]
\vdots \\[10pt]
i_R
\end{array}
\left(
\begin{array}{cccc}
 & & & \begin{pmatrix} -1 & 0 & 0 \\ 0 & -1 & 0 \\ 0 & 0 & -1 \end{pmatrix} \\[20pt]
 & & & \begin{pmatrix} +1 & 0 & 0 \\ 0 & +1 & 0 \\ 0 & 0 & +1 \end{pmatrix} \\[20pt]
 & & & \vdots \\[10pt]
\begin{pmatrix} J_0 & J_1 & J_2 \\ J_{-1} & J_0 & J_1 \\ J_{-2} & J_{-1} & J_0 \end{pmatrix} & \begin{pmatrix} -J_0 & -J_1 & -J_2 \\ -J_{-1} & -J_0 & -J_1 \\ -J_{-2} & -J_{-1} & -J_0 \end{pmatrix} & \cdots & \begin{pmatrix} -1 & 0 & 0 \\ 0 & -1 & 0 \\ 0 & 0 & -1 \end{pmatrix}
\end{array}
\right)
\tag{5-67}
$$

对于独立的电压源，可得到同样的结果：

$$
\begin{array}{c}
v_a \\ v_b \\ i_V
\end{array}
\begin{array}{ccc}
v_a & v_b & i_V
\end{array}
\left(
\begin{array}{ccc}
 & & -1 \\
 & & +1 \\
+1 & -1 &
\end{array}
\right)
=
\begin{pmatrix} \\ \\ V \end{pmatrix}
\tag{5-68}
$$

$$
\begin{array}{c}
v_a \\
\\
v_b \\
\vdots \\
\\
i_R
\end{array}
\left(
\begin{array}{c}
\left(\begin{array}{ccc} -1 & 0 & 0 \\ 0 & -1 & 0 \\ 0 & 0 & -1 \end{array}\right) \\
\left(\begin{array}{ccc} +1 & 0 & 0 \\ 0 & +1 & 0 \\ 0 & 0 & +1 \end{array}\right) \\
\vdots \\
\left(\begin{array}{ccc} -1 & 0 & 0 \\ 0 & -1 & 0 \\ 0 & 0 & -1 \end{array}\right) \left(\begin{array}{ccc} 1 & 0 & 0 \\ 0 & 1 & 0 \\ 0 & 0 & 1 \end{array}\right) \cdots
\end{array}
\right)
=
\begin{array}{c}
\\
\\
\\
\\
V_{-1} \\
V_0 \\
V_1
\end{array}
\qquad (5\text{-}69)
$$

编写代码时，首先假设非线性晶体管的行为遵循 3.4 节中的模型 1。由于晶体管模型过于简单，它不会产生非常有用的输出，现在将通过重新检查网表 5.6 中的电路来说明这一点。图 5-37 展示了经过傅里叶反变换后的谐波平衡结果。

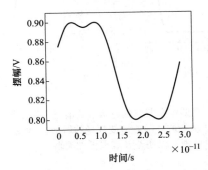

图 5-37　使用 CMOS 模型 1 对网表 5.6 进行谐波平衡仿真的结果

响应中的突变是由性能较差的晶体管模型造成的，当栅极电压低于源极电压时，晶体管再次导通。

接下来采用在 3.4.2 节和 5.2.1.1 节中讨论的更真实的晶体管模型。对电流 – 电压关系进行傅里叶变换，需要向雅可比矩阵中添加漏极电压的导数。这里不讨论细节，但它们很简单，我们将数学推导留给读者，并以代码 5.8 的形式呈现代码实现过程。通过这种改进的晶体管模型再次仿真同一个电路（网表 5.6），结果如图 5-38 所示。

从 4 次谐波到 8 次谐波的改善与从 16 次谐波到 32 次谐波的改善是完全不同的。该系统显然已经收敛了。

再次强调一个事实：如果等待很长时间，稳态解就是瞬态解。设计合理的稳态仿真器总是比瞬态仿真器有更精确的响应。注意，步进时间为一个周期。瞬态仿真在时间结束时结束。

多音实现

正如在打靶法的案例中所讨论的一样，当使用所有信号源的拍频时，多音实现相当简单。

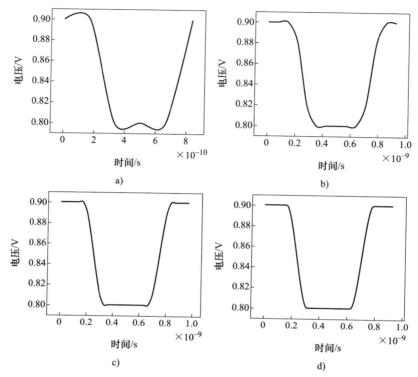

图 5-38　使用更真实的晶体管模型作为谐波数量函数的谐波平衡结果：a）4 次谐波；b）8 次谐波；c）16 次谐波；d）32 次谐波。随着谐波数量的增加，谐波平衡结果会大大改善。注意，已在渲染中启用平滑处理，以使差异表现更加清晰

5.5.3　包络分析

在基于时域的仿真器中，已经得出结论，由于局部截断误差和全局截断误差效应，当电路中出现更高频率时，需要采取更小的时间步长。谐波平衡仿真器虽然没有这一缺点，但它需要大量谐波，尤其是在高频载波上有低频调制组件组合的情况下。

包络仿真是稳态仿真与时域仿真的组合。如果读者曾经在电子实验室工作过，可能有机会使用频谱分析仪。在典型的设置中，这种仪器在输入端口显示信号的频谱成分。观察这些频谱视图时，通常会看到它们随时间而变化，如图 5-39 所示。这些随时间变化的分量就是我们使用包络仿真器的目的。

从数学角度来看，在谐波平衡中，可以把某个节点的波形写为

$$v(t) = \sum_{k=0}^{\infty} V_k \mathrm{e}^{-\mathrm{j}\omega_k t} \qquad (5\text{-}70)$$

在包络仿真中，傅里叶系数随时间变化，因此

$$v(t) = \sum_{k=0}^{\infty} V_k(t) \mathrm{e}^{-\mathrm{j}\omega_k t} \qquad (5\text{-}71)$$

就像我们在频谱分析仪中看到的那样。

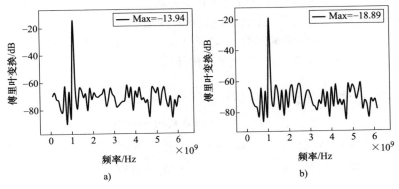

图 5-39　典型频谱分析仪输出。a）和 b）为不同时间的频谱显示

　　读者阅读到这里的时候可能会感到费解（这种类型的公式对于任意波形来说是不自洽的），基本假设是系数 $V_k(t)$ 随时间的变化比载波频率慢得多。换句话说，随着包络函数的变化，其余的高频分量有机会完全稳定。从这个意义上说，包络仿真所做的就是在一系列时间点上进行稳态分析。从 $t=0$ 开始，将调制发生器设置为当时的任意值。假设调制控制值恒定，则现在电路的其余部分用于求解稳态，这将产生一组特定的谐波。在求解 $t=0$ 的情况后，我们现在可以继续求解 $t=t_1$，将所有调制源设置为其当时的值，并在考虑新输入的情况下再次求解稳态问题。我们将继续这样做，直到所有所需的时间点都求解结束。

通常情况下，时间步长是固定的，在这种情况下，调制带宽为 $\pm\dfrac{1}{2T_{\text{step}}}$。波形函数中的任意音调都将显示为谐波载波周围的两个调制音调。

　　包络仿真的优点是每个载波的幅值和相位都可以立即得到，然后人们可以利用这些幅值和相位对各种调制方案进行建模，不需要额外的计算就可以将时域信息转换为包络信息，而且只需要直接从稳态解出发，不需要等待时域稳定。当然反过来说，如果对初始瞬态感兴趣，采用谐波平衡法并不能对其进行检测。总之，包络仿真器通过谐波平衡将载波稳态考虑在内，不需要等待稳态；在时域中使用低频调制信号来计算电路响应，而不需要包含所有可能的谐波。包络仿真器利用了谐波平衡和时域仿真器的优势，可以应用于某些特定用途。

5.5.4　微扰技术

　　在建立周期稳态解之后，我们可以进行更深入的分析。上一节的部分分析表明转换矩阵的存在，简单地说就是谐波雅可比矩阵，它可以计算出一个频率的谐波对任何其他谐波的增益，前提是信号要足够小，不会干扰建立好的稳态条件，这种方法称为谐波交流分析。携带于较大信号之上的小信号将通过转换矩阵与此类信号混合，并围绕其他谐波频率产生音调。这种情况很常见。上变频射频混频器中本地振荡器信号很大，乘以它的射频信号很小，并且具有基带频率（比如 100kHz）。为了解决这样的增益问题，系统需要一个持续 10μs 的模拟过程，如果本地振荡器频率在 GHz 范围内，这是很艰难的。对于周期性稳态系统，可以简单地通过类似交流的计算将直流增益转换为本地振荡器一次谐波，可以更有效地模拟这种增益。同样的道理也适用于其他转换类型的系统，如振荡器中的相位 – 噪声转换等。我们将在本章的最后一节讨论此类仿真的细节。

本节将首先讨论通常所说的周期性交流分析，然后是周期性噪声分析。我们将在 Python 设置中举例说明该技术，并在 5.5.7 节中使用它。

周期性交流分析

假设电路有一个解：

$$f(v(t)) = i(v(t)) + \dot{q}(v(t)) + u = 0 \tag{5-72}$$

如果添加一个小信号扰动 $u(t) \to u(t) + \tilde{u}(t)$，使整体解仍然近似有效，会怎么样？同样，解也需要进行微小的修正 $v(t) \to v(t) + \tilde{v}(t)$，即需要求得满足以下条件的解：

$$f(v(t) + \tilde{v}(t)) = i(v(t) + \tilde{v}(t)) + \dot{q}(v(t) + \tilde{v}(t)) + u + \tilde{u}(t) = 0 \tag{5-73}$$

用泰勒级数展开，然后得到

$$i(v(t) + \tilde{v}(t)) + \dot{q}(v(t) + \tilde{v}(t)) \approx i(v(t)) + \frac{\partial i(v)}{\partial v}\tilde{v} + \frac{d}{dt}\left[q(v(t)) + \frac{\partial q(v)}{\partial v}\tilde{v}\right] \tag{5-74}$$

我们注意到零阶项只是原始解，它们相互抵消，剩下的为

$$\frac{\partial i(v)}{\partial v}\tilde{v} + \frac{d}{dt}\left[\frac{\partial q(v)}{\partial v}\tilde{v}\right] + \tilde{u} = 0 \tag{5-75}$$

现在进行类似的步骤，对变量进行傅里叶变换，并假设扰动 $u(t) = u_k e^{-j(\omega_k + \omega_p)t}$ 是谐波 k 的单音扰动，ω_p 为偏移频率。傅里叶项，$\tilde{U} = U_k \delta\left[\omega - (\omega_k + \omega_p)\right] + U_{-k}\left[\delta\omega - (-\omega_k + \omega_p)\right]$。

$$\frac{\partial I(V)}{\partial V}\tilde{v} + \tilde{\Omega}\frac{\partial Q(V)}{\partial V}\tilde{v} + \tilde{u} = 0 \tag{5-76}$$

导数项就是 5.5.2 节中讨论的雅可比矩阵，方程很容易求解。式中，频率分量是有着偏移频率 $\omega_k \to \omega_k + \omega_p$ 的偏移谐波。这个简单的练习表明，可以使用系统的雅可比矩阵来确定已知解周围小扰动的解。这与其他系统（如一维方程）的微扰计算是一样的，但这里将其应用于已知大尺度解的谐波系统。为了进一步研究，可以给出激励向量：

$$u(\omega) = \sum_n \sum_{k=-N}^{N} U_k^n \delta(\omega_k + \omega_p) \tag{5-77}$$

响应向量 v 可以类似地写为

$$v(\omega) = \sum_n \sum_{k=-N}^{N} V_k^n \delta(\omega_k + \omega_p) \tag{5-78}$$

这里，n 表示节点分析中定义的所有节点和电流，k 是谐波指数。系数 U_k 是由用户定义的，它取决于我们想要在哪个节点和谐波添加激励。需要注意的是，因为现在研究的是线性电路，这里的偏移频率必须相同。现在可以得到电路对给定激励的响应 V_k，给定的激励具有特定的振幅和对给定谐波的偏移频率。例如，可以围绕某个谐波 ω_k 扫描偏移频率 ω_p 来看看系统在其他节点和谐波分量处的响应。这种类型的分析通常称为周期性交流分析。

这在代码中实现起来相当简单，它只涉及围绕各种谐波的增益。

```python
val=[0 for i in range(100)]
Python code
.  # We need to recalculate the Matrix due to the frequency terms
from the inductors+capacitors
 STA_rhs=[0 for i in range(MatrixSize)]
 val=[[0 for i in range(100)] for j in range(4)]
 for iter in range(100):
     omega=iter*1e6*2*3.14159265
     for i in range(DeviceCount):
         for row in range(TotalHarmonics):
             if DevType[i]=='capacitor':
                 if DevNode1[i] != '0' :
                     Jacobian[(NumberOfNodes+i)*TotalHarmonics+
row][Nodes.index(DevNode1[i])*TotalHarmonics+row]=1j*(omegak[row]
+(numpy.sign(omegak[row])+(omegak[row]==0))*omega)*DevValue[i]
                 if DevNode2[i] != '0' :
                     Jacobian[(NumberOfNodes+i)*TotalHarmonics+
row][Nodes.index(DevNode2[i])*TotalHarmonics+row]=-
1j*(omegak[row]+(numpy.sign(omegak[row])+(omegak[row]==0))*omega)
*DevValue[i]
             if DevType[i]=='inductor':
                 Jacobian[(NumberOfNodes+i)*TotalHarmonics+row]
[(NumberOfNodes+i)*TotalHarmonics+row]=-1j*(omegak[row]+(numpy.
sign(omegak[row])+(omegak[row]==0))*omega)*DevValue[i]
             if DevType[i]=='CurrentSource':
                 if DevLabel[i]=='i1':
                     STA_rhs[(NumberOfNodes+i)*TotalHarmonics+ro
w]=1*(row==Jacobian_Offset)
                 else:
                     STA_rhs[(NumberOfNodes+i)*TotalHarmonics+
row]=-(row==Jacobian_Offset)
     sol=numpy.matmul(numpy.linalg.inv(Jacobian),STA_rhs)
     val[0][iter]=abs(sol[6*TotalHarmonics+Jacobian_Offset])
     val[1][iter]=abs(sol[6*TotalHarmonics+Jacobian_Offset+1])
     val[2][iter]=abs(sol[6*TotalHarmonics+Jacobian_Offset+2])
     val[3][iter]=abs(sol[6*TotalHarmonics+Jacobian_Offset+3])
 plt.plot(val[1])
Here we present a python code that does periodic AC simulations

 End code
```

在 5.5.7 节中将看几个例子，并将此代码应用于一些简单的电路。

基于小信号分析代码片段，我们可以在大信号之上观察小信号增益。模拟混频器中一个大的时钟信号被用来下混频（或上混频）一个小的射频信号。在现代仿真器中，它被称为周期性交流分析（PAC）。另一个真正有用的实现是噪声转移，通常称为周期性噪声或 PNOISE（Periodic Noise）分析。

周期性噪声分析

周期性噪声分析利用前面讨论的周期性交流响应来计算系统的噪声传递，包括谐波混合效应。这样可以精确地模拟相位噪声非线性传输等现象，其基本思想与 4.4.1 节中关于噪声的讨论相同，将一个分量的噪声建模为电流噪声（或者建模为电压噪声），并将其转换到用户自定义的输出进行仿真。由于转换矩阵是已知的，这很容易做到。代码示例如下所示：

```python
Python code
. # We need to recalculate the Matrix due to the frequency terms
from the inductors+capacitors
STA_rhs=[0 for i in range(MatrixSize)]
val=[[0 for i in range(100)] for j in range(4)]
for iter in range(100):
    omega=(iter)*1e6*2*math.pi
    for i in range(DeviceCount):
        for row in range(TotalHarmonics):
            if DevType[i]=='capacitor':
                if DevNode1[i] != '0' :
                    Jacobian[(NumberOfNodes+i)*TotalHarmonics+
row][Nodes.index(DevNode1[i])*TotalHarmonics+row]=1j*(omegak[row]
+(numpy.sign(omegak[row])+(omegak[row]==0))*omega)*DevValue[i]
  #                 print("C1 adm",row,Jacobian[(NumberOfNodes
+i)*TotalHarmonics+row][Nodes.index(DevNode1[i])*TotalHarmonics+
row])
                if DevNode2[i] != '0' :
                    Jacobian[(NumberOfNodes+i)*TotalHarmonics+
row][Nodes.index(DevNode2[i])*TotalHarmonics+row]=-
1j*(omegak[row]+(numpy.sign(omegak[row])+(omegak[row]==0))*omega)
*DevValue[i]
   #                print("C2 adm",row,Jacobian[(NumberOfNodes
+i)*TotalHarmonics+row][Nodes.index(DevNode1[i])*TotalHarmonics+
row])
            if DevType[i]=='inductor':
                Jacobian[(NumberOfNodes+i)*TotalHarmonics+row]
[(NumberOfNodes+i)*TotalHarmonics+row]=-1j*(omegak[row]+(numpy.
sign(omegak[row])+(omegak[row]==0))*omega)*DevValue[i]
   #                print("L imp ",row,Jacobian[(NumberOfNodes+i)*
TotalHarmonics+row][(NumberOfNodes+i)*TotalHarmonics+row])
   #            if DevType[i]=='VoltSource':
   #                STA_rhs[(NumberOfNodes+i)*TotalHarmonics+row]=
1*((row==Jacobian_Offset+1)+(row==Jacobian_Offset-1))
                if DevType[i]=='CurrentSource': # Adding current
source between transistor drain-source
                    STA_rhs[(NumberOfNodes+i)*TotalHarmonics+row]=1
*(row==Jacobian_Offset+1)+1*(row==Jacobian_Offset-1)
        sol=numpy.matmul(numpy.linalg.inv(Jacobian),STA_rhs)
        val[0][iter]=abs(sol[2*TotalHarmonics+Jacobian_Offset])
```

```
      val[1][iter]=20*math.log10(abs(sol[2*TotalHarmonics+Jacob
ian_Offset+1]))
      val[2][iter]=abs(sol[2*TotalHarmonics+Jacobian_Offset+2])
      val[3][iter]=math.log10(omega+1)#abs(sol[2*TotalHarmonics+J
acobian_Offset+3])**2
  plt.plot(val[1])
    Here we present a python code that does periodic noise
simulations
      .
    End code
```

接下来将把这段代码应用到 5.5.7 节的振荡器示例中。

5.5.5　周期 S 参数、传递函数和稳定性分析

第 4 章讨论的所有分析工具现在都可以应用于稳态系统。特别注意的是，将各种谐波进行耦合，可以产生非常有趣的现象。代码的实现非常简单，它涉及第 4 章讨论过的技术的简单概括。这里把细节留给读者作为练习。

5.5.6　准周期稳态分析

在打靶法和谐波平衡法的讨论中已经提到，当使用定义信号之间的拍频时，多音实现是简单的。我们注意到，使用 2GHz 和 3GHz 信号可以用 1GHz 基频捕捉所需的频谱。如果所涉及的音调具有相同的频率顺序，这是很正常的；如果所涉及的音调具有完全不同的频率，那就很难处理了。考虑 2GHz、3GHz 和 1MHz 音调的情况。这里的拍频为 1MHz，需要成千上万次的谐波才能建立稳定状态。这对于大多数计算机系统来说太多了，所以人们设计了一种准周期法，只考虑每个音调一定数量的谐波。通常，用户必须确定哪些信号是大的，哪些信号是大小适中的。大信号会产生大量谐波（仍由用户控制），而中等大小的信号只考虑了少量谐波。在示例中，假设 2GHz 和 3GHz 音调较大，而1MHz 音调适中；那么只考虑 2GHz 和 3GHz 音调之间的拍频，分析将使用围绕这个基本 1GHz 音调的一组1MHz 音调（见图 5-40）。这样就可以在不使用所有可能谐波的情况下得到电路的精确图像。由于不是所有可能的谐波组合都被使用，因此这种方法被称为准周期法。

这样的代码很容易实现，特别是谐波平衡。这里把构造代码的细节留给读者作为练习。

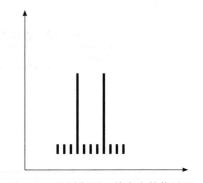

图 5-40　准周期图，其中中等信号源在每个基本音的谐波周围有少量的谐波

5.5.7　特殊电路示例

有了这些周期性稳态代码，此处来看几个非常有用的常见示例。首先讨论在使用非常

简单的非线性 FET 模型情况下的相位噪声仿真。这对于说明该技术是一个很好的例子。下面以低噪声放大器为例，其中谐波的线性度由稳态解直接给出。然后，考虑上变频的射频混频器，其中基带小信号被上变频到更高频，使用之前讨论过的周期性交流分析和 PNOISE 中建立的代码。显然，在所使用的这种简单非线性情况中，变频是简单的。真实系统中可能存在其他更强的非线性分量，例如，混入高次谐波的 BJT 工艺要复杂得多。

放大器线性度

放大器的线性度是许多应用中的关键指标。通过稳态仿真器，我们可以快速地分析谐波失真，使用一个非常简单的放大器级来说明这一点，如图 5-41 所示。

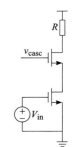

此电路具有如下网表：

```
*
vdd vdd 0 0.9
vss vss 0 0
vcasc casc 0 0.7
vin in 0 0.5
r1 vdd out 100
m1 out casc n1 nch1
m2 n1 in vss nch1
```
netlist 5.15

图 5-41   简单单级放大器

使用稳态仿真器进行仿真非常简单。仿真得到的谐波结果见表 5-22。可以看到，仿真器的谐波如人们所期望的那样以递减方式出现。由于这些分量的功率项增加，高阶项将减少。作为补充练习，鼓励读者以更高的输入摆幅来运行仿真（参见练习）。这将产生一个典型的削波函数，其中关于时间的输出函数在本质上是一个平方律函数。这种函数的谐波结构是众所周知的。

表5-22   仿真图5-41中简单单极放大器得到的谐波结果

谐波	仿真大小
0	−1.483
1	−45.66
2	−67.24
3	−85.92
4	−102.6

混频器增益（周期性交流分析）

借助 5.5.4 节中开发的周期性交流分析代码查看混频器的转换增益。射频混频器是一种采用本地振荡器并将其与基带（低频可能小于 1MHz）音相乘的电路。这种乘法将基带音向上变频，使其出现在本地振荡器谐波周围。本地振荡器摆幅通常很大，而基带音可以很小。稳态仿真器是研究此类电路增益等特性的理想选择。这里介绍一个非常简单的拓扑结构来介绍这个想法。图 5-42 展示了一个简单的拓扑结构，它的网表如下所示：

```
*
vdd vdd 0 0.9
vinp in1 0 1
vinn in2 0 1
r1 vdd inp 100
r2 inp 0 100
r3 vdd inn 100
r4 inn 0 100
r5 vdd outp 100
r6 vdd outn 100
c1 in1 inp 1e-12
c2 in2 inn 1e-12
i1 vs 0 1e-3
m1 outn inp vs nch1
m2 outp inn vs nch2
i2 vs2 0 1e-3
m3 outp inp vs2 nch1
m4 outn inn vs2 nch2
l1 vdd outp 1e-9
ct1 vdd outp 25.33029e-12
l2 vdd outn 1e-9
ct2 vdd outn 25.33029e-12
```
netlist 5.16

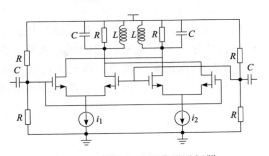

图 5-42　简单本地振荡器混频器

　　对于仿真，现在只需要简单地解出稳态，然后用射频端口的激励启动周期性交流分析仿真，如图 5-43 所示。

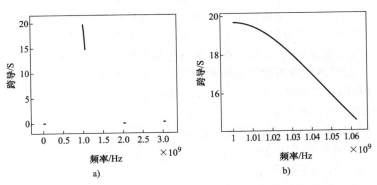

图 5-43　混频器射频增益：a）4 个最低次谐波的响应；b）基频响应的放大图

　　由于负载中的 LC 谐振电路，除一次谐波外，信号在所有谐波周围均受到抑制。

验证　这可以在任何仿真器中轻松验证。

压控振荡器相位噪声

　　借助 PNOISE 实现可以很容易地模拟压控振荡器电路的相位噪声。压控振荡器是许多时序电路的关键部件，这一特点几乎包括了所有芯片。在有些情况下，时钟由集成电路外部的一个单独时序芯片给出。在其他情况下，该电路是内部锁相环的一部分，或是外部和内部电路的某种组合。

正如前面提到的压控振荡器，特别是 *LC*–VCO，是一个很好的用于测试仿真器性能的电路。例如，由于各种阻抗相互抵消从而引起共振，因此很难准确预测振幅。使用错误的积分方法是另一个众所周知的误差来源（见 4.6.7 节）。用稳态法模拟振荡器也会伴随着用直流解代替振荡解的风险，我们很快就会看到这一点。

利用以下网表，再看一下图 5-18 中简单的振荡器电路：

```
*
vdd vdd 0 0.9
vss vss 0 0
l1 vdd outp 1e-9
l2 vdd outn 1e-9
c1 vdd outp 1e-12
c2 vdd outn 1e-12
r1 vdd outp 1e3
r2 vdd outn 1e3
m1 outp outn vss mn1
m2 outn outp vss mn2
ins outp vss 0
```
netlist 5.17

这里首先使用谐波平衡法获得稳态解。这种方法的困难在于，存在一种直流解，其输出节点都位于电源电压，并且没有振荡发生。我们鼓励读者使用已提供的代码或对其进行一些修改，使振荡器收敛到非直流解。为了将工具调整到适当模式，一种常见的方法是在振荡开始之前及时进行瞬态仿真，然后使用瞬态仿真产生的谐波作为起点启动稳态仿真器。我们将此实现过程留给读者作为练习。另一个方法是将振荡器设置为一个驱动电路，而不是一个自激电路（见文献 [22]）。假设从瞬态仿真或手算中得到中心频率，然后就可以用一个具有正确频率的电压源驱动一部分振荡器，此电压源也可能是输出节点。进一步假设电压源和谐振电路之间的互连线在基频处为 0Ω，在其他任意频率的谐波处为无限大（这些都是在谐波平衡下进行的）。如果改变电压源的振幅和相位，使通过互连线的电流为零，这意味着振荡器的电压相位和振幅在连接点是相同的，并且已经找到了正确的稳态，因为电压源实际上与谐振电路是解耦的（没有电流通过互连线）。实际上，由于振荡器相位是一个自由变量，它不受任何物理约束，通常只是改变电压源振幅。有关该方法的说明，如图 5-44 所示。

代码实现可以在代码 5.9 中找到。

该算法需要通过改变驱动电压的振幅和频率来寻找正确的振幅和频率。当找到正确的组合时，理想情况下通过滤波器的电流应为零，

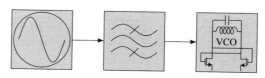

图 5-44　使用解耦电压源将自主电路转换为驱动电路

从这个意义上说，驱动电路不参与谐振电路。这是一个二维搜索空间，实现起来并不困难。为了简单起见，这里只实现振幅搜索算法，这是因为通过简单的 *LC* 谐振计算已经知道了频率：$f = \dfrac{1}{2\pi\sqrt{LC}} = 5.032\,92\times10^{9}\,\text{Hz}$。

运行以下代码实现搜索：

```
Python code
 .
for AmpIndex in range(20):
        STA_rhs[(NumberOfNodes+StimulusIndex)*TotalHarmonics+Jacob
ian_Offset+1]=.235+float (AmpIndex)/10000
        STA_rhs[(NumberOfNodes+StimulusIndex)*TotalHarmonics+Jacob
ian_Offset-1]=.235+float (AmpIndex)/10000
 .
End code
```

结果如图 5-45 所示。

最小设置下的输出电压如图 5-46 所示。

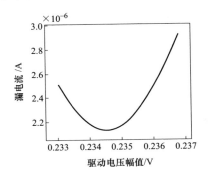

图 5-45　通过滤波器的剩余漏电流与驱动电压幅值的函数关系

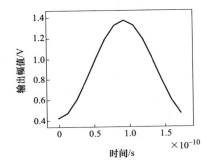

图 5-46　简单压控振荡器的稳态谐波

对于 PNOISE 模拟，假设唯一的噪声源是与漏极－源极并联的噪声电流。为了便于说明，假设噪声振幅为"1"。现在运行 PNOISE 代码，并添加一个与有源器件并联的噪声源，将结果绘制在图 5-47 中，与预期的结果相同，响应的缩放比例大致为每倍频程 6dB。

这是振荡器噪声模拟的一个简单示例。实际情况中，器件更多，噪声源也更复杂，但基本思想是一样的。

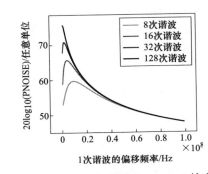

图 5-47　简单压控振荡器的 PNOISE 输出分析。谐波的数量将提高精度，并更好地解决接近音调的共振问题

5.5.8　需要注意的特殊情况

对于稳态系统，可能遇到的最明显的问题就是谐波平衡法中使用的谐波太少。一般来说，由于电路系统中信号具有尖锐边沿，通常需要使用一个比最初估计的数值要高得多的数值。如果不这样做的话，可能会导致常见的吉布斯现象，或者在高频含量高的边沿周围出现振铃效应。

5.5.9　如何确定精度

仿真中的困难是估计仿真结果的精度。大多数方法都对其精度进行了逐步分析，并描述为二阶、三阶精度，或者有时也为一阶精度。这指的是在精确的时间步长或频率步长或任何其他情况下的局部估计。经过许多步骤后的全局精度可能更难估计，有时误差会消除，而有时误差会无限期持续存在。当研究各种系统时，我们将在适当的时候讨论精度问题。验证精度是否准确的一种常见但非常耗时的方法是公差收严的情况下重新运行仿真。不能每次都这样做，这是因为如此做所花费的时间要长得多。实际上，人们所做的是通过不定时地收严所需的公差来抽查精度。

> 在实际应用中，最好是通过抽查并采用更严格的公差重新模拟来验证系统的精度。

5.5.10　仿真器选项

本章考虑了以下选项及其含义：

- reltol：设置计算电压和电流时的相对精度。
- abstol：设置计算电流时的精度。
- vntol：设置计算电压时的精度。
- chgtol：设置计算电荷时的精度。
- 梯形积分法。
- 欧拉（前向 / 后向）积分法。
- 二阶 Gear 积分法。
- 仅 Gear。
- 仅梯形。
- 截断误差（点局部、局部、全局）。
- 源步进。
- g_{min} 步进。
- ptran 步进。
- dptran 步进。
- 牛顿最大迭代。
- 打靶法。
- 谐波平衡法。
- N 次谐波。
- 过采样。

5.6　本章小结

在本章中，我们讨论了非线性仿真器背后的基本思想，并从简单的晶体管非线性模型过渡到更复杂的模型，但是离真正的 BSIM 实现仍然相去甚远。我们已经多次举例说明了使用诸如非线性电容等情况的固有缺陷。最后，我们构造了一个可以实现稳态解的简单代码，而这是现代电路设计者最重要的工具之一。

本章通过简单晶体管模型搭建了一种小型仿真器，以说明实现这些技术的可能方法。通过直接运行该小型仿真器，本章重点强调了在使用非线性电容或积分方法时出现的缺陷。

5.7　代码

5.7.1　代码 5.1

```python
#!/usr/bin/env python3
# -*- coding: utf-8 -*-
"""
Created on Thu Feb 28 22:33:04 2019

@author: mikael
"""
import numpy
import matplotlib.pyplot as plt
import math
import analogdef as ana

#
# Function definitions
#
def f_NL(STA_matrix, STA_rhs, STA_nonlinear, solution):

    return numpy.matmul(STA_matrix,solution)-STA_rhs+STA_nonlinear

#
# Read netlist
#
DeviceCount=0
MaxNumberOfDevices=100
DevType=[0*i for i in range(MaxNumberOfDevices)]
DevLabel=[0*i for i in range(MaxNumberOfDevices)]
DevNode1=[0*i for i in range(MaxNumberOfDevices)]
DevNode2=[0*i for i in range(MaxNumberOfDevices)]
DevNode3=[0*i for i in range(MaxNumberOfDevices)]
DevValue=[0*i for i in range(MaxNumberOfDevices)]
DevModel=[0*i for i in range(MaxNumberOfDevices)]
Nodes=[]

modeldict=ana.readmodelfile('models.txt')
ICdict={}
Plotdict={}
Printdict={}
Optdict={}
Optdict['MaxNewtonIterations']=int(5)
```

```
#
# Read the netlist
#
DeviceCount=ana.readnetlist('netlist_dc_5p1.txt',modeldict,ICdi
ct,Plotdict,Printdict,Optdict,DevType,DevValue,DevLabel,DevNode1,
DevNode2,DevNode3,DevModel,Nodes,MaxNumberOfDevices)
#
# Create Matrix based on circuit size. We do not implement strict
Modified Nodal Analysis. We keep instead all currents
# but keep referring to the voltages as absolute voltages. We
believe this will make the operation clearer to the user.
#
NumberOfNodes=len(Nodes)
MatrixSize=DeviceCount+len(Nodes)
Jacobian=[[0 for i in range(MatrixSize)] for j in range(MatrixSize)]
Jac_inv=[[0 for i in range(MatrixSize)] for j in range(MatrixSize)]
Spare=[[0 for i in range(MatrixSize)] for j in range(MatrixSize)]
STA_matrix=[[0 for i in range(MatrixSize)] for j in
range(MatrixSize)]
STA_rhs=[0 for i in range(MatrixSize)]
STA_nonlinear=[0 for i in range(MatrixSize)]
f=[0 for i in range(MatrixSize)]
#
# Create sim parameters
#
sol=[0 for i in range(MatrixSize)]
solm1=[0 for i in range(MatrixSize)]
#
# Initial conditions
#
if len(ICdict)>0:
    for i in range(len(ICdict)):
        for j in range(NumberOfNodes):
            if Nodes[j]==ICdict[i]['NodeName']:
                sol[j]=ICdict[i]['Value']
                print('Setting ',Nodes[j],' to ',sol[j])
    #
# Loop through all devices and create jacobian and initial f(v)
entries according to signature
#
for i in range(DeviceCount):
    if DevType[i] != 'transistor':
        STA_matrix[NumberOfNodes+i][NumberOfNodes+i]=-DevValue[i]
        if DevNode1[i] != '0' :
            STA_matrix[NumberOfNodes+i][Nodes.index(DevNode1[i])]=1
```

```
        STA_matrix[Nodes.index(DevNode1[i])][NumberOfNodes+i]=1
    if DevNode2[i] != '0' :
        STA_matrix[NumberOfNodes+i][Nodes.index(DevNode2[i])]=-1
        STA_matrix[Nodes.index(DevNode2[i])][NumberOfNodes+i]=-1
    if DevType[i]=='capacitor':
        # Do nothing since DC sim
        STA_rhs[NumberOfNodes]=STA_rhs[NumberOfNodes]
    if DevType[i]=='inductor':
        STA_matrix[NumberOfNodes+i][NumberOfNodes+i]=0
        STA_rhs[NumberOfNodes+i]=0
    if DevType[i]=='VoltSource':
        STA_matrix[NumberOfNodes+i][NumberOfNodes+i]=0
        STA_rhs[NumberOfNodes+i]=ana.getSourceValue(DevValue[i],0)
        if DevType[i]=='CurrentSource':
            if DevNode1[i] != '0' :
            STA_matrix[NumberOfNodes+i][Nodes.index(DevNode1[i])]=0
            STA_matrix[Nodes.index(DevNode1[i])][NumberOfNodes+i]=0
            if DevNode2[i] != '0' :
            STA_matrix[NumberOfNodes+i][Nodes.index(DevNode2[i])]=0
            STA_matrix[Nodes.index(DevNode2[i])][NumberOfNodes+i]=0
                STA_matrix[NumberOfNodes+i][NumberOfNodes+i]=1
            STA_rhs[NumberOfNodes+i]=ana.getSourceValue(DevValue[i],0)
                if DevNode1[i] != '0' and DevNode2[i]!='0':
            STA_matrix[Nodes.index(DevNode1[i])][NumberOfNodes+i]=1
            STA_matrix[Nodes.index(DevNode2[i])][NumberOfNodes+i]=-1
                elif DevNode2[i] != '0' :
            STA_matrix[Nodes.index(DevNode2[i])][NumberOfNodes+i]=-1
                elif DevNode1[i] != '0' :
            STA_matrix[Nodes.index(DevNode1[i])][NumberOfNodes+i]=1
    if DevType[i]=='transistor':
      lambdaT=ana.findParameter(modeldict,DevModel[i],'lambdaT')
        VT=ana.findParameter(modeldict,DevModel[i],'VT')
        STA_matrix[NumberOfNodes+i][NumberOfNodes+i]=DevValue[i]
        STA_matrix[NumberOfNodes+i][Nodes.index(DevNode1[i])]=0
        STA_matrix[Nodes.index(DevNode1[i])][NumberOfNodes+i]=1
        STA_matrix[NumberOfNodes+i][Nodes.index(DevNode3[i])]=0
        STA_matrix[Nodes.index(DevNode3[i])][NumberOfNodes+i]=-1
        VG=sol[Nodes.index(DevNode2[i])]
        VS=sol[Nodes.index(DevNode3[i])]
        Vgs=VG-VS
        if DevModel[i][0]=='p':
            Vgs=-Vgs
        STA_nonlinear[NumberOfNodes+i]=Vgs**2
```

```
#
f=numpy.matmul(STA_matrix,sol)-STA_rhs+STA_nonlinear
#
#Loop through iteration points
#
NewIter=int(Optdict['MaxNewtonIterations'])
val=[[0 for i in range(NewIter+1)] for j in range(MatrixSize)]
for j in range(MatrixSize):
    val[j][0]=sol[j]
Iteration=[i for i in range(NewIter+1)]
for Newtoniter in range(NewIter):
    for i in range(MatrixSize):
        STA_nonlinear[i]=0
    for i in range(DeviceCount):
        if DevType[i]!='transistor':
            if DevType[i]=='capacitor':

STA_rhs[NumberOfNodes+i]=STA_rhs[NumberOfNodes+i]
            if DevType[i]=='inductor':
                STA_rhs[NumberOfNodes+i]=0
            if DevType[i]=='VoltSource':
                STA_rhs[NumberOfNodes+i]=ana.getSourceValue(Dev
Value[i],0)
            if DevType[i]=='CurrentSource':
                STA_rhs[NumberOfNodes+i]=ana.getSourceValue(Dev
Value[i],0)
        if DevType[i]=='transistor':
            VG=sol[Nodes.index(DevNode2[i])]
            VS=sol[Nodes.index(DevNode3[i])]
            Vgs=VG-VS
            if DevModel[i][0]=='p':
                Vgs=-Vgs
            STA_nonlinear[NumberOfNodes+i]=Vgs**2
    f=numpy.matmul(STA_matrix,sol)-STA_rhs+STA_nonlinear
#
# Now we need the Jacobian, the transistors look like VCCS with
a specific gain = 2 K (Vg-Vs) in our case
#
    for i in range(MatrixSize):
        for j in range(MatrixSize):
            Jacobian[i][j]=STA_matrix[i][j]
    for i in range(DeviceCount):
        if DevType[i]=='transistor':
            Jacobian[NumberOfNodes+i][NumberOfNodes+i]=DevValue[i]
# due to derfivative leading to double gain
```

```
                VG=sol[Nodes.index(DevNode2[i])]
                VS=sol[Nodes.index(DevNode3[i])]
                Vgs=VG-VS
                if DevModel[i][0]=='p':
                    PFET=-1
                    Vgs=-Vgs
                else:
                    PFET=1
                    Jacobian[NumberOfNodes+i][Nodes.index(DevNode2[
i])]=2*PFET*Vgs
                    Jacobian[NumberOfNodes+i][Nodes.index(DevNode3[
i])]=-2*PFET*Vgs
        sol=sol-numpy.matmul(numpy.linalg.inv(Jacobian),f)
        Jac_inv=numpy.linalg.inv(Jacobian)
        for j in range(MatrixSize):
            val[j][Newtoniter+1]=sol[j]

    ana.plotdata(Plotdict,NumberOfNodes,Iteration,val,Nodes)
    ana.printdata(Printdict,NumberOfNodes,Iteration,val,Nodes)
```

5.7.2　代码 5.2

```python
#!/usr/bin/env python3
# -*- coding: utf-8 -*-
"""
Created on Thu Feb 28 22:33:04 2019

@author: mikael
"""
import numpy as np
import analogdef as ana


#
# Function definitions
#
DeviceCount=0
MaxNumberOfDevices=100
DevType=[0*i for i in range(MaxNumberOfDevices)]
DevLabel=[0*i for i in range(MaxNumberOfDevices)]
DevNode1=[0*i for i in range(MaxNumberOfDevices)]
DevNode2=[0*i for i in range(MaxNumberOfDevices)]
DevNode3=[0*i for i in range(MaxNumberOfDevices)]
DevValue=[0*i for i in range(MaxNumberOfDevices)]
```

```python
DevModel=[0*i for i in range(MaxNumberOfDevices)]
Nodes=[]

modeldict=ana.readmodelfile('models.txt')
ICdict={}
Plotdict={}
Printdict={}
Optdict={}
Optdict['MaxNewtonIterations']=int(5)
#
# Read the netlist
#
DeviceCount=ana.readnetlist('netlist_5p4.txt',modeldict,ICdict,
Plotdict,Printdict,Optdict,DevType,DevValue,DevLabel,DevNode1,Dev
Node2,DevNode3,DevModel,Nodes,MaxNumberOfDevices)
#
# Create Matrix based on circuit size. We do not implement strict
Modified Nodal Analysis. We keep instead all currents
# but keep referring to the voltages as absolute voltages. We
believe this will make the operation clearer to the user.
#
NumberOfNodes=len(Nodes)
MatrixSize=DeviceCount+len(Nodes)
Jacobian=[[0 for i in range(MatrixSize)] for j in range(MatrixSize)]
Jac_inv=[[0 for i in range(MatrixSize)] for j in range(MatrixSize)]
Spare=[[0 for i in range(MatrixSize)] for j in range(MatrixSize)]
STA_matrix=[[0 for i in range(MatrixSize)] for j in range
(MatrixSize)]
STA_rhs=[0 for i in range(MatrixSize)]
STA_nonlinear=[0 for i in range(MatrixSize)]
f=[0 for i in range(MatrixSize)]
#
# Create sim parameters
#
sol=[0 for i in range(MatrixSize)]
solm1=[0 for i in range(MatrixSize)]
#
# Initial conditions
#
if len(ICdict)>0:
    for i in range(len(ICdict)):
        for j in range(NumberOfNodes):
            if Nodes[j]==ICdict[i]['NodeName']:
                sol[j]=ICdict[i]['Value']
                print('Setting ',Nodes[j],' to ',sol[j])
```

```python
#
# Loop through all devices and create jacobian and initial f(v)
entries according to signature
#
for i in range(DeviceCount):
    if DevType[i] != 'transistor':
        STA_matrix[NumberOfNodes+i][NumberOfNodes+i]=-DevValue[i]
        if DevNode1[i] != '0' :
            STA_matrix[NumberOfNodes+i][Nodes.index(DevNode1[i])]=1
            STA_matrix[Nodes.index(DevNode1[i])][NumberOfNodes+i]=1
        if DevNode2[i] != '0' :
            STA_matrix[NumberOfNodes+i][Nodes.index(DevNode2[i])]=-1
            STA_matrix[Nodes.index(DevNode2[i])][NumberOfNodes+i]=-1
        if DevType[i]=='capacitor':
            # Do nothing since DC sim
            STA_rhs[NumberOfNodes]=STA_rhs[NumberOfNodes]
        if DevType[i]=='inductor':
            STA_matrix[NumberOfNodes+i][NumberOfNodes+i]=0
            STA_rhs[NumberOfNodes+i]=0
        if DevType[i]=='VoltSource':
            STA_matrix[NumberOfNodes+i][NumberOfNodes+i]=0
            STA_rhs[NumberOfNodes+i]=ana.getSourceValue(DevValue[i],0)
        if DevType[i]=='CurrentSource':
            if DevNode1[i] != '0' :
                STA_matrix[NumberOfNodes+i][Nodes.index(DevNode1[i])]=0
                STA_matrix[Nodes.index(DevNode1[i])][NumberOfNodes+i]=0
            if DevNode2[i] != '0' :
                STA_matrix[NumberOfNodes+i][Nodes.index(DevNode2[i])]=0
                STA_matrix[Nodes.index(DevNode2[i])][NumberOfNodes+i]=0
            STA_matrix[NumberOfNodes+i][NumberOfNodes+i]=1
            STA_rhs[NumberOfNodes+i]=ana.getSourceValue(DevValue[i],0)
            if DevNode1[i] != '0' and DevNode2[i]!='0':
                STA_matrix[Nodes.index(DevNode1[i])][NumberOfNodes+i]=1
                STA_matrix[Nodes.index(DevNode2[i])][NumberOfNodes+i]=-1
            elif DevNode2[i] != '0' :
                STA_matrix[Nodes.index(DevNode2[i])][NumberOfNodes+i]=-1
            elif DevNode1[i] != '0' :
                STA_matrix[Nodes.index(DevNode1[i])][NumberOfNodes+i]=1
    if DevType[i]=='transistor':
        lambdaT=ana.findParameter(modeldict,DevModel[i],'lambdaT')
        VT=ana.findParameter(modeldict,DevModel[i],'VT')
        STA_matrix[NumberOfNodes+i][NumberOfNodes+i]=DevValue[i]
        STA_matrix[NumberOfNodes+i][Nodes.index(DevNode1[i])]=0
        STA_matrix[Nodes.index(DevNode1[i])][NumberOfNodes+i]=1
        STA_matrix[NumberOfNodes+i][Nodes.index(DevNode3[i])]=0
```

```
            STA_matrix[Nodes.index(DevNode3[i])][NumberOfNodes+i]=-1
            VD=sol[Nodes.index(DevNode1[i])]
            VG=sol[Nodes.index(DevNode2[i])]
            VS=sol[Nodes.index(DevNode3[i])]
            Vgs=VG-VS
            Vds=VD-VS
            if DevModel[i][0]=='p':
                Vds=-Vds
                Vgs=-Vgs
            if Vds < Vgs-VT :
                STA_nonlinear[NumberOfNodes+i]=2*((Vgs-VT)*Vds-0.5*
Vds**2)
            else :
                STA_nonlinear[NumberOfNodes+i]=(Vgs-VT)**2*(1+lambda
T*Vds)


    #
    f=np.matmul(STA_matrix,sol)-STA_rhs+STA_nonlinear
    #
    #Loop through iteration points
    #
    NewIter=int(Optdict['MaxNewtonIterations'])
    val=[[0 for i in range(NewIter+1)] for j in range(MatrixSize)]
    for j in range(MatrixSize):
        val[j][0]=sol[j]
    Iteration=[i for i in range(NewIter+1)]
    for Newtoniter in range(NewIter):
        for i in range(MatrixSize):
            STA_nonlinear[i]=0
        for i in range(DeviceCount):
            if DevType[i]!='transistor':
                if DevType[i]=='capacitor':
                    STA_rhs[NumberOfNodes+i]=STA_rhs[NumberOfNodes+i]
                if DevType[i]=='inductor':
                    STA_rhs[NumberOfNodes+i]=0
                if DevType[i]=='VoltSource':
                    STA_rhs[NumberOfNodes+i]=ana.getSourceValue(Dev
Value[i],0)
                if DevType[i]=='CurrentSource':
                    STA_rhs[NumberOfNodes+i]=ana.getSourceValue(Dev
Value[i],0)
            if DevType[i]=='transistor':
                lambdaT=ana.findParameter(modeldict,DevModel[i],
'lambdaT')
                VT=ana.findParameter(modeldict,DevModel[i],'VT')
```

```
            VD=sol[Nodes.index(DevNode1[i])]
            VG=sol[Nodes.index(DevNode2[i])]
            VS=sol[Nodes.index(DevNode3[i])]
            Vgs=VG-VS
            Vds=VD-VS
            if DevModel[i][0]=='p':
                Vds=-Vds
                Vgs=-Vgs
            if Vgs<VT:
                STA_nonlinear[NumberOfNodes+i]=1e-5
            elif Vds < Vgs-VT:
                STA_nonlinear[NumberOfNodes+i]=2*((Vgs-VT)*
Vds-0.5*Vds**2)
            else :
                STA_nonlinear[NumberOfNodes+i]=(Vgs-VT)**2*
(1+lambdaT*Vds)
     f=np.matmul(STA_matrix,sol)-STA_rhs+STA_nonlinear
  #
  # Now we need the Jacobian, the transistors look like VCCS with
a specific gain = 2 K (Vg-Vs) in our case
  #
     for i in range(MatrixSize):
         for j in range(MatrixSize):
             Jacobian[i][j]=STA_matrix[i][j]
     for i in range(DeviceCount):
         if DevType[i]=='transistor':
             lambdaT=ana.findParameter(modeldict,DevModel[i],'lam
bdaT')
             VT=ana.findParameter(modeldict,DevModel[i],'VT')
             Jacobian[NumberOfNodes+i][NumberOfNodes+i]=DevValue
[i] # due to derfivative leading to double gain
             VD=sol[Nodes.index(DevNode1[i])]
             VG=sol[Nodes.index(DevNode2[i])]
             VS=sol[Nodes.index(DevNode3[i])]
             Vgs=VG-VS
             Vds=VD-VS
             Vgd=VG-VD
             if DevModel[i][0]=='p':
                 PFET=-1
                 Vgs=-Vgs
                 Vds=-Vds
                 Vgd=-Vgd
             else:
                 PFET=1
```

```python
        if Vgs<VT :
            Jacobian[NumberOfNodes+i][Nodes.index(DevNode1[i])]=
PFET*1e-1
            Jacobian[NumberOfNodes+i][Nodes.index(DevNode2[i])]=
PFET*1e-1
            Jacobian[NumberOfNodes+i][Nodes.index(DevNode3[i])]=-
PFET*1e-1
            Jacobian[Nodes.index(DevNode1[i])][NumberOfNodes+i]=1
            Jacobian[Nodes.index(DevNode3[i])][NumberOfNodes+i]=-1
        elif Vds <= Vgs-VT:
            Jacobian[NumberOfNodes+i][Nodes.index(DevNode1[i])]=
PFET*2*(Vgd-VT)
            Jacobian[NumberOfNodes+i][Nodes.index(DevNode2[i])]=
PFET*2*Vds
            Jacobian[NumberOfNodes+i][Nodes.index(DevNode3[i])]=
-PFET*2*(Vgs-VT)
            Jacobian[Nodes.index(DevNode1[i])][NumberOfNodes+i]=1
            Jacobian[Nodes.index(DevNode3[i])][NumberOfNodes+i]=-1
        else :
            Jacobian[NumberOfNodes+i][Nodes.index(DevNode1[i])]=
PFET*lambdaT*(Vgs-VT)**2
            Jacobian[NumberOfNodes+i][Nodes.index(DevNode2[i])]=
PFET*2*(Vgs-VT)*(1+lambdaT*Vds)
            Jacobian[NumberOfNodes+i][Nodes.index(DevNode3[i])]=
PFET*(-2*(Vgs-VT)*(1+lambdaT*Vds)-lambdaT*(Vgs-VT)**2)
            Jacobian[Nodes.index(DevNode1[i])][NumberOfNodes+i]=1
            Jacobian[Nodes.index(DevNode3[i])][NumberOfNodes+i]=-1
        sol=sol-np.matmul(np.linalg.inv(Jacobian),f)
        Jac_inv=np.linalg.inv(Jacobian)
        for j in range(MatrixSize):
            val[j][Newtoniter+1]=sol[j]

    ana.plotdata(Plotdict,NumberOfNodes,Iteration,val,Nodes)
    ana.printdata(Printdict,NumberOfNodes,Iteration,val,Nodes)
```

5.7.3 代码 5.3

```python
    #!/usr/bin/env python3
# -*- coding: utf-8 -*-
"""
Created on Thu Feb 28 22:33:04 2019

@author: mikael
```

```python
"""
import numpy as np
import math
import analogdef as ana

#
# Function definitions
#
DeviceCount=0
MaxNumberOfDevices=100
DevType=[0*i for i in range(MaxNumberOfDevices)]
DevLabel=[0*i for i in range(MaxNumberOfDevices)]
DevNode1=[0*i for i in range(MaxNumberOfDevices)]
DevNode2=[0*i for i in range(MaxNumberOfDevices)]
DevNode3=[0*i for i in range(MaxNumberOfDevices)]
DevValue=[0*i for i in range(MaxNumberOfDevices)]
DevModel=[0*i for i in range(MaxNumberOfDevices)]
Nodes=[]

modeldict=ana.readmodelfile('models.txt')
ICdict={}
Plotdict={}
Printdict={}
Optdict={}
Optdict['MaxNewtonIterations']=int(5)
#
# Read the netlist
#
DeviceCount=ana.readnetlist('netlist_bandgap.txt',modeldict,ICd
ict,Plotdict,Printdict,Optdict,DevType,DevValue,DevLabel,DevNode1,
DevNode2,DevNode3,DevModel,Nodes,MaxNumberOfDevices)
#
# Create Matrix based on circuit size. We do not implement strict
Modified Nodal Analysis. We keep instead all currents
# but keep referring to the voltages as absolute voltages. We
believe this will make the operation clearer to the user.
#
NumberOfNodes=len(Nodes)
MatrixSize=DeviceCount+len(Nodes)
Jacobian=[[0 for i in range(MatrixSize)] for j in range(MatrixSize)]
Jac_inv=[[0 for i in range(MatrixSize)] for j in range(MatrixSize)]
Spare=[[0 for i in range(MatrixSize)] for j in range(MatrixSize)]
STA_matrix=[[0 for i in range(MatrixSize)] for j in range(Matrix
Size)]
STA_rhs=[0 for i in range(MatrixSize)]
```

```
STA_nonlinear=[0 for i in range(MatrixSize)]
f=[0 for i in range(MatrixSize)]
#
# Create sim parameters
#
Vthermal=1.38e-23*300/1.602e-19
deltaT=1e-12
sol=[0 for i in range(MatrixSize)]
solm1=[0 for i in range(MatrixSize)]
#sol[3]=sol[4]=0.45
if len(ICdict)>0:
    for i in range(len(ICdict)):
        for j in range(NumberOfNodes):
            if Nodes[j]==ICdict[i]['NodeName']:
                sol[j]=ICdict[i]['Value']
                print('Setting ',Nodes[j],' to ',sol[j])
#sol[0]=1
#sol[1]=0.5
#sol[2]=0.5
#sol[3]=-0.3
##sol[4]=1
#
# Loop through all devices and create jacobian and initial f(v)
entries according to signature
#
for i in range(DeviceCount):
    if DevType[i] != 'transistor' and DevType[i] != 'bipolar':
        STA_matrix[NumberOfNodes+i][NumberOfNodes+i]=-DevValue[i]
        if DevNode1[i] != '0' :
        STA_matrix[NumberOfNodes+i][Nodes.index(DevNode1[i])]=1
        STA_matrix[Nodes.index(DevNode1[i])][NumberOfNodes+i]=1
        if DevNode2[i] != '0' :
        STA_matrix[NumberOfNodes+i][Nodes.index(DevNode2[i])]=-1
        STA_matrix[Nodes.index(DevNode2[i])][NumberOfNodes+i]=-1
        if DevType[i]=='capacitor':
            # Do nothing
            STA_rhs[NumberOfNodes]=STA_rhs[NumberOfNodes]
        if DevType[i]=='inductor':
            # For DC we treat this as a voltage source with V=0
            STA_matrix[NumberOfNodes+i][NumberOfNodes+i]=0
            STA_rhs[NumberOfNodes+i]=0
        if DevType[i]=='VoltSource':
            STA_matrix[NumberOfNodes+i][NumberOfNodes+i]=0
            STA_rhs[NumberOfNodes+i]=DevValue[i]
        if DevType[i]=='CurrentSource':
```

```
        if DevNode1[i] != '0' :
    STA_matrix[NumberOfNodes+i][Nodes.index(DevNode1[i])]=0
    STA_matrix[Nodes.index(DevNode1[i])][NumberOfNodes+i]=0
        if DevNode2[i] != '0' :
    STA_matrix[NumberOfNodes+i][Nodes.index(DevNode2[i])]=0
    STA_matrix[Nodes.index(DevNode2[i])][NumberOfNodes+i]=0
        STA_matrix[NumberOfNodes+i][NumberOfNodes+i]=1
        STA_rhs[NumberOfNodes+i]=DevValue[i]
        if DevNode1[i] != '0' and DevNode2[i]!='0':
    STA_matrix[Nodes.index(DevNode1[i])][NumberOfNodes+i]=1
    STA_matrix[Nodes.index(DevNode2[i])][NumberOfNodes+i]=-1
        elif DevNode2[i] != '0' :
    STA_matrix[Nodes.index(DevNode2[i])][NumberOfNodes+i]=-1
        elif DevNode1[i] != '0' :
    STA_matrix[Nodes.index(DevNode1[i])][NumberOfNodes+i]=1
    if DevType[i]=='transistor':
        lambdaT=ana.findParameter(modeldict,DevModel[i],'lambdaT')
        VT=ana.findParameter(modeldict,DevModel[i],'VT')
        STA_matrix[NumberOfNodes+i][NumberOfNodes+i]=DevValue[i]
        STA_matrix[NumberOfNodes+i][Nodes.index(DevNode1[i])]=0
        STA_matrix[Nodes.index(DevNode1[i])][NumberOfNodes+i]=1
        STA_matrix[NumberOfNodes+i][Nodes.index(DevNode3[i])]=0
        STA_matrix[Nodes.index(DevNode3[i])][NumberOfNodes+i]=-1
        VD=sol[Nodes.index(DevNode1[i])]
        VG=sol[Nodes.index(DevNode2[i])]
        VS=sol[Nodes.index(DevNode3[i])]
        Vgs=VG-VS
        Vds=VD-VS
        if DevModel[i][0]=='p':
            Vds=-Vds
            Vgs=-Vgs
        if Vds < Vgs-VT :
            STA_nonlinear[NumberOfNodes+i]=2*((Vgs-VT)*Vds-0.5*
Vds**2)
        else :
            STA_nonlinear[NumberOfNodes+i]=(Vgs-VT)**2*(1+lambda
T*Vds)
    if DevType[i]=='bipolar':
        VEarly=ana.findParameter(modeldict,DevModel[i],'Early')
        STA_matrix[NumberOfNodes+i][NumberOfNodes+i]=DevValue[i]
        STA_matrix[NumberOfNodes+i][Nodes.index(DevNode1[i])]=0
        STA_matrix[Nodes.index(DevNode1[i])][NumberOfNodes+i]=1
        STA_matrix[NumberOfNodes+i][Nodes.index(DevNode3[i])]=0
        STA_matrix[Nodes.index(DevNode3[i])][NumberOfNodes+i]=-1
        VC=sol[Nodes.index(DevNode1[i])]
```

```
                VB=sol[Nodes.index(DevNode2[i])]
                VE=sol[Nodes.index(DevNode3[i])]
                Vbe=VB-VE
                Vce=VC-VE
                if Vbe < 0 :
                    STA_nonlinear[NumberOfNodes+i]=0
                else :
                    STA_nonlinear[NumberOfNodes+i]=math.exp(Vbe/Vthermal)
*(1+Vce/VEarly)

    #
    f=np.matmul(STA_matrix,sol)-STA_rhs+STA_nonlinear
    #
    #Loop through iteration points
    #
    NewIter=int(Optdict['MaxNewtonIterations'])
    val=[[0 for i in range(NewIter+1)] for j in range(MatrixSize)]
    for j in range(MatrixSize):
        val[j][0]=sol[j]
    Iteration=[i for i in range(NewIter+1)]
    for Newtoniter in range(NewIter):
        for i in range(MatrixSize):
            STA_nonlinear[i]=0
        for i in range(DeviceCount):
            if DevType[i]=='capacitor':
                STA_rhs[NumberOfNodes+i]=STA_rhs[NumberOfNodes+i]
            elif DevType[i]=='inductor':
                STA_rhs[NumberOfNodes+i]=0
            elif DevType[i]=='VoltSource':
            STA_rhs[NumberOfNodes+i]=ana.getSourceValue(DevValue[i],0)
            elif DevType[i]=='CurrentSource':
            STA_rhs[NumberOfNodes+i]=ana.getSourceValue(DevValue[i],0)
            elif DevType[i]=='transistor':
                lambdaT=ana.findParameter(modeldict,DevModel[i],'lam
bdaT')
                VT=ana.findParameter(modeldict,DevModel[i],'VT')
            STA_matrix[NumberOfNodes+i][NumberOfNodes+i]=DevValue[i]
            STA_matrix[NumberOfNodes+i][Nodes.index(DevNode1[i])]=0
            STA_matrix[Nodes.index(DevNode1[i])][NumberOfNodes+i]=1
            STA_matrix[NumberOfNodes+i][Nodes.index(DevNode3[i])]=0
            STA_matrix[Nodes.index(DevNode3[i])][NumberOfNodes+i]=-1
                VD=sol[Nodes.index(DevNode1[i])]
                VG=sol[Nodes.index(DevNode2[i])]
                VS=sol[Nodes.index(DevNode3[i])]
                Vgs=VG-VS
```

```
            Vds=VD-VS
            if DevModel[i][0]=='p':
                Vds=-Vds
                Vgs=-Vgs
            if Vds < Vgs-VT :
                STA_nonlinear[NumberOfNodes+i]=2*((Vgs-VT)*Vds-
0.5*Vds**2)
            else :
                STA_nonlinear[NumberOfNodes+i]=(Vgs-VT)**2*(1+
lambdaT*Vds)
        elif DevType[i]=='bipolar':
                VEarly=ana.findParameter(modeldict,DevModel[i],
'Early')
        STA_matrix[NumberOfNodes+i][NumberOfNodes+i]=DevValue[i]
        STA_matrix[NumberOfNodes+i][Nodes.index(DevNode1[i])]=0
        STA_matrix[Nodes.index(DevNode1[i])][NumberOfNodes+i]=1
        STA_matrix[NumberOfNodes+i][Nodes.index(DevNode3[i])]=0
        STA_matrix[Nodes.index(DevNode3[i])][NumberOfNodes+i]=-1
            VC=sol[Nodes.index(DevNode1[i])]
            VB=sol[Nodes.index(DevNode2[i])]
            VE=sol[Nodes.index(DevNode3[i])]
            Vbe=VB-VE
            Vce=VC-VE
            if Vbe<0:
                STA_nonlinear[NumberOfNodes+i]=0
            else :
                STA_nonlinear[NumberOfNodes+i]=math.exp(Vbe/Vthe
rmal)*(1+Vce/VEarly)
        f=np.matmul(STA_matrix,sol)-STA_rhs+STA_nonlinear
    #
    # Now we need the Jacobian, the transistors look like VCCS with
a specific gain = 2 K (Vg-Vs) in our case
    #
    for i in range(MatrixSize):
        for j in range(MatrixSize):
            Jacobian[i][j]=STA_matrix[i][j]
    for i in range(DeviceCount):
        if DevType[i]=='transistor':
            lambdaT=ana.findParameter(modeldict,DevModel[i],'lam
bdaT')
            VT=ana.findParameter(modeldict,DevModel[i],'VT')
            Jacobian[NumberOfNodes+i][NumberOfNodes+i]=DevValue
[i] # due to derfivative leading to double gain
            VD=sol[Nodes.index(DevNode1[i])]
            VG=sol[Nodes.index(DevNode2[i])]
```

```
                        VS=sol[Nodes.index(DevNode3[i])]
                        Vgs=VG-VS
                        Vds=VD-VS
                        Vgd=VG-VD
                        if DevModel[i][0]=='p':
                            PFET=-1
                            Vgs=-Vgs
                            Vds=-Vds
                            Vgd=-Vgd
                        else:
                            PFET=1
                        if Vgs<VT :
                            Jacobian[NumberOfNodes+i][Nodes.index(DevNode1
[i])]=PFET*1e-1
                            Jacobian[NumberOfNodes+i][Nodes.index(DevNode2
[i])]=PFET*1e-1
                            Jacobian[NumberOfNodes+i][Nodes.index(DevNode3
[i])]=-PFET*1e-1
                        Jacobian[Nodes.index(DevNode1[i])][NumberOfNodes+i]=1
                        Jacobian[Nodes.index(DevNode3[i])][NumberOfNodes+i]=-1
                          elif Vds <= Vgs-VT:
                            Jacobian[NumberOfNodes+i][Nodes.index(DevNode1
[i])]=PFET*2*(Vgd-VT)
                            Jacobian[NumberOfNodes+i][Nodes.index(DevNode2
[i])]=PFET*2*Vds
                            Jacobian[NumberOfNodes+i][Nodes.index(DevNode3
[i])]=-PFET*2*(Vgs-VT)
                        Jacobian[Nodes.index(DevNode1[i])][NumberOfNodes+i]=1
                        Jacobian[Nodes.index(DevNode3[i])][NumberOfNodes+i]=-1
                          else :
                            Jacobian[NumberOfNodes+i][Nodes.index(DevNode1
[i])]=PFET*lambdaT*(Vgs-VT)**2
                            Jacobian[NumberOfNodes+i][Nodes.index(DevNode2
[i])]=PFET*2*(Vgs-VT)*(1+lambdaT*Vds)
                            Jacobian[NumberOfNodes+i][Nodes.index(DevNode3
[i])]=PFET*(-2*(Vgs-VT)*(1+lambdaT*Vds)-lambdaT*(Vgs-VT)**2)
                        Jacobian[Nodes.index(DevNode1[i])][NumberOfNodes+i]=1
                        Jacobian[Nodes.index(DevNode3[i])][NumberOfNodes+i]=-1
                    elif DevType[i]=='bipolar':
                            VEarly=ana.findParameter(modeldict,DevModel[i],
'Early')
                            Jacobian[NumberOfNodes+i][NumberOfNodes+i]=Dev
Value[i] # due to derfivative leading to double gain
                        VC=sol[Nodes.index(DevNode1[i])]
                        VB=sol[Nodes.index(DevNode2[i])]
```

```
                VE=sol[Nodes.index(DevNode3[i])]
                Vbe=VB-VE
                Vce=VC-VE
                Vbc=VB-VC
        if Vbe<=0 :
            Jacobian[NumberOfNodes+i][Nodes.index(DevNode1[i])]=1e-5
            Jacobian[NumberOfNodes+i][Nodes.index(DevNode2[i])]=1e-5
            Jacobian[NumberOfNodes+i][Nodes.index(DevNode3[i])]=-1e-5
            Jacobian[Nodes.index(DevNode1[i])][NumberOfNodes+i]=1
            Jacobian[Nodes.index(DevNode3[i])][NumberOfNodes+i]=-1
        else :
            Jacobian[NumberOfNodes+i][Nodes.index(DevNode1[i])]=math.
exp(Vbe/Vthermal)/VEarly
            Jacobian[NumberOfNodes+i][Nodes.index(DevNode2[i])]=math.
exp(Vbe/Vthermal)*(1+Vce/VEarly)/Vthermal
            Jacobian[NumberOfNodes+i][Nodes.index(DevNode3[i])]=(-math.
exp(Vbe/Vthermal)/VEarly-math.exp(Vbe/Vthermal)*(1+Vce/VEarly)/
Vthermal)
            Jacobian[Nodes.index(DevNode1[i])][NumberOfNodes+i]=1
            Jacobian[Nodes.index(DevNode3[i])][NumberOfNodes+i]=-1
        sol=sol-np.matmul(np.linalg.inv(Jacobian),f)
        Jac_inv=np.linalg.inv(Jacobian)
        for j in range(MatrixSize):
            val[j][Newtoniter+1]=sol[j]
ana.plotdata(Plotdict,NumberOfNodes,Iteration,val,Nodes)
ana.printdata(Printdict,NumberOfNodes,Iteration,val,Nodes)


Code 5.3.1
#!/usr/bin/env python3
# -*- coding: utf-8 -*-
"""
Created on Thu Feb 28 22:33:04 2019

@author: mikael
"""
import numpy
import matplotlib.pyplot as plt
import math
import analogdef as ana


#
# Function definitions
#
def f_NL(STA_matrix, STA_rhs, STA_nonlinear, solution):
```

```
        return numpy.matmul(STA_matrix,solution)-STA_rhs+STA_nonlinear

    #
    # Read netlist
    #
    DeviceCount=0
    MaxNumberOfDevices=100
    DevType=[0*i for i in range(MaxNumberOfDevices)]
    DevLabel=[0*i for i in range(MaxNumberOfDevices)]
    DevNode1=[0*i for i in range(MaxNumberOfDevices)]
    DevNode2=[0*i for i in range(MaxNumberOfDevices)]
    DevNode3=[0*i for i in range(MaxNumberOfDevices)]
    DevValue=[0*i for i in range(MaxNumberOfDevices)]
    DevModel=[0*i for i in range(MaxNumberOfDevices)]
    Nodes=[]

    modeldict=ana.readmodelfile('models.txt')
    ICdict={}
    Plotdict={}
    Printdict={}
    Optdict={}
    Optdict['MaxNewtonIterations']=int(5)
    Optdict['reltol']=1e-3
    Optdict['iabstol']=1e-6
    Optdict['vabstol']=1e-6
    Optdict['deltaT']=1e-12
    #
    # Read the netlist
    #
    print('This version has convergence checks')
    DeviceCount=ana.readnetlist('netlist_bandgap.txt',modeldict,ICd
ict,Plotdict,Printdict,Optdict,DevType,DevValue,DevLabel,DevNode1,
DevNode2,DevNode3,DevModel,Nodes,MaxNumberOfDevices)
    #
    # Create Matrix based on circuit size. We do not implement strict
Modified Nodal Analysis. We keep instead all currents
    # but keep referring to the voltages as absolute voltages. We
believe this will make the operation clearer to the user.
    #
    NumberOfNodes=len(Nodes)
    NumberOfCurrents=DeviceCount
    MatrixSize=DeviceCount+len(Nodes)
    Jacobian=[[0 for i in range(MatrixSize)] for j in range(MatrixSize)]
    Jac_inv=[[0 for i in range(MatrixSize)] for j in range(MatrixSize)]
    Spare=[[0 for i in range(MatrixSize)] for j in range(MatrixSize)]
```

```
    STA_matrix=[[0 for i in range(MatrixSize)] for j in range(Matrix
Size)]
    STA_rhs=[0 for i in range(MatrixSize)]
    STA_nonlinear=[0 for i in range(MatrixSize)]
    f=[0 for i in range(MatrixSize)]
    #
    # Create sim parameters
    #
    reltol=Optdict['reltol']
    iabstol=Optdict['iabstol']
    vabstol=Optdict['vabstol']
    Vthermal=1.38e-23*300/1.602e-19
    deltaT=Optdict['deltaT']
    sol=[0 for i in range(MatrixSize)]
    solm1=[0 for i in range(MatrixSize)]
    #
    if len(ICdict)>0:
        for i in range(len(ICdict)):
            for j in range(NumberOfNodes):
                if Nodes[j]==ICdict[i]['NodeName']:
                    sol[j]=ICdict[i]['Value']
                    print('Setting ',Nodes[j],' to ',sol[j])
    #
    # Loop through all devices and create jacobian and initial f(v)
entries according to signature
    #
    for i in range(DeviceCount):
        if DevType[i] != 'transistor' and DevType[i] != 'bipolar':
            STA_matrix[NumberOfNodes+i][NumberOfNodes+i]=-DevValue[i]
            if DevNode1[i] != '0' :
                STA_matrix[NumberOfNodes+i][Nodes.index(DevNode1[i])]=1
                STA_matrix[Nodes.index(DevNode1[i])][NumberOfNodes+i]=1
            if DevNode2[i] != '0' :
                STA_matrix[NumberOfNodes+i][Nodes.index(DevNode2[i])]=-1
                STA_matrix[Nodes.index(DevNode2[i])][NumberOfNodes+i]=-1
            if DevType[i]=='capacitor':
                # Do nothing
                STA_rhs[NumberOfNodes]=STA_rhs[NumberOfNodes]
            if DevType[i]=='inductor':
                # For DC we treat this as a voltage source with V=0
                STA_matrix[NumberOfNodes+i][NumberOfNodes+i]=0
                STA_rhs[NumberOfNodes+i]=0
            if DevType[i]=='VoltSource':
                STA_matrix[NumberOfNodes+i][NumberOfNodes+i]=0
                STA_rhs[NumberOfNodes+i]=DevValue[i]
```

```python
            if DevType[i]=='CurrentSource':
                if DevNode1[i] != '0' :
            STA_matrix[NumberOfNodes+i][Nodes.index(DevNode1[i])]=0
            STA_matrix[Nodes.index(DevNode1[i])][NumberOfNodes+i]=0
                if DevNode2[i] != '0' :
            STA_matrix[NumberOfNodes+i][Nodes.index(DevNode2[i])]=0
            STA_matrix[Nodes.index(DevNode2[i])][NumberOfNodes+i]=0
                STA_matrix[NumberOfNodes+i][NumberOfNodes+i]=1
                STA_rhs[NumberOfNodes+i]=DevValue[i]
                if DevNode1[i] != '0' and DevNode2[i]!='0':
            STA_matrix[Nodes.index(DevNode1[i])][NumberOfNodes+i]=1
            STA_matrix[Nodes.index(DevNode2[i])][NumberOfNodes+i]=-1
                elif DevNode2[i] != '0' :
            STA_matrix[Nodes.index(DevNode2[i])][NumberOfNodes+i]=-1
                elif DevNode1[i] != '0' :
            STA_matrix[Nodes.index(DevNode1[i])][NumberOfNodes+i]=1
        if DevType[i]=='transistor':
            lambdaT=ana.findParameter(modeldict,DevModel[i],'lambdaT')
            VT=ana.findParameter(modeldict,DevModel[i],'VT')
            STA_matrix[NumberOfNodes+i][NumberOfNodes+i]=DevValue[i]
            STA_matrix[NumberOfNodes+i][Nodes.index(DevNode1[i])]=0
            STA_matrix[Nodes.index(DevNode1[i])][NumberOfNodes+i]=1
            STA_matrix[NumberOfNodes+i][Nodes.index(DevNode3[i])]=0
            STA_matrix[Nodes.index(DevNode3[i])][NumberOfNodes+i]=-1
            VD=sol[Nodes.index(DevNode1[i])]
            VG=sol[Nodes.index(DevNode2[i])]
            VS=sol[Nodes.index(DevNode3[i])]
            Vgs=VG-VS
            Vds=VD-VS
            if DevModel[i][0]=='p':
                Vds=-Vds
                Vgs=-Vgs
            if Vds < Vgs-VT :
                STA_nonlinear[NumberOfNodes+i]=2*((Vgs-VT)*Vds-0.5*
Vds**2)
            else :
                STA_nonlinear[NumberOfNodes+i]=(Vgs-VT)**2*(1+lambda
T*Vds)
        if DevType[i]=='bipolar':
            VEarly=ana.findParameter(modeldict,DevModel[i],'Early')
            STA_matrix[NumberOfNodes+i][NumberOfNodes+i]=DevValue[i]
            STA_matrix[NumberOfNodes+i][Nodes.index(DevNode1[i])]=0
            STA_matrix[Nodes.index(DevNode1[i])][NumberOfNodes+i]=1
            STA_matrix[NumberOfNodes+i][Nodes.index(DevNode3[i])]=0
            STA_matrix[Nodes.index(DevNode3[i])][NumberOfNodes+i]=-1
```

```
            VC=sol[Nodes.index(DevNode1[i])]
            VB=sol[Nodes.index(DevNode2[i])]
            VE=sol[Nodes.index(DevNode3[i])]
            Vbe=VB-VE
            Vce=VC-VE
            if Vbe < 0 :
                STA_nonlinear[NumberOfNodes+i]=0
            else :
                STA_nonlinear[NumberOfNodes+i]=math.exp(Vbe/Vthermal)
*(1+Vce/VEarly)

    #
    f=numpy.matmul(STA_matrix,sol)-STA_rhs+STA_nonlinear
    #
    #Loop through iteration points
    #
    NewIter=int(Optdict['MaxNewtonIterations'])
    val=[[0 for i in range(NewIter+1)] for j in range(MatrixSize)]
    for j in range(MatrixSize):
        val[j][0]=sol[j]
    Iteration=[i for i in range(NewIter+1)]
    NewtonConverged=False
    Newtoniter=0
    while not NewtonConverged and Newtoniter<NewIter:
        for i in range(MatrixSize):
            STA_nonlinear[i]=0
        for i in range(DeviceCount):
            if DevType[i]=='capacitor':
                STA_rhs[NumberOfNodes+i]=STA_rhs[NumberOfNodes+i]
            elif DevType[i]=='inductor':
                STA_rhs[NumberOfNodes+i]=0
            elif DevType[i]=='VoltSource':
        STA_rhs[NumberOfNodes+i]=ana.getSourceValue(DevValue[i],0)
            elif DevType[i]=='CurrentSource':
        STA_rhs[NumberOfNodes+i]=ana.getSourceValue(DevValue[i],0)
            elif DevType[i]=='transistor':
                lambdaT=ana.findParameter(modeldict,DevModel[i],'lam
bdaT')
                VT=ana.findParameter(modeldict,DevModel[i],'VT')
            STA_matrix[NumberOfNodes+i][NumberOfNodes+i]=DevValue[i]
            STA_matrix[NumberOfNodes+i][Nodes.index(DevNode1[i])]=0
            STA_matrix[Nodes.index(DevNode1[i])][NumberOfNodes+i]=1
            STA_matrix[NumberOfNodes+i][Nodes.index(DevNode3[i])]=0
            STA_matrix[Nodes.index(DevNode3[i])][NumberOfNodes+i]=-1
                VD=sol[Nodes.index(DevNode1[i])]
```

```
                VG=sol[Nodes.index(DevNode2[i])]
                VS=sol[Nodes.index(DevNode3[i])]
                Vgs=VG-VS
                Vds=VD-VS
                if DevModel[i][0]=='p':
                    Vds=-Vds
                    Vgs=-Vgs
                if Vds < Vgs-VT :
                    STA_nonlinear[NumberOfNodes+i]=2*((Vgs-VT)*Vds-
0.5*Vds**2)
                else :
                    STA_nonlinear[NumberOfNodes+i]=(Vgs-VT)**2*(1+
lambdaT*Vds)
            elif DevType[i]=='bipolar':
                VEarly=ana.findParameter(modeldict,DevModel[i],'Ea
rly')
            STA_matrix[NumberOfNodes+i][NumberOfNodes+i]=DevValue[i]
            STA_matrix[NumberOfNodes+i][Nodes.index(DevNode1[i])]=0
            STA_matrix[Nodes.index(DevNode1[i])][NumberOfNodes+i]=1
            STA_matrix[NumberOfNodes+i][Nodes.index(DevNode3[i])]=0
            STA_matrix[Nodes.index(DevNode3[i])][NumberOfNodes+i]=-1
                VC=sol[Nodes.index(DevNode1[i])]
                VB=sol[Nodes.index(DevNode2[i])]
                VE=sol[Nodes.index(DevNode3[i])]
                Vbe=VB-VE
                Vce=VC-VE
                if Vbe<0:
                    STA_nonlinear[NumberOfNodes+i]=0
                else :
                    STA_nonlinear[NumberOfNodes+i]=math.exp(Vbe/Vther
mal)*(1+Vce/VEarly)
        f=numpy.matmul(STA_matrix,sol)-STA_rhs+STA_nonlinear
        ResidueConverged=True
        node=0
        while ResidueConverged and node<NumberOfNodes:
    # Let us find the maximum current going into node, Nodes[node]
            MaxCurrent=0
            for current in range(NumberOfCurrents):
                MaxCurrent=max(MaxCurrent,abs(STA_matrix[node][Numb
erOfNodes+current]*(sol[NumberOfNodes+current])))
            if f[node] > reltol*MaxCurrent+iabstol:
                print('f:',node,f[node],MaxCurrent)
                ResidueConverged=False
            node=node+1
    #
```

```
# Now we need the Jacobian, the transistors look like VCCS with
a specific gain = 2 K (Vg-Vs) in our case
    #
        for i in range(MatrixSize):
            for j in range(MatrixSize):
                Jacobian[i][j]=STA_matrix[i][j]
        for i in range(DeviceCount):
            if DevType[i]=='transistor':
                lambdaT=ana.findParameter(modeldict,DevModel[i],'lam
bdaT')
                VT=ana.findParameter(modeldict,DevModel[i],'VT')
                Jacobian[NumberOfNodes+i][NumberOfNodes+i]=DevValue
[i] # due to derfivative leading to double gain
                VD=sol[Nodes.index(DevNode1[i])]
                VG=sol[Nodes.index(DevNode2[i])]
                VS=sol[Nodes.index(DevNode3[i])]
                Vgs=VG-VS
                Vds=VD-VS
                Vgd=VG-VD
                if DevModel[i][0]=='p':
                    PFET=-1
                    Vgs=-Vgs
                    Vds=-Vds
                    Vgd=-Vgd
                else:
                    PFET=1
                if Vgs<VT :
                    Jacobian[NumberOfNodes+i][Nodes.index(DevNode1
[i])]=PFET*1e-1
                    Jacobian[NumberOfNodes+i][Nodes.index(DevNode2
[i])]=PFET*1e-1
                    Jacobian[NumberOfNodes+i][Nodes.index(DevNode3
[i])]=-PFET*1e-1
                    Jacobian[Nodes.index(DevNode1[i])][NumberOfNodes+i]=1
                    Jacobian[Nodes.index(DevNode3[i])][NumberOfNodes+i]=-1
                elif Vds <= Vgs-VT:
                    Jacobian[NumberOfNodes+i][Nodes.index(DevNode1
[i])]=PFET*2*(Vgd-VT)
                    Jacobian[NumberOfNodes+i][Nodes.index(DevNode2
[i])]=PFET*2*Vds
                    Jacobian[NumberOfNodes+i][Nodes.index(DevNode3
[i])]=-PFET*2*(Vgs-VT)
                    Jacobian[Nodes.index(DevNode1[i])][NumberOfNodes+i]=1
                    Jacobian[Nodes.index(DevNode3[i])][NumberOfNodes+i]=-1
                else :
```

```
                    Jacobian[NumberOfNodes+i][Nodes.index(DevNode1
[i])]=PFET*lambdaT*(Vgs-VT)**2
                    Jacobian[NumberOfNodes+i][Nodes.index(DevNode2
[i])]=PFET*2*(Vgs-VT)*(1+lambdaT*Vds)
                    Jacobian[NumberOfNodes+i][Nodes.index(DevNode3
[i])]=PFET*(-2*(Vgs-VT)*(1+lambdaT*Vds)-lambdaT*(Vgs-VT)**2)
                Jacobian[Nodes.index(DevNode1[i])][NumberOfNodes+i]=1
                Jacobian[Nodes.index(DevNode3[i])][NumberOfNodes+i]=-1
            elif DevType[i]=='bipolar':
                    VEarly=ana.findParameter(modeldict,DevModel[i],
'Early')
                    Jacobian[NumberOfNodes+i][NumberOfNodes+i]=Dev
Value[i] # due to derfivative leading to double gain
                VC=sol[Nodes.index(DevNode1[i])]
                VB=sol[Nodes.index(DevNode2[i])]
                VE=sol[Nodes.index(DevNode3[i])]
                Vbe=VB-VE
                Vce=VC-VE
                Vbc=VB-VC
                if Vbe<=0 :
        Jacobian[NumberOfNodes+i][Nodes.index(DevNode1[i])]=1e-5
        Jacobian[NumberOfNodes+i][Nodes.index(DevNode2[i])]=1e-5
            Jacobian[NumberOfNodes+i][Nodes.index(DevNode3[i])]=-
1e-5
                    Jacobian[Nodes.index(DevNode1[i])][NumberOfNodes+i]=1
                    Jacobian[Nodes.index(DevNode3[i])][NumberOfNodes+i]=-1
                 else :
                Jacobian[NumberOfNodes+i][Nodes.index(DevNode1[i])]=
math.exp(Vbe/Vthermal)/VEarly
                    Jacobian[NumberOfNodes+i][Nodes.index(DevNode2[i])]=
math.exp(Vbe/Vthermal)*(1+Vce/VEarly)/Vthermal
                    Jacobian[NumberOfNodes+i][Nodes.index(DevNode3[i])]=
(-math.exp(Vbe/Vthermal)/VEarly-math.exp(Vbe/Vthermal)*(1+Vce/
VEarly)/Vthermal)
                    Jacobian[Nodes.index(DevNode1[i])][NumberOfNodes+i]=1
                    Jacobian[Nodes.index(DevNode3[i])][NumberOfNodes+i]=-1
    SolutionCorrection=numpy.matmul(numpy.linalg.inv(Jacobian),f)
    UpdateConverged=True
    for node in range(NumberOfNodes):
            vkmax=max(abs(sol[node]),abs(sol[node]-SolutionCorrect
ion[node]))
        if abs(SolutionCorrection[node])>vkmax*reltol+vabstol:
            UpdateConverged=False
    NewtonConverged=ResidueConverged and UpdateConverged
    sol=sol-SolutionCorrection
```

```
        Jac_inv=numpy.linalg.inv(Jacobian)
        for j in range(MatrixSize):
            val[j][Newtoniter+1]=sol[j]
        Newtoniter=Newtoniter+1
    print('THis one seems not to work right when ic for vs is too
high?? Even vs=-0.03 is not converging netlist_dc_5p3')
    ana.plotdata(Plotdict,NumberOfNodes,Iteration,val,Nodes)
    ana.printdata(Printdict,NumberOfNodes,Iteration,val,Nodes)
```

5.7.4 代码 5.4

```python
#!/usr/bin/env python3
# -*- coding: utf-8 -*-
"""
Created on Thu Feb 28 22:33:04 2019

@author: mikael
"""
import numpy as np
import analogdef as ana

#
# Function definitions
#
DeviceCount=0
MaxNumberOfDevices=100
DevType=[0*i for i in range(MaxNumberOfDevices)]
DevLabel=[0*i for i in range(MaxNumberOfDevices)]
DevNode1=[0*i for i in range(MaxNumberOfDevices)]
DevNode2=[0*i for i in range(MaxNumberOfDevices)]
DevNode3=[0*i for i in range(MaxNumberOfDevices)]
DevValue=[0*i for i in range(MaxNumberOfDevices)]
DevModel=[0*i for i in range(MaxNumberOfDevices)]
Nodes=[]

modeldict=ana.readmodelfile('models.txt')
ICdict={}
Plotdict={}
Printdict={}
Optdict={}
Optdict['MaxNewtonIterations']=int(5)
#
# Read the netlist
```

```
    #
      DeviceCount=ana.readnetlist('netlist_crossPandNinv_5p4.txt-',
modeldict,ICdict,Plotdict,Printdict,Optdict,DevType,DevValue,De
vLabel,DevNode1,DevNode2,DevNode3,DevModel,Nodes,MaxNumberOfDevi
ces)
    #
    # Create Matrix based on circuit size. We do not implement strict
Modified Nodal Analysis. We keep instead all currents
    # but keep referring to the voltages as absolute voltages. We
believe this will make the operation clearer to the user.
    #
    NumberOfNodes=len(Nodes)
    MatrixSize=DeviceCount+len(Nodes)
    Jacobian=[[0 for i in range(MatrixSize)] for j in range(MatrixSize)]
    Jac_inv=[[0 for i in range(MatrixSize)] for j in range(MatrixSize)]
    Spare=[[0 for i in range(MatrixSize)] for j in range(MatrixSize)]
    STA_matrix=[[0 for i in range(MatrixSize)] for j in range(Matrix
Size)]
    STA_rhs=[0 for i in range(MatrixSize)]
    STA_nonlinear=[0 for i in range(MatrixSize)]
    f=[0 for i in range(MatrixSize)]
    #
    # Create sim parameters
    #
    deltaT=1e-12
    sol=[0 for i in range(MatrixSize)]
    solm1=[0 for i in range(MatrixSize)]
    if len(ICdict)>0:
        for i in range(len(ICdict)):
            for j in range(NumberOfNodes):
                if Nodes[j]==ICdict[i]['NodeName']:
                    sol[j]=ICdict[i]['Value']
                    print('Setting ',Nodes[j],' to ',sol[j])
    #
    # Loop through all devices and create jacobian and initial f(v)
entries according to signature
    #

    for i in range(DeviceCount):
        if DevType[i] != 'transistor':
          STA_matrix[NumberOfNodes+i][NumberOfNodes+i]=-DevValue[i]
            if DevNode1[i] != '0' :
              STA_matrix[NumberOfNodes+i][Nodes.index(DevNode1[i])]=1
              STA_matrix[Nodes.index(DevNode1[i])][NumberOfNodes+i]=1
            if DevNode2[i] != '0' :
```

```
    STA_matrix[NumberOfNodes+i][Nodes.index(DevNode2[i])]=-1
    STA_matrix[Nodes.index(DevNode2[i])][NumberOfNodes+i]=-1
  if DevType[i]=='capacitor':
      # Do nothing
      STA_rhs[NumberOfNodes]=STA_rhs[NumberOfNodes]
  if DevType[i]=='inductor':
      # For DC we treat this as a voltage source with V=0
      STA_matrix[NumberOfNodes+i][NumberOfNodes+i]=0
      STA_rhs[NumberOfNodes+i]=0
  if DevType[i]=='VoltSource':
      STA_matrix[NumberOfNodes+i][NumberOfNodes+i]=0
      STA_rhs[NumberOfNodes+i]=DevValue[i]
  if DevType[i]=='CurrentSource':
      if DevNode1[i] != '0' :
    STA_matrix[NumberOfNodes+i][Nodes.index(DevNode1[i])]=0
    STA_matrix[Nodes.index(DevNode1[i])][NumberOfNodes+i]=0
      if DevNode2[i] != '0' :
    STA_matrix[NumberOfNodes+i][Nodes.index(DevNode2[i])]=0
    STA_matrix[Nodes.index(DevNode2[i])][NumberOfNodes+i]=0
      STA_matrix[NumberOfNodes+i][NumberOfNodes+i]=1
      STA_rhs[NumberOfNodes+i]=DevValue[i]
      if DevNode1[i] != '0' and DevNode2[i]!='0':
    STA_matrix[Nodes.index(DevNode1[i])][NumberOfNodes+i]=1
    STA_matrix[Nodes.index(DevNode2[i])][NumberOfNodes+i]=-1
      elif DevNode2[i] != '0' :
    STA_matrix[Nodes.index(DevNode2[i])][NumberOfNodes+i]=-1
      elif DevNode1[i] != '0' :
    STA_matrix[Nodes.index(DevNode1[i])][NumberOfNodes+i]=1
if DevType[i]=='transistor':
    lambdaT=ana.findParameter(modeldict,DevModel[i],'lambdaT')
    VT=ana.findParameter(modeldict,DevModel[i],'VT')
    STA_matrix[NumberOfNodes+i][NumberOfNodes+i]=DevValue[i]
    STA_matrix[NumberOfNodes+i][Nodes.index(DevNode1[i])]=0
    STA_matrix[Nodes.index(DevNode1[i])][NumberOfNodes+i]=1
    STA_matrix[NumberOfNodes+i][Nodes.index(DevNode3[i])]=0
    STA_matrix[Nodes.index(DevNode3[i])][NumberOfNodes+i]=-1
    VD=sol[Nodes.index(DevNode1[i])]
    VG=sol[Nodes.index(DevNode2[i])]
    VS=sol[Nodes.index(DevNode3[i])]
    Vgs=VG-VS
    Vds=VD-VS
    if DevModel[i][0]=='p':
        Vds=-Vds
        Vgs=-Vgs
    if Vds < Vgs-VT :
```

```
                            STA_nonlinear[NumberOfNodes+i]=2*((Vgs-VT)*Vds-0.5*
Vds**2)
            else :
                            STA_nonlinear[NumberOfNodes+i]=(Vgs-VT)**2*(1+lambda
T*Vds)
    #
    f=np.matmul(STA_matrix,sol)-STA_rhs+STA_nonlinear
    #
    #Loop through iteration points
    #
    NSourceSteps=100
    NewIter=int(Optdict['MaxNewtonIterations'])
    val=[[0 for i in range(NSourceSteps+1)] for j in range(MatrixSize)]
    for j in range(MatrixSize):
        val[j][0]=sol[j]
    Iteration=[i for i in range(NSourceSteps+1)]
    for step in range(NSourceSteps):
        for Newtoniter in range(NewIter):
            for i in range(MatrixSize):
                STA_nonlinear[i]=0
            for i in range(DeviceCount):
                if DevType[i]!='transistor':
                    if DevType[i]=='capacitor':

STA_rhs[NumberOfNodes+i]=STA_rhs[NumberOfNodes+i]
                    if DevType[i]=='inductor':
                        STA_rhs[NumberOfNodes+i]=0
                    if DevType[i]=='VoltSource':
                        if DevLabel[i]=='vdd':
                            if step < NSourceSteps/2:
                                STA_rhs[NumberOfNodes+i]=DevValue[i]
*step*2/NSourceSteps
                if DevType[i]=='transistor':
                    lambdaT=ana.findParameter(modeldict,DevModel[i],
'lambdaT')

                    VT=ana.findParameter(modeldict,DevModel[i],'VT')
                    VD=sol[Nodes.index(DevNode1[i])]
                    VG=sol[Nodes.index(DevNode2[i])]
                    VS=sol[Nodes.index(DevNode3[i])]
                    Vgs=VG-VS
                    Vds=VD-VS
                    if DevModel[i][0]=='p':
                        Vds=-Vds
                        Vgs=-Vgs
                    if Vgs<VT:
```

```
                        STA_nonlinear[NumberOfNodes+i]=1e-5
                elif Vds < Vgs-VT:
                        STA_nonlinear[NumberOfNodes+i]=2*((Vgs-VT)*
Vds-0.5*Vds**2)
                else :
                        STA_nonlinear[NumberOfNodes+i]=(Vgs-VT)**2*
(1+lambdaT*Vds)
            f=np.matmul(STA_matrix,sol)-STA_rhs+STA_nonlinear


    #
    # Now we need the Jacobian, the transistors look like VCCS
with a specific gain = 2 K (Vg-Vs) in our case
    #
        for i in range(MatrixSize):
            for j in range(MatrixSize):
                Jacobian[i][j]=STA_matrix[i][j]
        for i in range(DeviceCount):
            if DevType[i]=='transistor':
                lambdaT=ana.findParameter(modeldict,DevModel[i],
'lambdaT')
                VT=ana.findParameter(modeldict,DevModel[i],'VT')
                Jacobian[NumberOfNodes+i][NumberOfNodes+i]=Dev
Value[i] # due to derfivative leading to double gain
                if DevNode1[i] != '0' :
                    VD=sol[Nodes.index(DevNode1[i])]
                else:
                    VD=0
                if DevNode2[i] != '0' :
                    VG=sol[Nodes.index(DevNode2[i])]
                else:
                    VG=0
                if DevNode3[i] != '0' :
                    VS=sol[Nodes.index(DevNode3[i])]
                else:
                    VS=0
                Vgs=VG-VS
                Vds=VD-VS
                Vgd=VG-VD
                if DevModel[i][0]=='p':
                    PFET=-1
                    Vgs=-Vgs
                    Vds=-Vds
                    Vgd=-Vgd
                else:
                    PFET=1
```

```
                    if Vgs<VT :
                            Jacobian[NumberOfNodes+i][Nodes.index(Dev
Node1[i])]=PFET*1e-10
                            Jacobian[NumberOfNodes+i][Nodes.index(Dev
Node2[i])]=PFET*1e-10
                            Jacobian[NumberOfNodes+i][Nodes.index(Dev
Node3[i])]=-PFET*1e-10
                            Jacobian[Nodes.index(DevNode1[i])][Number
OfNodes+i]=1
                            Jacobian[Nodes.index(DevNode3[i])][Number
OfNodes+i]=-1
                    elif Vds <= Vgs-VT:
                            Jacobian[NumberOfNodes+i][Nodes.index(Dev
Node1[i])]=PFET*2*(Vgd-VT)
                            Jacobian[NumberOfNodes+i][Nodes.index(Dev
Node2[i])]=PFET*2*Vds
                            Jacobian[NumberOfNodes+i][Nodes.index(Dev
Node3[i])]=-PFET*2*(Vgs-VT)
                            Jacobian[Nodes.index(DevNode1[i])][Number
OfNodes+i]=1
                            Jacobian[Nodes.index(DevNode3[i])][Number
OfNodes+i]=-1
                    else :
                            Jacobian[NumberOfNodes+i][Nodes.index(Dev
Node1[i])]=PFET*lambdaT*(Vgs-VT)**2
                            Jacobian[NumberOfNodes+i][Nodes.index(Dev
Node2[i])]=PFET*2*(Vgs-VT)*(1+lambdaT*Vds)
                            Jacobian[NumberOfNodes+i][Nodes.index(Dev
Node3[i])]=PFET*(-2*(Vgs-VT)*(1+lambdaT*Vds)-lambdaT*(Vgs-VT)**2)
                            Jacobian[Nodes.index(DevNode1[i])][Number
OfNodes+i]=1
                            Jacobian[Nodes.index(DevNode3[i])][Number
OfNodes+i]=-1
            sol=sol-np.matmul(np.linalg.inv(Jacobian),f)
        for j in range(MatrixSize):
            val[j][step+1]=sol[j]

ana.plotdata(Plotdict,NumberOfNodes,Iteration,val,Nodes)
ana.printdata(Printdict,NumberOfNodes,Iteration,val,Nodes)
```

5.7.5 代码 5.5

```
#!/usr/bin/env python3
```

```
# -*- coding: utf-8 -*-
"""
Created on Thu Feb 28 22:33:04 2019

@author: mikael
"""
import numpy
import matplotlib.pyplot as plt
import math
import analogdef as ana

#
# Function definitions
#
def f_NL(STA_matrix, STA_rhs, STA_nonlinear, solution):

return numpy.matmul(STA_matrix,solution)-STA_rhs+STA_nonlinear

#
# Read netlist
#
DeviceCount=0
MaxNumberOfDevices=100
DevType=[0*i for i in range(MaxNumberOfDevices)]
DevLabel=[0*i for i in range(MaxNumberOfDevices)]
DevNode1=[0*i for i in range(MaxNumberOfDevices)]
DevNode2=[0*i for i in range(MaxNumberOfDevices)]
DevNode3=[0*i for i in range(MaxNumberOfDevices)]
DevValue=[0*i for i in range(MaxNumberOfDevices)]
DevModel=[0*i for i in range(MaxNumberOfDevices)]
Nodes=[]
#
modeldict=ana.readmodelfile('models.txt')
ICdict={}
Plotdict={}
Printdict={}
Optdict={}
#
# Read the netlist
#
  DeviceCount=ana.readnetlist('netlist_gminsweep_5p5.txt',model-
dict,ICdict,Plotdict,Printdict,Optdict,DevType,DevValue,DevLabel,
DevNode1,DevNode2,DevNode3,DevModel,Nodes,MaxNumberOfDevices)
  #
# Create Matrix based on circuit size. We do not implement strict
```

```
Modified Nodal Analysis. We keep instead all currents
  # but keep referring to the voltages as absolute voltages. We
believe this will make the operation clearer to the user.
  #
  NumberOfNodes=len(Nodes)
  MatrixSize=DeviceCount+len(Nodes)
  Jacobian=[[0 for i in range(MatrixSize)] for j in range(MatrixSize)]
  Jac_inv=[[0 for i in range(MatrixSize)] for j in range(MatrixSize)]
  Spare=[[0 for i in range(MatrixSize)] for j in range(MatrixSize)]
  STA_matrix=[[0 for i in range(MatrixSize)] for j in range(Matrix
Size)]
  STA_rhs=[0 for i in range(MatrixSize)]
  STA_nonlinear=[0 for i in range(MatrixSize)]
  f=[0 for i in range(MatrixSize)]
  #
  # Create sim parameters
  #
  deltaT=1e-12
  sol=[0 for i in range(MatrixSize)]
  solm1=[0 for i in range(MatrixSize)]
  if len(ICdict)>0:
      for i in range(len(ICdict)):
          for j in range(NumberOfNodes):
              if Nodes[j]==ICdict[i]['NodeName']:
                  sol[j]=ICdict[i]['Value']
                  print('Setting ',Nodes[j],' to ',sol[j])
  #
  # Loop through all devices and create jacobian and initial f(v)
entries according to signature
  #
  for i in range(DeviceCount):
      if DevType[i] != 'transistor':
          STA_matrix[NumberOfNodes+i][NumberOfNodes+i]=-DevValue[i]
          if DevNode1[i] != '0' :
              STA_matrix[NumberOfNodes+i][Nodes.index(DevNode1[i])]=1
              STA_matrix[Nodes.index(DevNode1[i])][NumberOfNodes+i]=1
          if DevNode2[i] != '0' :
              STA_matrix[NumberOfNodes+i][Nodes.index(DevNode2[i])]=-1
              STA_matrix[Nodes.index(DevNode2[i])][NumberOfNodes+i]=-1
          if DevType[i]=='capacitor':
              # Do nothing
              STA_rhs[NumberOfNodes]=STA_rhs[NumberOfNodes]
          if DevType[i]=='inductor':
              # For DC we treat this as a voltage source with V=0
              STA_matrix[NumberOfNodes+i][NumberOfNodes+i]=0
```

```
            STA_rhs[NumberOfNodes+i]=0
        if DevType[i]=='VoltSource':
            STA_matrix[NumberOfNodes+i][NumberOfNodes+i]=0
            STA_rhs[NumberOfNodes+i]=DevValue[i]
        if DevType[i]=='CurrentSource':
            if DevNode1[i] != '0' :
        STA_matrix[NumberOfNodes+i][Nodes.index(DevNode1[i])]=0
        STA_matrix[Nodes.index(DevNode1[i])][NumberOfNodes+i]=0
            if DevNode2[i] != '0' :
        STA_matrix[NumberOfNodes+i][Nodes.index(DevNode2[i])]=0
        STA_matrix[Nodes.index(DevNode2[i])][NumberOfNodes+i]=0
            STA_matrix[NumberOfNodes+i][NumberOfNodes+i]=1
            STA_rhs[NumberOfNodes+i]=DevValue[i]
            if DevNode1[i] != '0' and DevNode2[i]!='0':
        STA_matrix[Nodes.index(DevNode1[i])][NumberOfNodes+i]=1
        STA_matrix[Nodes.index(DevNode2[i])][NumberOfNodes+i]=-1
            elif DevNode2[i] != '0' :
        STA_matrix[Nodes.index(DevNode2[i])][NumberOfNodes+i]=-1
            elif DevNode1[i] != '0' :
        STA_matrix[Nodes.index(DevNode1[i])][NumberOfNodes+i]=1
    if DevType[i]=='transistor':
        if DevModel[i][0]=='p':
            PFET=1
        else:
            PFET=1
        STA_matrix[NumberOfNodes+i][NumberOfNodes+i]=DevValue[i]
        if DevNode1[i] != '0' :
        STA_matrix[NumberOfNodes+i][Nodes.index(DevNode1[i])]=0
        STA_matrix[Nodes.index(DevNode1[i])][NumberOfNodes+i]=1
        if DevNode3[i] != '0' :
        STA_matrix[NumberOfNodes+i][Nodes.index(DevNode3[i])]=0
        STA_matrix[Nodes.index(DevNode3[i])][NumberOfNodes+i]=-1
        if DevNode1[i] != '0' :
            if DevNode2[i] != '0' and DevNode3[i] != '0':
                STA_nonlinear[NumberOfNodes+i]=(sol[Nodes.index
(DevNode2[i])]-sol[Nodes.index(DevNode3[i])])**2
            if DevNode2[i] == '0':
                STA_nonlinear[Nodes.index(DevNode1[i])]=sol[Nodes.
index(DevNode3[i])]**2
                STA_nonlinear[NumberOfNodes+1]=(sol[Nodes.index
(DevNode3[i])])**2
            if DevNode3[i] == '0':
                STA_nonlinear[Nodes.index(DevNode1[i])]=sol[Nodes.
index(DevNode2[i])]**2
        if DevNode3[i] != '0' :
```

```
                    if DevNode2[i] != '0':
                        STA_nonlinear[NumberOfNodes+i]=(sol[Nodes.index
(DevNode2[i])]-sol[Nodes.index(DevNode3[i])])**2
                    else:
                        STA_nonlinear[Nodes.index(DevNode3[i])]=-sol
[Nodes.index(DevNode3[i])]**2
    #
    f=numpy.matmul(STA_matrix,sol)-STA_rhs+STA_nonlinear
    #
    #Loop through iteration points
    #
    SimTime=0
    NewIter=15
    val=[0 for i in range(NewIter)]
    for Newtoniter in range(NewIter):
        for i in range(MatrixSize):
            STA_nonlinear[i]=0
        for i in range(DeviceCount):
            if DevType[i]!='transistor':
                if DevType[i]=='capacitor':
                    STA_rhs[NumberOfNodes+i]=STA_rhs[NumberOfNodes+i]
                if DevType[i]=='inductor':
                    STA_rhs[NumberOfNodes+i]=0
                if DevType[i]=='VoltSource':
                    if DevLabel[i]=='vinp':
                        STA_rhs[NumberOfNodes+i]=2*math.sin(2*math.
pi*1e9*SimTime)+1
                    if DevLabel[i]=='vinn':
                        STA_rhs[NumberOfNodes+i]=-2*math.sin(2*math.
pi*1e9*SimTime)+1
            if DevType[i]=='transistor':
                if DevNode1[i] != '0' :
                    if DevNode2[i] != '0' and DevNode3[i] != '0':
                        STA_nonlinear[NumberOfNodes+i]=(sol[Nodes.
index(DevNode2[i])]-sol[Nodes.index(DevNode3[i])])**2
                    if DevNode2[i] == '0':
                        STA_nonlinear[NumberOfNodes+i]=sol[Nodes.
index(DevNode3[i])]^2
                    if DevNode3[i] == '0':
                        STA_nonlinear[NumberOfNodes+i]=sol[Nodes.
index(DevNode2[i])]^2
        f=numpy.matmul(STA_matrix,sol)-STA_rhs+STA_nonlinear
    #
    # Now we need the Jacobian, the transistors look like VCCS with
a specific gain = 2 K (Vg-Vs) in our case
```

```
#
    for i in range(MatrixSize):
        for j in range(MatrixSize):
            Jacobian[i][j]=STA_matrix[i][j]
    for i in range(DeviceCount):
        if DevType[i]=='transistor':
            Jacobian[NumberOfNodes+i][NumberOfNodes+i]=DevValue
[i] # due to derfivative leading to double gain
            if DevNode1[i] != '0' :
                if DevNode2[i] != '0' and DevNode3[i] != '0':
                    Jacobian[NumberOfNodes+i][Nodes.index(DevNo
de2[i])]=2*PFET*(sol[Nodes.index(DevNode2[i])]-sol[Nodes.
index(DevNode3[i])])
                    Jacobian[NumberOfNodes+i][Nodes.index(Dev
Node3[i])]=-2*PFET*(sol[Nodes.index(DevNode2[i])]-sol[Nodes.
index(DevNode3[i])])
                    Jacobian[Nodes.index(DevNode1[i])][Number
OfNodes+i]=1
                    Jacobian[Nodes.index(DevNode3[i])][Number
OfNodes+i]=-1
                elif DevNode2[i] == '0':
                    Jacobian[NumberOfNodes+i][Nodes.index(Dev
Node3[i])]=-1
                    Jacobian[Nodes.index(DevNode1[i])][Number
OfNodes+i]=1
                    Jacobian[Nodes.index(DevNode3[i])][Number
OfNodes+i]=-1
                elif DevNode3[i] == '0':
                    Jacobian[NumberOfNodes+i][Nodes.index(Dev
Node2[i])]=1
                    Jacobian[Nodes.index(DevNode1[i])][Number
OfNodes+i]=1
                    Jacobian[Nodes.index(DevNode3[i])][Number
OfNodes+i]=-1
    sol=sol-numpy.matmul(numpy.linalg.inv(Jacobian),f)
    Jac_inv=numpy.linalg.inv(Jacobian)
    val[Newtoniter]=sol[2]#max(f)#sol[3]

  plt.plot(val)
  #f=open("../pictures/DC_PMOS_NewtonIter.csv","w+")
  #f.write("time val\n")
  #for i in range(15):
  #    f.write("%g %g\n" % (i,val[i]) )
  #f.close()
```

5.7.6 代码 5.6

```python
#!/usr/bin/env python3
# -*- coding: utf-8 -*-
"""
Created on Thu Feb 28 22:33:04 2019

@author: mikael
"""
import numpy as np
import scipy.linalg as slin
import matplotlib.pyplot as plt
import math
import sys
import analogdef as ana

MaxNumberOfDevices=100
DevType=[0*i for i in range(MaxNumberOfDevices)]
DevLabel=[0*i for i in range(MaxNumberOfDevices)]
DevNode1=[0*i for i in range(MaxNumberOfDevices)]
DevNode2=[0*i for i in range(MaxNumberOfDevices)]
DevNode3=[0*i for i in range(MaxNumberOfDevices)]
DevModel=[0*i for i in range(MaxNumberOfDevices)]
DevValue=[0*i for i in range(MaxNumberOfDevices)]
Nodes=[]
vkmax=0 # This is for GlobalTruncation Criterion
#
#
# Foet netlist_osc.txt: If you take too large steps initially,
the solver totally screws up and takes ridiculously small time
    # steps and massive voltage solutions!! Totally unreal!
MaxSimTime=1.001e-7 and deltaT=MaxSimTime/10000, nch1 model
    #
# Read modelfile
#
modeldict=ana.readmodelfile('models.txt')
ICdict={}
Plotdict={}
Printdict={}
Optdict={}
Optdict['reltol']=1e-2
Optdict['iabstol']=1e-7
Optdict['vabstol']=1e-2
Optdict['lteratio']=2
```

```
Optdict['MaxTimeStep']=1e-11
Optdict['FixedTimeStep']='False'
Optdict['GlobalTruncation']='True'
Optdict['deltaT']=3e-13
Optdict['MaxSimulationIterations']=200000
Optdict['MaxSimTime']=1e-8
Optdict['ThreeLevelStep']='True'
Optdict['method']='trap'
#
# Read the netlist
#
  DeviceCount=ana.readnetlist('netlist_inv_string.txt',modeldic-
t,ICdict,Plotdict,Printdict,Optdict,DevType,DevValue,DevLabel,Dev
Node1,DevNode2,DevNode3,DevModel,Nodes,MaxNumberOfDevices)
 #
# Create Matrix based on circuit size. We do not implement strict
Modified Nodal Analysis. We keep instead all currents
 # but keep referring to the voltages as absolute voltages. We
believe this will make the operation clearer to the user.
 #
reltol=Optdict['reltol']
iabstol=Optdict['iabstol']
vabstol=Optdict['vabstol']
lteratio=Optdict['lteratio']
MaxTimeStep=Optdict['MaxTimeStep']
FixedTimeStep=(Optdict['FixedTimeStep']=='True')
GlobalTruncation=(Optdict['GlobalTruncation']=='True')
deltaT=Optdict['deltaT']
MaxSimulationIterations=int(Optdict['MaxSimulationIterations'])
ThreeLevelStep=(Optdict['ThreeLevelStep']=='True')
MaxSimTime=Optdict['MaxSimTime']
PointLocal=not GlobalTruncation
method=Optdict['method']
 #
# Create Matrix based on circuit size
#
NumberOfNodes=len(Nodes)
NumberOfCurrents=DeviceCount
MatrixSize=DeviceCount+len(Nodes)
Jacobian=[[0 for i in range(MatrixSize)] for j in range(MatrixSize)]
Jac_inv=[[0 for i in range(MatrixSize)] for j in range(MatrixSize)]
Spare=[[0 for i in range(MatrixSize)] for j in range(MatrixSize)]
STA_matrix=[[0 for i in range(MatrixSize)] for j in range(Matrix
Size)]
STA_rhs=[0 for i in range(MatrixSize)]
```

```python
STA_nonlinear=[0 for i in range(MatrixSize)]
f=[0 for i in range(MatrixSize)]
SetupDict={}
SetupDict['NumberOfNodes']=NumberOfNodes
SetupDict['NumberOfCurrents']=NumberOfCurrents
SetupDict['DeviceCount']=DeviceCount
SetupDict['Nodes']=Nodes
SetupDict['DevNode1']=DevNode1
SetupDict['DevNode2']=DevNode2
SetupDict['DevNode3']=DevNode3
SetupDict['DevValue']=DevValue
SetupDict['DevType']=DevType
SetupDict['DevModel']=DevModel
SetupDict['MatrixSize']=MatrixSize
SetupDict['Jacobian']=Jacobian
SetupDict['STA_matrix']=STA_matrix
SetupDict['STA_rhs']=STA_rhs
SetupDict['STA_nonlinear']=STA_nonlinear
SetupDict['FixedTimeStep']=FixedTimeStep
SetupDict['method']=method
SetupDict['GlobalTruncation']=GlobalTruncation
SetupDict['PointLocal']=PointLocal
SetupDict['vkmax']=vkmax
SetupDict['Vthermal']=1.38e-23*300/1.602e-19
SetupDict['reltol']=reltol
SetupDict['iabstol']=iabstol
SetupDict['vabstol']=vabstol
SetupDict['lteratio']=lteratio
SetupDict['MaxTimeStep']=MaxTimeStep
#
# Create sim environment
#
sol=[0 for i in range(MatrixSize)]
solm1=[0 for i in range(MatrixSize)]
solm2=[0 for i in range(MatrixSize)]
soltemp=[0 for i in range(MatrixSize)]
SimDict={}
SimDict['deltaT']=deltaT
SimDict['ThreeLevelStep']=ThreeLevelStep
SimDict['sol']=sol
SimDict['solm1']=solm1
SimDict['solm2']=solm2
SimDict['soltemp']=soltemp
SimDict['f']=f
#
```

```
# Initial conditions
#
if len(ICdict)>0:
    for i in range(len(ICdict)):
        for j in range(NumberOfNodes):
            if Nodes[j]==ICdict[i]['NodeName']:
                sol[j]=ICdict[i]['Value']
                solm1[j]=ICdict[i]['Value']
                solm2[j]=ICdict[i]['Value']
                print('Setting ',Nodes[j],' to ',sol[j])
#
# Loop through all devices and create jacobian and initial f(v)
entries according to signature
#
ana.build_SysEqns(SetupDict, SimDict, modeldict)
#
f=np.matmul(STA_matrix,sol)-STA_rhs+STA_nonlinear
#
# Initialize Variables
#
val=[[0 for i in range(MaxSimulationIterations)] for j in range
(MatrixSize)]
vin=[0 for i in range(MaxSimulationIterations)]
timeVector=[0 for i in range(MaxSimulationIterations)]
TotalIterations=0
iteration=0
SimTime=0
NewtonIter=0
NewtonConverged=False
LTEIter=0
Converged=False
for i in range(MatrixSize):
    soltemp[i]=sol[i]
#
#Loop through time points
#
while SimTime<MaxSimTime and iteration<MaxSimulationIterations:
    if iteration%100==0:
        print("Iter=",iteration,NewtonIter,LTEIter,deltaT,vkmax,
SimTime)
    SimTime=SimTime+deltaT
    NewtonIter=0
    LTEIter=0
    ResidueConverged=False
    UpdateConverged=False
```

```
            NewtonConverged=False
            Converged=False
            while (not NewtonConverged) and NewtonIter<50:
                NewtonIter=NewtonIter+1
                for i in range(MatrixSize):
                    STA_nonlinear[i]=0
                        ana.update_SysEqns(SimTime, SetupDict, SimDict,
modeldict)
                            SimDict['f']=f=np.matmul(STA_matrix,soltemp)-STA_
rhs+STA_nonlinear
                            ResidueConverged=ana.DidResidueConverge(SetupDict,
SimDict)
     #
     # Now we need the Jacobian
     #
                for i in range(MatrixSize):
                    for j in range(MatrixSize):
                        Jacobian[i][j]=STA_matrix[i][j]
                    ana.build_Jacobian(SetupDict, SimDict, modeldict)
                  UpdateConverged=ana.DidUpdateConverge(SetupDict, SimDict)
                    SolutionCorrection=np.matmul(np.linalg.inv(Jacobian),f)
                    for i in range(MatrixSize):
                        soltemp[i]=soltemp[i]-SolutionCorrection[i]
     #
                    NewtonConverged=ResidueConverged and UpdateConverged
     #
     # Verify if LTE is within set accuracy
     #
                    LTEConverged, MaxLTERatio=ana.DidLTEConverge(SetupDict,
SimDict, iteration, LTEIter, NewtonConverged, timeVector, SimTime,
SolutionCorrection)
             if not LTEConverged:
     #
     #        if LTE did not converge we need to reset the Newton
counter and the temp solution back to the previously accepted time
step
     #
                    NewtonIter=0
                for i in range(MatrixSize):
                    soltemp[i]=sol[i]
     #
     # Update Time Step
     #
                        deltaT, iteration, SimTime, Converged=ana.
UpdateTimeStep(SetupDict, SimDict, LTEConverged, NewtonConverged,
```

```
val, iteration, NewtonIter, MaxLTERatio, timeVector, SimTime)
        TotalIterations=TotalIterations+NewtonIter

        SimDict['deltaT']=deltaT
        if Converged:
            for i in range(MatrixSize):
                sol[i]=soltemp[i]
            for node in range(NumberOfNodes):
                vkmax=max(vkmax,abs(sol[node]))
                SetupDict['vkmax']=vkmax
        if deltaT<1e-15:
            print('Warning: Timestep too short: ',deltaT)
            sys.exit(0)

    reval=[[0 for i in range(iteration)] for j in range(MatrixSize)]
    retime=[0 for i in range(iteration)]
    logvalue=[0 for i in range(iteration)]
    for i in range(iteration):
        for j in range(MatrixSize):
            reval[j][i]=val[j][i]
        retime[i]=timeVector[i]

    ana.plotdata(Plotdict,NumberOfNodes,retime,reval,Nodes)
    if len(Printdict)> 0:
        ana.printdata(Printdict,NumberOfNodes,retime,reval,Nodes)
    print('TotalIterations ',TotalIterations)
```

5.7.7　代码 5.7

```
#!/usr/bin/env python3
# -*- coding: utf-8 -*-
"""
Created on Thu Feb 28 22:33:04 2019

@author: mikael
"""
import numpy as np
import sys
import analogdef as ana


#
# Initial definitions
#
```

```
MaxNumberOfDevices=100
DevType=[0*i for i in range(MaxNumberOfDevices)]
DevLabel=[0*i for i in range(MaxNumberOfDevices)]
DevNode1=[0*i for i in range(MaxNumberOfDevices)]
DevNode2=[0*i for i in range(MaxNumberOfDevices)]
DevNode3=[0*i for i in range(MaxNumberOfDevices)]
DevModel=[0*i for i in range(MaxNumberOfDevices)]
DevValue=[0*i for i in range(MaxNumberOfDevices)]
Nodes=[]
vkmax=0

#
# Read modelfile
#
modeldict=ana.readmodelfile('models.txt')
ICdict={}
Plotdict={}
Printdict={}
Optionsdict={}
Optionsdict['reltol']=1e-2
Optionsdict['iabstol']=1e-7
Optionsdict['vabstol']=1e-2
Optionsdict['lteratio']=2
Optionsdict['deltaT']=1e-12
Optionsdict['NIterations']=200
Optionsdict['GlobalTruncation']=True
Optionsdict['method']='be'
#
# Read the netlist
#
DeviceCount=ana.readnetlist('netlist_tran_5p11.txt',modeldict,
ICdict,Plotdict,Printdict,Optionsdict,DevType,DevValue,DevLabel,De
vNode1,DevNode2,DevNode3,DevModel,Nodes,MaxNumberOfDevices)
    #
    # Create Matrix based on circuit size. We do not implement strict
Modified Nodal Analysis. We keep instead all currents
    # but keep referring to the voltages as absolute voltages. We
believe this will make the operation clearer to the user.
    #
    #
    # Create Matrix based on circuit size
    #
MatrixSize=DeviceCount+len(Nodes)
NumberOfNodes=len(Nodes)
NumberOfCurrents=DeviceCount
```

```
Jacobian=[[0 for i in range(MatrixSize)] for j in range(MatrixSize)]
Jac_inv=[[0 for i in range(MatrixSize)] for j in range(MatrixSize)]
Spare=[[0 for i in range(MatrixSize)] for j in range(MatrixSize)]
    STA_matrix=[[0  for  i  in  range(MatrixSize)]  for  j  in
range(MatrixSize)]
 STA_rhs=[0 for i in range(MatrixSize)]
 STA_nonlinear=[0 for i in range(MatrixSize)]
CapMatrix=[[0 for i in range(MatrixSize)] for j in range(MatrixSize)]
    FrachetMatrix=[[0  for  i  in  range(MatrixSize)]  for  j  in
range(MatrixSize)]
  for i in range(MatrixSize):
      FrachetMatrix[i][i]=1
  IdentityMatrix=[[0 for i in range(MatrixSize)] for j in range
(MatrixSize)]
  for i in range(MatrixSize):
      IdentityMatrix[i][i]=1
 f=[0 for i in range(MatrixSize)]
 maxSol=[0 for i in range(10)]
 #
 deltaT=Optionsdict['deltaT']
 NIterations=int(Optionsdict['NIterations'])
 GlobalTruncation=Optionsdict['GlobalTruncation']
 PointLocal=not GlobalTruncation
 reltol=Optionsdict['reltol']
 iabstol=Optionsdict['iabstol']
 vabstol=Optionsdict['vabstol']
 lteratio=Optionsdict['lteratio']
 method=Optionsdict['method']
 #
 SetupDict={}
 SetupDict['NumberOfNodes']=NumberOfNodes
 SetupDict['NumberOfCurrents']=NumberOfCurrents
 SetupDict['DeviceCount']=DeviceCount
 SetupDict['Nodes']=Nodes
 SetupDict['DevNode1']=DevNode1
 SetupDict['DevNode2']=DevNode2
 SetupDict['DevNode3']=DevNode3
 SetupDict['DevValue']=DevValue
 SetupDict['DevType']=DevType
 SetupDict['DevModel']=DevModel
 SetupDict['MatrixSize']=MatrixSize
 SetupDict['Jacobian']=Jacobian
 SetupDict['STA_matrix']=STA_matrix
 SetupDict['STA_rhs']=STA_rhs
 SetupDict['STA_nonlinear']=STA_nonlinear
```

```
        SetupDict['method']=method
        SetupDict['reltol']=reltol
        SetupDict['iabstol']=iabstol
        SetupDict['vabstol']=vabstol
        SetupDict['lteratio']=lteratio
        SetupDict['GlobalTruncation']=GlobalTruncation
        SetupDict['PointLocal']=PointLocal
        SetupDict['vkmax']=vkmax
        #
        # Create sim parameters
        #
        deltaT=Optionsdict['deltaT']
        sol=np.zeros(MatrixSize)#[0.0 for i in range(MatrixSize)]
        solm1=np.zeros(MatrixSize)#[0.0 for i in range(MatrixSize)]
        soltemp=np.zeros(MatrixSize)#[0.0 for i in range(MatrixSize)]
        solInit=np.zeros(MatrixSize)#[0.0 for i in range(MatrixSize)]
        SimDict={}
        SimDict['deltaT']=deltaT
        SimDict['sol']=sol
        SimDict['solm1']=solm1
        SimDict['solInit']=solInit
        SimDict['soltemp']=soltemp
        SimDict['f']=f
        #
        # Loop through all devices and create jacobian and initial f(v)
        entries according to signature
        #
        ana.build_SysEqns(SetupDict, SimDict, modeldict)
        f=np.matmul(STA_matrix,sol)-STA_rhs+STA_nonlinear
        #
        #Loop through frequency points
        #
        # We first calculated the STA matrix STA_rhs + STA_nonlinear
        element
        Npnts=int(Period/deltaT)
        val=[[0 for i in range(Npnts)] for j in range(MatrixSize)]
        vin=[0 for i in range(20)]
        for ShootingIter in range(10):
            for i in range(MatrixSize):
                sol[i]=solInit[i]
            timepnts=[i*deltaT for i in range(Npnts)]
            for iter in range(Npnts):
                if iter%100==0:
                    print("Iter=",iter)
                SimTime=iter*deltaT
```

```
              for i in range(MatrixSize):
                  soltemp[i]=sol[i]
          NewIter=500
          ResidueConverged=False
          UpdateConverged=False
          NewtonConverged=False
          NewtonIter=0
      #
      #    for Newtoniter in range(NewIter):
      #
          while not NewtonConverged and NewtonIter<50:
              NewtonIter=NewtonIter+1

              for i in range(MatrixSize):
                  STA_nonlinear[i]=0
                  ana.update_SysEqns(SimTime, SetupDict, SimDict,
    modeldict)
                  SimDict['f']=f=np.matmul(STA_matrix,soltemp)-STA_
    rhs+STA_nonlinear

                  ResidueConverged=ana.DidResidueConverge(SetupDict,
    SimDict)
          #
          # Now we need the Jacobian
          #
              for i in range(MatrixSize):
                  for j in range(MatrixSize):
                      Jacobian[i][j]=STA_matrix[i][j]
              SetupDict['Jacobian']=Jacobian
              ana.build_Jacobian(SetupDict, SimDict, modeldict)
                  UpdateConverged=ana.DidUpdateConverge(SetupDict,
    SimDict)

              Jacobian=SetupDict['Jacobian']
              SolutionCorrection=np.matmul(np.linalg.inv(Jacobian),f)
                  for i in range(MatrixSize):
                      soltemp[i]=soltemp[i]-SolutionCorrection[i]

              NewtonConverged=ResidueConverged and UpdateConverged
              if NewtonConverged:
                  for i in range(MatrixSize):
                      solm1[i]=sol[i]
                  for node in range(NumberOfNodes):
                      vkmax=max(vkmax,abs(sol[node]))
                      SetupDict['vkmax']=vkmax
```

```
f=np.matmul(STA_matrix,soltemp)-STA_rhs+STA_nonlinear
                for i in range(MatrixSize):
                    sol[i]=soltemp[i]
                    val[i][iter]=sol[i]
                #
                #Calculate new FrachetMatrix
                #
                for i in range(DeviceCount):
                    if DevType[i]=='capacitor':
                        CapMatrix[Nodes.index(DevNode1[i])][Nodes.
index(DevNode2[i])]=DevValue[i]
                        CapMatrix[Nodes.index(DevNode2[i])][Nodes.
index(DevNode1[i])]=DevValue[i]
                    elif DevType[i]=='inductor':
                        print('Error: this shooting code only imple-
ments capacitors as dynamic elements\n')
                        sys.exit(1)
                FrachetMatrix=np.matmul(np.linalg.inv(Jacobian),np.
matmul(CapMatrix,FrachetMatrix))/deltaT
            else:
                print('Newtoniteration did not converge.\nexiting
...\n')
                sys.exit(0)
        #
        # Find out maximum difference in initial value
        #
        maxSol[ShootingIter]=max(abs(sol-solInit))
        #
        # Calculate new initial value based on previous step result
        #
                                solInit=solInit+np.matmul(np.linalg.
inv(IdentityMatrix-FrachetMatrix),(sol-solInit))
    ana.plotdata(Plotdict,NumberOfNodes,timepnts,val,Nodes)
    #
    if len(Printdict)> 0:
        ana.printdata(Printdict,NumberOfNodes,timepnts,val,Nodes)
    #
```

5.7.8 代码 5.8

```
#!/usr/bin/env python3
# -*- coding: utf-8 -*-
"""
```

```
Created on Thu Feb 28 22:33:04 2019

@author: mikael
"""
import numpy as np
from scipy.fftpack import fft, ifft
import matplotlib.pyplot as plt
import math
import analogdef as ana

#
# Function definitions
#
MaxNumberOfDevices=100
DevType=[0*i for i in range(MaxNumberOfDevices)]
DevLabel=[0*i for i in range(MaxNumberOfDevices)]
DevNode1=[0*i for i in range(MaxNumberOfDevices)]
DevNode2=[0*i for i in range(MaxNumberOfDevices)]
DevNode3=[0*i for i in range(MaxNumberOfDevices)]
DevModel=[0*i for i in range(MaxNumberOfDevices)]
DevValue=[0*i for i in range(MaxNumberOfDevices)]
Nodes=[]
#
# Read modelfile
#
modeldict=ana.readmodelfile('models.txt')
ICdict={}
Plotdict={}
Printdict={}
Optionsdict={}
SetupDict={}
Optionsdict['NHarmonics']=32
Optionsdict['Period']=1e-9
Optionsdict['PAC']='False'
Optionsdict['MaxNewtonIterations']=15
Optionsdict['iabstol']=1e-7
#
# Read the netlist
#netlist_mixer_hb_5p14.txt
DeviceCount=ana.readnetlist('netlist_tran_5p6.txt',modeldict,IC
dict,Plotdict,Printdict,Optionsdict,DevType,DevValue,DevLabel,Dev
Node1,DevNode2,DevNode3,DevModel,Nodes,MaxNumberOfDevices)
#
# Create Matrix based on circuit size. We do not implement strict
Modified Nodal Analysis. We keep instead all currents
```

```python
    # but keep referring to the voltages as absolute voltages. We
believe this will make the operation clearer to the user.
    #
    #
    # Create Matrix based on circuit size
    #
    NHarmonics=Optionsdict['NHarmonics']
    Period=Optionsdict['Period']
    run_PAC=(Optionsdict['PAC']=='True')
    NSamples=2*(NHarmonics-1)
    TotalHarmonics=2*NHarmonics-1
    NumberOfNodes=len(Nodes)
    MatrixSize=(DeviceCount+len(Nodes))*TotalHarmonics
    Jacobian=[[0 for i in range(MatrixSize)] for j in range(MatrixSize)]
    Jac_inv=[[0 for i in range(MatrixSize)] for j in range(MatrixSize)]
    Spare=[[0 for i in range(MatrixSize)] for j in range(MatrixSize)]
    STA_matrix=[[0 for i in range(MatrixSize)] for j in range(Matrix
Size)]
    STA_rhs=[0 for i in range(MatrixSize)]
    STA_nonlinear=[0 for i in range(MatrixSize)]
    f=[0 for i in range(MatrixSize)]
        Template=[[0 for i in range(TotalHarmonics)] for j in
range(TotalHarmonics)]

    Jacobian_Offset=int(TotalHarmonics/2)
    omegak=[0 for i in range(TotalHarmonics)]
    HarmonicsList=[0 for i in range(TotalHarmonics)]
    Samples=[i*Period/NSamples for i in range(NSamples)]
    #
    # Create sim parameters
    #
    SetupDict['NumberOfNodes']=NumberOfNodes
    SetupDict['DeviceCount']=DeviceCount
    SetupDict['DevValue']=DevValue
    SetupDict['TotalHarmonics']=TotalHarmonics
    SetupDict['Jacobian_Offset']=Jacobian_Offset
    SetupDict['NSamples']=NSamples
    SetupDict['DevNode1']=DevNode1
    SetupDict['DevNode2']=DevNode2
    SetupDict['DevNode3']=DevNode3
    SetupDict['DevType']=DevType
    SetupDict['DevLabel']=DevLabel
    SetupDict['DevModel']=DevModel
    SetupDict['Nodes']=Nodes
    SetupDict['STA_matrix']=STA_matrix
```

```
SetupDict['Jacobian']=Jacobian
SetupDict['STA_rhs']=STA_rhs
SetupDict['STA_nonlinear']=STA_nonlinear
SetupDict['omegak']=omegak
iabstol=Optionsdict['iabstol']

sol=np.zeros(MatrixSize)+1j*np.zeros(MatrixSize)
SolutionCorrection=np.zeros(MatrixSize)+1j*np.zeros(MatrixSize)
TransistorOutputTime=[0 for i in range(NSamples)]
TransistorOutputTimeDerivative=[0 for i in range(TotalHarmonics)]
TransistorOutputFreq=[0 for i in range(TotalHarmonics)]
Jlkm=[0 for i in range(TotalHarmonics)]
Jlko=[0 for i in range(TotalHarmonics)]
Vg=[0 for i in range(TotalHarmonics)]
Vs=[0 for i in range(TotalHarmonics)]
Vd=[0 for i in range(TotalHarmonics)]
VgTime=[0 for i in range(NSamples)]
VsTime=[0 for i in range(NSamples)]
VdTime=[0 for i in range(NSamples)]
gm=[0 for i in range(TotalHarmonics)]
Vp=[0 for i in range(TotalHarmonics)]
Vn=[0 for i in range(TotalHarmonics)]
VpTime=[0 for i in range(NSamples)]
VnTime=[0 for i in range(NSamples)]
IOscFilterSpec=[0 for i in range(TotalHarmonics)]
IOscFilter=[0 for i in range(NSamples)]
#
SimDict={}
SimDict['sol']=sol
#
# Loop through all devices and create jacobian and initial f(v)
entries according to signature
#
for i in range(2*NHarmonics-1):
    HarmonicsList[i]=i
for i in range(TotalHarmonics):
    omegak[i]=(1-NHarmonics+i)*2*math.pi/Period

ana.build_SysEqns_HB(SetupDict, SimDict, modeldict)


f=np.matmul(STA_matrix,sol)-STA_rhs+STA_nonlinear
#
#Loop through frequency points
#
```

```python
    # We first calculated the STA matrix STA_rhs + STA_nonlinear
element
    TimePnts=[i*Period/NSamples for i in range(NSamples)]
    NewIter=int(Optionsdict['MaxNewtonIterations'])
    Newtoniter=0
    while Newtoniter < NewIter and abs(max(f)) > iabstol:
        print('NewtonIteration :',Newtoniter,abs(max(f)))
        #
        # Update the nonlinear term column matrix
        #
        for i in range(MatrixSize):
            STA_nonlinear[i]=0
        ana.update_SysEqns_HB(SetupDict, SimDict, modeldict)
        f=np.matmul(STA_matrix,sol)-STA_rhs+STA_nonlinear


    #
    # Now we need the Jacobian
    #
        for i in range(MatrixSize):
            for j in range(MatrixSize):
                Jacobian[i][j]=STA_matrix[i][j]
        ana.build_Jacobian_HB(SetupDict, SimDict, modeldict)

        SolutionCorrection=np.matmul(np.linalg.inv(Jacobian),f)
        for i in range(MatrixSize):
            sol[i]=sol[i]-SolutionCorrection[i]
        Newtoniter=Newtoniter+1

    for j in range(TotalHarmonics):
        Vn[j]=sol[Nodes.index('outp')*TotalHarmonics+j]
    #   Vp[j]=sol[Nodes.index('n1')*TotalHarmonics+j]
    VnTime=ana.idft(Vn,TotalHarmonics)
    #VpTime=ana.idft(Vp,TotalHarmonics)
    #plt.plot(VpTime)
    plt.plot(TimePnts,VnTime)

    if run_PAC:
        STA_rhs=[0 for i in range(MatrixSize)]
        val=[[0 for i in range(100)] for j in range(4)]
        for iter in range(100):
            omega=iter*1e6*2*3.14159265
            print('Frequency sweep:',iter*1e6)
            for i in range(DeviceCount):
                for row in range(TotalHarmonics):
                    if DevType[i]=='capacitor':
```

```
                    if DevNode1[i] != '0' :
                        Jacobian[(NumberOfNodes+i)*TotalHarmoni
cs+row][Nodes.index(DevNode1[i])*TotalHarmonics+row]=1j*(omegak
[row]+(np.sign(omegak[row])+(omegak[row]==0))*omega)*DevValue[i]
                    if DevNode2[i] != '0' :
                        Jacobian[(NumberOfNodes+i)*TotalHarmoni
cs+row][Nodes.index(DevNode2[i])*TotalHarmonics+row]=-1
j*(omegak[row]+(np.sign(omegak[row])+(omegak[row]==0))*omega)*De
vValue[i]
                if DevType[i]=='inductor':
                    Jacobian[(NumberOfNodes+i)*TotalHarmonics+
row][(NumberOfNodes+i)*TotalHarmonics+row]=-1j*(omegak[row]+(np.
sign(omegak[row])+(omegak[row]==0))*omega)*DevValue[i]
                if DevType[i]=='CurrentSource':
                    if DevLabel[i]=='i1':
                        STA_rhs[(NumberOfNodes+i)*TotalHarmonic
s+row]=1*(row==Jacobian_Offset)
                    else:
                        STA_rhs[(NumberOfNodes+i)*TotalHarmonic
s+row]=-(row==Jacobian_Offset)
        sol=np.matmul(np.linalg.inv(Jacobian),STA_rhs)
        val[0][iter]=abs(sol[6*TotalHarmonics+Jacobian_Offset])
        val[1][iter]=20*math.log10(abs(sol[6*TotalHarmonics+Jac
obian_Offset+1]))

val[2][iter]=abs(sol[6*TotalHarmonics+Jacobian_Offset+2])

val[3][iter]=abs(sol[6*TotalHarmonics+Jacobian_Offset+3])
    plt.plot(val[1])
```

5.7.9　代码 5.9

```
#!/usr/bin/env python3
# -*- coding: utf-8 -*-
"""
Created on Thu Feb 28 22:33:04 2019

@author: mikael
"""
import numpy as np
from scipy.fftpack import fft, ifft
import matplotlib.pyplot as plt
import math
```

```
import analogdef as ana

#
# Function definitions
#
MaxNumberOfDevices=100
DevType=[0*i for i in range(MaxNumberOfDevices)]
DevLabel=[0*i for i in range(MaxNumberOfDevices)]
DevNode1=[0*i for i in range(MaxNumberOfDevices)]
DevNode2=[0*i for i in range(MaxNumberOfDevices)]
DevNode3=[0*i for i in range(MaxNumberOfDevices)]
DevModel=[0*i for i in range(MaxNumberOfDevices)]
DevValue=[0*i for i in range(MaxNumberOfDevices)]
Nodes=[]
#
# Read modelfile
#
modeldict=ana.readmodelfile('models.txt')
ICdict={}
Plotdict={}
Printdict={}
Optionsdict={}
SetupDict={}
Optionsdict['NHarmonics']=8
Optionsdict['Period']=1/5032661878.243104
Optionsdict['PNOISE']='False'
Optionsdict['iabstol']=1e-11
#
# Read the netlist
#
DeviceCount=ana.readnetlist('netlist_osc_hb_pn_5p16.txt',modeld
ict,ICdict,Plotdict,Printdict,Optionsdict,DevType,DevValue,DevLab
el,DevNode1,DevNode2,DevNode3,DevModel,Nodes,MaxNumberOfDevices)
#
# Create Matrix based on circuit size. We do not implement strict
Modified Nodal Analysis. We keep instead all currents
# but keep referring to the voltages as absolute voltages. We
believe this will make the operation clearer to the user.
#
#
# Create Matrix based on circuit size
#
NHarmonics=int(Optionsdict['NHarmonics'])
Period=Optionsdict['Period']
run_PNOISE=(Optionsdict['PNOISE']=='True')
```

```python
    NSamples=2*(NHarmonics-1)
    TotalHarmonics=2*NHarmonics-1
    NumberOfNodes=len(Nodes)
    MatrixSize=(DeviceCount+len(Nodes))*TotalHarmonics
Jacobian=[[0 for i in range(MatrixSize)] for j in range(MatrixSize)]
 Jac_inv=[[0 for i in range(MatrixSize)] for j in range(MatrixSize)]
    Spare=[[0 for i in range(MatrixSize)] for j in range(MatrixSize)]
      STA_matrix=[[0   for   i   in   range(MatrixSize)]   for   j   in
range(MatrixSize)]
    STA_rhs=[0 for i in range(MatrixSize)]
    STA_nonlinear=[0 for i in range(MatrixSize)]
    f=np.zeros(MatrixSize)+1j*np.zeros(MatrixSize)
      Template=[[0   for   i   in   range(TotalHarmonics)]   for   j   in
range(TotalHarmonics)]

    Jacobian_Offset=int(TotalHarmonics/2)
    omegak=[0 for i in range(TotalHarmonics)]
    HarmonicsList=[0 for i in range(TotalHarmonics)]
    Samples=[i*Period/NSamples for i in range(NSamples)]
    #
    # Create sim parameters
    #
    SetupDict['NumberOfNodes']=NumberOfNodes
    SetupDict['DeviceCount']=DeviceCount
    SetupDict['DevValue']=DevValue
    SetupDict['TotalHarmonics']=TotalHarmonics
    SetupDict['Jacobian_Offset']=Jacobian_Offset
    SetupDict['NSamples']=NSamples
    SetupDict['DevNode1']=DevNode1
    SetupDict['DevNode2']=DevNode2
    SetupDict['DevNode3']=DevNode3
    SetupDict['DevType']=DevType
    SetupDict['DevLabel']=DevLabel
    SetupDict['DevModel']=DevModel
    SetupDict['Nodes']=Nodes
    SetupDict['STA_matrix']=STA_matrix
    SetupDict['Jacobian']=Jacobian
    SetupDict['STA_rhs']=STA_rhs
    SetupDict['STA_nonlinear']=STA_nonlinear
    SetupDict['omegak']=omegak
    iabstol=Optionsdict['iabstol']
    #
    sol=np.zeros(MatrixSize)+1j*np.zeros(MatrixSize)
    SolutionCorrection=np.zeros(MatrixSize)+1j*np.zeros(MatrixSize)
    TransistorOutputTime=[0 for i in range(NSamples)]
```

```
TransistorOutputTimeDerivative=[0 for i in range(TotalHarmonics)]
TransistorOutputFreq=[0 for i in range(TotalHarmonics)]
Jlkm=[0 for i in range(TotalHarmonics)]
Jlko=[0 for i in range(TotalHarmonics)]
Vg=[0 for i in range(TotalHarmonics)]
Vs=[0 for i in range(TotalHarmonics)]
Vd=[0 for i in range(TotalHarmonics)]
VgTime=[0 for i in range(NSamples)]
VsTime=[0 for i in range(NSamples)]
VdTime=[0 for i in range(NSamples)]
gm=[0 for i in range(TotalHarmonics)]
Vp=[0 for i in range(TotalHarmonics)]
Vn=[0 for i in range(TotalHarmonics)]
VpTime=[0 for i in range(NSamples)]
VnTime=[0 for i in range(NSamples)]
IOscFilterSpec=[0 for i in range(TotalHarmonics)]
IOscFilter=[0 for i in range(NSamples)]
#
SimDict={}
SimDict['sol']=sol
#
# Loop through all devices and create jacobian and initial f(v)
entries according to signature
#
for i in range(2*NHarmonics-1):
    HarmonicsList[i]=i
for i in range(TotalHarmonics):
    omegak[i]=(1-NHarmonics+i)*2*math.pi/Period

for i in range(DeviceCount):
    if DevType[i] == 'oscfilter':
        OscFilterIndex=i
    if(DevLabel[i] == 'vinp'):
        StimulusIndex=i
ana.build_SysEqns_HB(SetupDict, SimDict, modeldict)

#f=np.matmul(STA_matrix,sol)-STA_rhs+STA_nonlinear
#
#Loop through frequency points
#
 # We first calculated the STA matrix STA_rhs + STA_nonlinear
element
for AmpIndex in range(1):
     STA_rhs[(NumberOfNodes+StimulusIndex)*TotalHarmonics+Jacob
ian_Offset+1]=.23577+float (AmpIndex)/100000
```

```
        STA_rhs[(NumberOfNodes+StimulusIndex)*TotalHarmonics+Jacob
ian_Offset-1]=.23577+float (AmpIndex)/100000
    NewIter=15
    Newtoniter=0
    f[0]=1j
    while Newtoniter < NewIter and max(abs(f)) > iabstol:
        print('NewtonIteration :',Newtoniter,max(abs(f)))
        #
        # Update the nonlinear term column matrix
        #
        for i in range(MatrixSize):
            STA_nonlinear[i]=0
        ana.update_SysEqns_HB(SetupDict, SimDict, modeldict)
        f=np.matmul(STA_matrix,sol)-STA_rhs+STA_nonlinear
    #
    # Now we need the Jacobian
    #
        for i in range(MatrixSize):
            for j in range(MatrixSize):
                Jacobian[i][j]=STA_matrix[i][j]
        ana.build_Jacobian_HB(SetupDict, SimDict, modeldict)
        SolutionCorrection=np.matmul(np.linalg.inv(Jacobian),f)
        for i in range(MatrixSize):
            sol[i]=sol[i]-SolutionCorrection[i]


        Newtoniter=Newtoniter+1


    f=np.matmul(STA_matrix,sol)-STA_rhs+STA_nonlinear
    for j in range(TotalHarmonics):
        Vp[j]=sol[3*TotalHarmonics+j]
        Vn[j]=sol[4*TotalHarmonics+j]
        IOscFilterSpec[j]=sol[(NumberOfNodes+OscFilterIndex)*To
talHarmonics+j]
    VnTime=ana.idft(Vn,TotalHarmonics)
    VpTime=ana.idft(Vp,TotalHarmonics)
    IOscFilter=ana.idft(IOscFilterSpec,TotalHarmonics)
     print('rms ',np.real(np.sqrt(np.mean(IOscFilter**2)))),STA_
rhs[(NumberOfNodes+StimulusIndex)*TotalHarmonics+Jacob
ian_Offset+1])
   #plt.plot(IOscFilter)

    if run_PNOISE:
        #
        # Decouple the driving circuit from the system
```

```
        #
        Jacobian=SetupDict['Jacobian']
        Jacobian[(NumberOfNodes+OscFilterIndex)*TotalHarmonics+Jaco
bian_Offset-1][(NumberOfNodes+OscFilterIndex)*TotalHarmonics+Jacob
ian_Offset-1]=-1e18
        Jacobian[(NumberOfNodes+OscFilterIndex)*TotalHarmonics+Jaco
bian_Offset+1][(NumberOfNodes+OscFilterIndex)*TotalHarmonics+Jacob
ian_Offset+1]=-1e18
        #
    # We need to recalculate the Matrix due to the frequency terms
from the inductors+capacitors
        #
        STA_rhs=[0 for i in range(MatrixSize)]
        val=[[0 for i in range(100)] for j in range(4)]
        for iter in range(100):
            omega=(iter)*1e6*2*math.pi
            for i in range(DeviceCount):
                for row in range(TotalHarmonics):
                    if DevType[i]=='capacitor':
                        if DevNode1[i] != '0' :
                            Jacobian[(NumberOfNodes+i)*TotalHarmoni
cs+row][Nodes.index(DevNode1[i])*TotalHarmonics+row]=1j*(omegak[r
ow]+(np.sign(omegak[row])+(omegak[row]==0))*omega)*DevValue[i]
                        if DevNode2[i] != '0' :
                            Jacobian[(NumberOfNodes+i)*TotalHarmoni
cs+row][Nodes.index(DevNode2[i])*TotalHarmonics+row]=-
1j*(omegak[row]+(np.sign(omegak[row])+(omegak[row]==0))*omega)*De
vValue[i]

                    if DevType[i]=='inductor':
                        Jacobian[(NumberOfNodes+i)*TotalHarmonics+
row][(NumberOfNodes+i)*TotalHarmonics+row]=-1j*(omegak[row]+(np.
sign(omegak[row])+(omegak[row]==0))*omega)*DevValue[i]
                    if DevType[i]=='CurrentSource': # Adding current
source between transistor drain-source
                        STA_rhs[(NumberOfNodes+i)*TotalHarmonics+ro
w]=.5*(row==Jacobian_Offset+1)+.5*(row==Jacobian_Offset-1)
            sol=np.matmul(np.linalg.inv(Jacobian),STA_rhs)
            val[0][iter]=abs(sol[3*TotalHarmonics+Jacobian_Offset])

val[1][iter]=abs(sol[3*TotalHarmonics+Jacobian_Offset+1])

val[2][iter]=abs(sol[3*TotalHarmonics+Jacobian_Offset+2])
            val[3][iter]=20*math.log10(val[1][iter])#abs(sol[2*Tota
lHarmonics+Jacobian_Offset+3])**2
        plt.plot(val[3])
```

5.8　练习

1. 运行代码和网表。在哪里中断？为什么中断？如果有任何问题，请访问 www.fastictechniques.com 更新代码版本并讨论。

2. 说明 PMOS 晶体管的数学实现细节，并与附录 A 中的代码实现进行比较。代码是否能够正确工作？如果不能的话，请加以改进。

3. 按照 5.4.4 节中要点实现电荷守恒非线性电容。通过施加上 / 下斜坡电压进行验证，并计算峰值处和末端处的电荷。使用如下的电容器：

$$C(u) = \frac{C_0}{1 + \dfrac{U}{U_0}}$$

4. 通过时间导数的数值近似计算得到的电容器电流精度较低。电容器两端电压的任何快速上升都可能导致电流误差过大。假设我们有一个电压斜坡的非线性电容，使用后向欧拉法、梯形方法和二阶 Gear 法模拟上述情况，并解释响应的差异。

5. 仿真一个具有接地电容和跨栅极 – 漏极电容的 CMOS 反相器，并基于手工计算时延，表明仿真器给出了适当的响应。

6. 仿真图 5-48 中的五个晶体管电路。响应是否合理？有什么可以改进的地方？

7. 重新设计图 5-8 中的带隙，使其温度达到 27℃。

8. 构造一个可结合初始瞬态和后续稳态仿真的仿真器。

9. 仿真 5.5.7 节中的放大器，其振幅 $A=1$V，并检查输出谐波，与方波的谐波进行比较。

10. 使用打靶法和谐波平衡法完成多音的 Python 代码实现。

11. 通过将 5.5.2 节中开发的谐波平衡程序封装在一个缓慢变化的控制调制电路的时间步循环中，实现包络分析仿真算法。在一个简单的网表上试着实现上述算法。

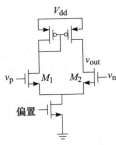

图 5-48　简单的五个晶体管增益级

12. 实现一个周期稳态求解器，其中包括电感。

13. 周期 S 参数、传递函数和稳定性分析是我们在第 4 章讨论的算法的简要推广，在 Python 中实现它们，并与简单情况进行比较，以确保它们正常运行。

14. 实现准周期 Python 代码，该代码可以围绕某些主谐波频率生成谐波。

参考文献

1. Pedro, J., Root, D., Xu, J., & Nunes, L. (2018). *Nonlinear circuit simulation and modeling: Fundamentals for microwave design* (The Cambridge RF and Microwave Engineering Series). Cambridge: Cambridge University Press. https://doi.org/10.1017/9781316492963

2. Antognetti, P., & Massobrio, G. (2010). *Semiconductor device modeling with spice* (2nd ed.). India: McGraw Hill Education.

3. Kundert, K., White, J., & Sangiovanni-Vicentelli. (1990). *Steady-state methods for simulating*

analog and microwave circuits. Norwell, MA: Kluwer Academic Publications.

4. Kundert, K. (1995). *The designers guide to spice and spectre.* Norwell, MA: Kluwer Academic Press.

5. Najm, F. N. (2010). *Circuit simulation.* Hobroken, NJ: Wiley.

6. Berry, R. D. (1971). An optimal ordering of electronic circuit equations for a sparse matrix solution. *IEEE Transactions on Circuit Theory, 18,* 40–50.

7. Calahan, D. A. (1972). *Computer-Aided Network Design* (revised ed.). New York, NY: McGraw-Hill.

8. Chua, L. O., & Lin, P.-M. (1975). *Computer-aided analysis of electronic circuits.* New York, NY: McGraw-Hill.

9. Gear, C. W. (1971). *Numerical initial value problems in ordinary differential equations.* Englewood Cliffs, NJ: Prentice-Hall.

10. Hachtel, G. D., Brayton, R. K., & Gustavson, F. G. (1971). The sparse tableau approach to network analysis and design. *IEEE Transactions on Circuit Theory, 18,* 101–113.

11. Ho, C.-W., Zein, A., Ruehli, A. E., & Brennan, P. A. (1975). The modified nodal approach to network analysis. *IEEE Transactions on Circuits and Systems, 22,* 504–509.

12. Milne, W. E. (1949). A note on the numerical integration of differential equations. *Journal of Researchof the National Bureau of Standards, 43,* 537–542.

13. Nagel L. W. (1975). *SPICE2: A computer program to simulate Semiconductor Circuits.* PhD thesis, University of Caliornia, Berkeley. Memorandum No ERL-M520.

14. Nagel, L. W., & Pederson, D. O. (1973). Simulation program with integrated circuit emphasis. In *Proceedings of the sixteenth midwest symposium on circuit theory.* Canada: Waterloo.

15. Ogrodzki, J. (1994). *Circuit simulation methods and algorithms.* Boca Raton, FL: CRC Press.

16. Vlach, J., & Singhai, K. (1994). *Computer methods for circuit analysis and design* (New York, NY, 2nd ed.). Van Nostrand Reinhold Co.

17. McCalla, W. J. (1988). *Fundamentals of computer-aided circuit simulation.* Norwell, MA: Kluwer Academic Publishers.

18. Ho, C. W., Zein, D. A., Ruehli, A. E., & Brennan, P. A. (1977). An algorithm for DC solutions in an experimental general purpose interactive circuit design program. *IEEE Transactions on Circuits and Systems, 24, 416,* –422.

19. Ruehli A. E., (Eds.). (1986). *Circuit analysis, simulation and design – Part I,* North-Holland, Amsterdam published as Volume 3 of *Advances in CAD for VLSI.*

20. Ruehli A. E., (Eds.). (1987). *Circuit analysis, simulation and design – Part 2,* North-Holland, Amsterdam published as Volume 3 of *Advances in CAD for VLSI.*

21. Vladimirescu, A. (1994). *The spice book.* New York, NY: Wiley.

22. Suarez, A. (2009). *Analysis and design of autonomous microwave circuits.* Hobroken, NJ: Wiley-IEEE Press.

23. Sahrling, M. (2019). *Fast techniques for integrated circuit design.* Cambridge: Cambridge University Press.

24. Gustafsson, K. (1988). *Stepsize control in ODE-solvers: Analysis and synthesis,* Thesis, Lund: Lund University Publications.

实际场景中的仿真器

至此，本书已经介绍了电路仿真器的一些基本原理。在所提供代码的帮助下，读者可以更好地了解到仿真器各方面的优势和不足。在这些知识的基础上，本章将讨论使用仿真器和设计项目时的最佳方案，仅基于作者的个人观点，但希望读者能在此过程中有所受益。每个开发者都有其独到的经验理解，因而在设计工作的方法上略有不同。总而言之，我们将尽量避免有争议或非常主观的方法，并尽可能针对设计师在行业中最有可能遇到的情况提供解决方案。

从根本上来讲，工程师的任务是设计具有合理良率的电路，以确保其在投入生产过程中的经济可行性，本章所阐述的内容也基于这个原则。工业界专家与学术界专家的工作各有侧重。在学术界，发明使用器件的新方法或探索新技术是最重要的，虽然工业界专家也非常热衷于发明使用器件的新方法，但他们的根本目标是制造可以批量生产的最终产品。这些不同的出发点将使两者的工作各有侧重，而本章将更多地展示工业界专家的方法。

我们首先在 6.1 节讨论新工艺技术的优秀示例，此处所指的新工艺技术可以是刚刚从代工厂发布的一种全新的高端技术，或者可能只是对用户来说是新的。最糟糕的做法就是在对代工厂建模团队构建模型的方式一无所知的情况下直接开始仿真！此时模型选项可能没有针对特定应用场景进行适当调整。如果没有第一时间发现这一点，那么仿真结果与实验室电路的测试结果将相去甚远。我们将在 6.2 节讨论小模块电路仿真策略，并在本章的最后介绍设计大模块电路的典型仿真流程。

6.1 使用新工艺技术时的模型验证策略

假设我们要使用一种新的工艺技术来进行项目设计，该技术可能只是对用户来说是新的，或者是一种刚刚上线的全新技术。现在新工艺更新的速度非常快，如果读者从事的项目与最新技术紧密相关，那么将对这种情况习以为常。目前，半导体行业中功耗和资金方面的成本被压缩得越来越低，而这两者都与晶体管尺寸紧密相关，因此半导体行业有很大的动力去微缩晶体管的尺寸。在这一过程中首先要做的就是深入了解器件模型，我们将在接下来的内容中讨论这一点。

通常，当接触一项新技术时，人们首先会得到一组模型文件，而这些模型文件根据工艺的成熟度会或多或少地反映器件的情况。一个成熟的工艺，例如经典的台积电 180nm 这种已经在有源设计中采用了数十年的工艺流程，就会比刚刚上线的最新超小几何尺寸 CMOS 工艺更可信。但是，即使对于台积电 180nm 工艺而言，也需要着重了解这些模型各自的优势与不足。对于新工艺而言，设计师的难点在于如何衡量模型的质量。现代的代工厂拥有专业的员工团队，他们会非常小心地表征有源器件，但如果是新的工艺，各种时间上的压力都会导致模型失真，尤其是工艺流程可能会出现故障，因此需要由设计师来判断模型的成熟度，代工厂通常会非常欢迎设计人员提出模型的异常反馈。

我们应该做什么样的表征？这个问题在细节上往往取决于具体应用，但我们将提供一组通用的仿真方案，在进行设计任务时，这些仿真在大多数情况下非常有用。

- 使用 CMOS 工艺仿真晶体管的 I_d 与 V_{gs} 和 V_{ds} 的关系（I_c 与 V_{be} 和 V_{ce} 的关系用于双极工艺），并改变沟道长度和宽度进行仿真。
- 使用这些关系图来提取阈值电压 V_{th}。
- 仿真过渡频率 f_t 与沟道长度和宽度的关系。
- 仿真栅 – 源、栅 – 漏电容与长度和宽度的关系。

在本节中，我们将在 6.1.1 小节、6.1.2 小节和 6.1.3 小节讨论这三组仿真背后的细节，以及应该从它们中获取到什么信息，当然还有其他可能有用的仿真方案，例如噪声和 $1/f$，这三组只是一个很好的起点，我们无意在任何程度上都详尽无遗。

我们将在本节中简要讨论这些属性的含义。例如，提取晶体管的结果与原理图仿真的结果差异巨大。超小沟道长度晶体管的接触电阻和漏 – 源电阻可能对性能非常不利，如果我们必须进行提取以确定它有多不利，那么最好尽早知道这一点，以便我们可以找到方法加快设计。

在本节中，我们将介绍一些模型验证策略，这些策略在多年的设计工作中证明了它们的有效性。这样做的好处是如果我们发现了问题，就可以采取预防措施，从而提高特定设计首次成功的可能性。我们将首先讨论基本表征，然后进行其他检查，例如漏 – 源电阻建模、g_m 与沟道长度的关系、使用 NQS 开关 $g_{m,max}$ 方法来提取 V_t 以及变容二极管的电容与电压（某些模型仅在某个平均电压下表征电容，因此可以忽略）。我们不打算将这些一一列举，而是要反映作者在多年有源设计工作中遇到的情况，以及发现的对处理器件工作方式有用的提示。

6.1.1　直流响应曲线

评估新工艺时要做的第一件事是仿真基本漏极电流与栅 – 源电压、漏 – 源电压的关系，结果将类似于图 6-1 和图 6-2。

请特别注意当 V_{ds} 为高电平时会发生什么。DIBL 和 ISCE 这些效应会在较高的漏极电压下显著增加漏极电流，最好验证结果是否合理。当然，还要查看这些函数的一阶导数以确保它们是连续的（见图 6-3 和图 6-4），其一阶导数如图 6-5 所示。

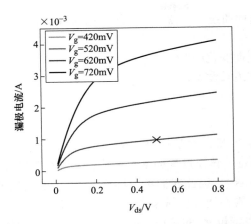

图 6-1 I_d 与 V_{ds}、V_{gs} 的关系图。十字标记了可能的
偏置点，其中在 V_{ds}=500mV 的情况下栅极过
驱动电压约为 150mV，漏极电流为 1mA

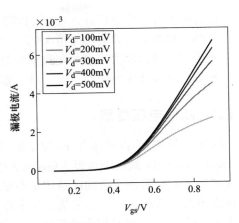

图 6-2 I_d 与 V_{gs} 的关系图

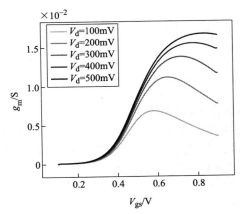

图 6-3 g_m 与 V_{gs} 的关系图

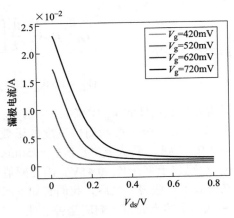

图 6-4 g_o 与 V_{ds} 的关系图

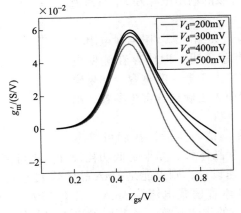

图 6-5 g_m' 与 V_{gs} 的关系图

我们将从以下几个方面更加深入地研究这些曲线，所需要的详细数据列举如下：

- 响应曲线是否符合实际情况？
- 模型是如何随着沟道长度和宽度的缩放而变化的？
- 如何处理寄生电阻？这一点对于超短沟道长度工艺非常重要。

6.1.2　阈值电压提取

阈值电压 V_{th} 不像热电压 $V_t=kT/q$ 是一个物理量，它是用来参数化从同向沟道（Non-Inverted Channel）到反向沟道（Inverted Channel）转换过程的常用方法，其中少数载流子出现在栅极电介质正下方的区域中（参见第 3 章）。因此我们可以确定 V_{th} 电压的精确值。一种常用的方法称为 $g_{m,\ max}$ 方法，其中将晶体管在线性区域偏置，同时 V_{ds} 被固定在一个小于 $V_{gs}-V_{th}$ 的值，此时扫描栅极电压，就可以定位 g_m 的峰值。g_m 峰值处 I_d 与 V_{gs} 的切线与 $I_d=0$ 轴相交的点就是阈值电压。我们研究 g_m 最大值的原因是需要确保它不在亚阈值范围内，也不在影响迁移率的深度饱和区域中。因此，g_m 最大点可由以下近似成立的方程求得（第 3 章中的线性区域）：

$$I_{ds} = \mu_{eff} C_{ox} \frac{W}{L}\left[(V_{gs}-V_{th})V_{ds} - \frac{m}{2}V_{ds}^2\right] \tag{6-1}$$

$I_d=0$ 时的表达式为

$$(V_{gs}-V_{th})V_{ds} - \frac{1}{2}V_{ds}^2 = 0 \rightarrow V_{gs} = V_{th} + \frac{1}{2}V_{ds} \tag{6-2}$$

我们只需要从截点处的 V_{gs} 中减去 1/2 的 V_{ds} 即可获得 V_{th} 的估计值。

把 V_{th} 作为栅极长度和栅极宽度的函数进行仿真。这种仿真的一个例子可以在图 6-1 和图 6-3 中找到。最大 g_m 位于 $V_{gs}=750\text{mV}$ 附近，从图 6-1 上的该点绘制切线可得到图 6-6。交点位于 $V_{int}=V_{gs}=0.45\text{V}$，因此阈值电压 $V_{th}=V_{int}-V_{ds}/2=400\text{mV}$。

在仿真了这些表征之后，我们有如下问题：

- 就如下两点而言，响应是否合理？

1）尺寸大小。

2）物理意义，就共源级的输出电导和 V_{th} 与栅极长度的关系而言。

- 是否包括寄生效应，如栅－源/栅－漏电阻和侧壁电容？它们有意义吗？即使存在侧壁电容，栅－源电容也应大于栅－漏电容。如果模型文件被正确配置而未正确包含寄生参数，则会出现不同类型的问题。

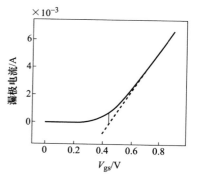

图 6-6　V_{th} 提取过程

仿真直流特性曲线和阈值电压后，我们可以考虑在设计流程中的"单元"晶体管。如果是低功耗设计，则可能是 $10\mu\text{A}$ 漏极电流晶体管，或者如果进行的是高速设计，则可能是 1mA 晶体管或电流更高的晶体管。在这里，我们假设一个"单元"晶体管偏置电流为 1mA，具有 150mV 过驱动电压（$V_{gs}-V_{th}$）且 $V_{ds}=500\text{mV}$，同时具有最小的沟道长度。这些因素将决定晶体管的宽度。通过刚刚绘制

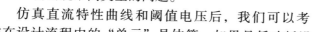

的特性图，可以求出这样一个"单元"晶体管的跨导 g_m，当然还有 g_{ds}。如果观察图 6-1、图 6-2、图 6-3 和图 6-4，我们会发现当 V_{gs}=520mV 时阈值电压为 370mV，从图 6-1 中可以发现漏极电流为 1mA。从图 6-3 和图 6-4 可以发现 g_m=0.012S 和 g_{ds}=0.75mS。这些数字是否与模型提取的值相对应？通常，现代原理图工具会为给定的晶体管的这些数字进行反注释，而这些数字与仿真数字不一致的频率高到令人惊讶。我们在表 6-1 中总结了该晶体管的直流特性。在接下来的几节中，我们将继续为这个"单元"晶体管添加各种特性。

表6-1　"单元"晶体管的直流表征

参数	值	单位
宽度	10	μm
g_m	11	mS
g_{ds}	0.5	mS
V_{th}	370	mV

6.1.3　过渡频率表征

过渡频率 f_t 是用于估计晶体管速度的经典参数。对于某些偏置设置，高级 CMOS 节点可以具有大于 400GHz 的过渡频率。过渡频率定义为漏极电流等于栅极电流时的频率（见图 6-7）。如果在共栅极配置下仿真晶体管，过渡频率是源极输入电流在漏极和栅极端口平均分配情况下的值。从某种意义上说，栅极电流是通过栅极电容损耗的，因此它是晶体管处理速度的度量。

验证 f_t 的最简单晶体管配置方法如图 6-8 所示。漏–源电压通常保持在低于最大允许值的某个电压，同时扫描直流栅极电压。进一步比较漏极和栅极中的交流电流，当两个电流具有相同幅值时得到过渡频率。

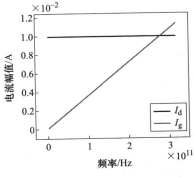

图 6-7　饱和状态下"单元"晶体管的偏置。晶体管被偏置以使漏极电流为 1mA。根据不同的应用，其他晶体管偏置点可能更合适

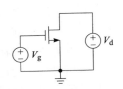

图 6-8　共栅极配置

在这一点上，有一些适当的问题要问：

- 过渡频率 f_{t} 是多少？它与建议值相符吗？
- 这一点是怎样取决于偏置的？
- 它有物理意义吗？对于一阶情况，过渡频率应与 g_{m} 呈线性关系，然后在更高的偏置点处下降。

代工厂和建模团队之间经常会反复讨论以解决这些问题（见表 6-2）。

表6-2 "单元"晶体管的过渡频率

参数	值	单位
f_{t}	280	GHz

6.1.4 栅 - 源和栅 - 漏电容特性

表征晶体管的一种便捷的特性，特别是在饱和情况下，是栅-源和栅-漏电容。一种比较好的方法是采用饱和偏置的"单元"晶体管，过驱动电压 >100mV，漏极电流大约为 1mA。或者选择一种典型的用于特定应用场景的晶体管，然后运行交流仿真，分别查看通过漏极和源极节点的虚电流量（见图 6-9）。这将很快提供一个典型（或单元）晶体管的电容，因为虚电流的斜率等于 ωC。对于图 6-9 的情况，我们可以得出其栅-源和栅-漏电容（见表 6-3）。

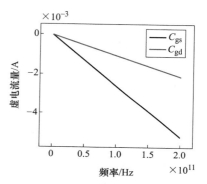

图 6-9 "单元"晶体管电容的仿真结果

表6-3 根据图6-9中的仿真计算出的栅–源/栅–漏电容

电容	值	单位	备注
栅 – 源	4.3	fF	饱和
栅 – 漏	1.6	fF	饱和

通过记住这些数字，我们可以在查看原理图时估计电路上晶体管的负载[1]。这在设计电路时非常有效。此外，漏 - 源电容是否正确缩放？由于源极和漏极中没有寄生电阻，可以想象栅 - 源电容会更大，因为侧壁电容应该与漏极侧相似，但饱和时的沟道电荷应该只对源极电容有影响。有时需要通过选择特定的模型族来明确地关闭寄生电阻。这些寄生电阻可能会混淆人们对电容器相对尺寸的初始直觉。漏电阻可以通过米勒效应增加有效栅 - 漏电容，源电阻可以通过源极负反馈（内部源电压与栅电压同相）降低有效栅 - 源电容。

我们可以从这些电容计算得到 f_{t}，这也证实了我们对过渡频率的直接仿真：

$$f_{\mathrm{t}} = \frac{g_{\mathrm{m}}}{2\pi(C_{\mathrm{gs}} + C_{\mathrm{gd}})} \approx \frac{10^{-2}}{36 \times 10^{-15}} \approx 280\mathrm{GHz}$$

6.1.5　总结

我们已经在虚拟技术中研究了"单元"晶体管，发现它具有如表 6-4 所示的特性。

表6-4　"单元"晶体管参数

参数	值	单位
宽度	10	μm
g_m	11	mS
g_{ds}	0.5	mS
V_{th}	370	mV
f_t	280	GHz
C_{gs}	4.3	fF
C_{ds}	1.6	fF

根据表 6-4，我们现在可以通过简单地乘以一个比例因子来估算任何尺寸晶体管的这些参数的值。虽然离这个"单元"晶体管尺寸越远，误差就越大，但仍然可以通过它很好地估算特定晶体管的容性负载。此外，我们可以非常快速地估计跨导和输出电导之类的参数，而无须仿真。这是一张常用的表格，可以在整个设计过程中使用。

在其他应用中，导通电阻 r_{on} 等其他参数可能很有价值，可以添加到这个简短的特征参数列表中（见文献 [1-3]）。

6.1.6　错误模型行为示例

为了深入研究模型行为，我们回顾 5.2 节的缓冲器，但改用理想的晶体管模型 1 并查看输出节点。我们在第 5 章已经做过这个仿真，如图 5-37 所示，由于模型是一个简单的平方函数，上下两段平稳的曲线之间存在非物理点。如果 $V_{gs}<0$，那么晶体管会再次产生一些无物理意义的点。读者不太可能遇到这样的模型，但是需要仔细检查晶体管的行为。

6.1.7　角仿真策略

代工厂不会只发布一套模型。通常它们会包括许多不同的模型集，通常称为工艺角模型，作为一名新工程师，很容易相信"角"这个词指的是一些"永远不会发生"的极端情况。然而，事实不是这种情况。就此而言，单个晶圆或芯片包含一定的工艺误差，晶圆上的平均值很可能与一个工艺偏角对齐，但在这个平均值附近，会有一定的误差，这取决于代工厂和所使用的技术。有时，人们会发现从工厂返回的硅片表现得比任何模型仿真都糟糕得多。这通常是由于设计本身的一些弱点出现在"永远不会发生"的仿真极端情况下。与其在某种极端情况下查看工艺角，不如将它们视为对电路的压力测试。如果任何一个极端情况的仿真结果发生显著变化，那么设计的电路将无法正常工作。无论它们来自哪个工艺误差角，这些奇怪的现象将或多或少地出现在你所有的晶圆上。

有时，偏斜工艺文件会将所有元素集中在工艺角文件中。这几乎没有意义，因为不同的器件类型具有不同的工艺依赖性，如果代工厂没有为电容器、NMOS、PMOS、电阻器、二极管等提供单独的工艺角文件，那么创建自己的偏斜模型通常是有意义的。根据所进入的项目类型及其应用，最好添加更多工艺角，而不仅仅是直接来自代工厂的标准 CMOS 晶体管。

传统上还需要另外两个角模拟参数：电源电压角和温度角。而我们特别要注意的有三个，即工艺、电压和温度（Process, Voltage, and Temperature，PVT），它们通常按重要性降序排列。

一旦建立了所需的角，就可以进行仿真了。在现代的仿真器环境中，设置大型仿真扫描并验证与简单脚本语言的相容性并不困难。这些程序通常需要整个周末或者整晚的运行，同时需要特别小心结果中的各种微小异常情况（见图 6-10）。不同的角是不是有相同的趋势？有时这是必然的，但还是存在带隙，人们期望在目标温度附近看到一致的响应。但在评估阶段，有点"偏执"是件好事，而且人们必须克服推进到下一步的想法。

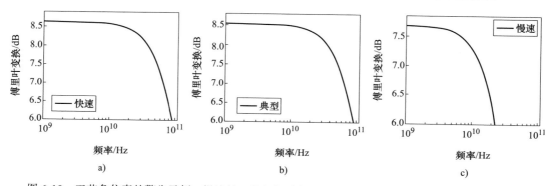

图 6-10　工艺角仿真的警告示例。慢速的工艺角似乎表现怪异，只是因为它在一个"永远不会发生"的角上，所以电路是正常的，这种情况表明电路或仿真设置有问题，并且在硅片上该电路将无法正常工作

6.1.8　蒙特卡罗仿真

蒙特卡罗仿真是另一种经典的电路压力测试。由于在制造过程中实现各种掺杂和注入步骤时存在误差，因此其器件特性会各不相同。这通常由代工厂以各种方式表征。这种表征通常是在器件彼此相邻的情况下完成的，与相距很远的器件相比，这种情况可能好得多。有一些关键步骤需要考虑：

- 代工厂的失配表征如何？是否假定器件彼此相邻？
- 使用纯电容提取模型和纯阻容提取模型运行远大于 100 次的仿真。
- 研究产生的标准差，我们与规定的 sigma 有多接近？

6.2　小模块电路仿真

在本节中，我们将讨论有关小模块电路仿真的一般策略。我们从简化模型的估计计算开始，然后使用适当的仿真策略来表征原理图。

在执行任何电路仿真之前，需要根据简化模型来考虑电路（有关如何执行此操作的许多示例，请参阅文献 [1]）。核心思想是仿真器只用来确认已经知道会发生的事情。如果让仿真器告诉你发生了什么，而不问为什么，那么这将很容易误入歧途。这可能是仿真器对我们在第 4 章、第 5 章中概述的路线的某些输入做出的错误响应，或者它可能是不正确输入的结果。这两个问题都必须及早发现，以避免以后进行冗长的调试。根据经验而言，许多这些计算都可以在头脑中完成。

> 首先用一个简化模型描述你要设计的电路。

6.2.1　模拟电路仿真策略

仿真策略在很大程度上取决于正在设计的电路类型。我们在此概述的内容旨在用于放大器等连续时间的应用场景，需要始终通过建立简化模型来开始设计工作（见文献 [1]）。

一旦简化模型就位，最好首先通过直流仿真验证直流偏置：

- 所有的偏置是否正确？
- 是否所有相关晶体管都处于饱和状态（对于 CMOS）？
- 电流消耗是否符合预期？

一旦直流偏置情况令人满意，就应该继续进行交流仿真并检查如下问题：

- 交流增益是否符合简化模型的预期？
- 交流带宽是否匹配简化模型？

当小信号的响应符合预期时，应该运行瞬态仿真和周期性稳态仿真，并检查以下内容：

- 失真是否符合预期（请参阅文献 [1] 以了解估计谐波的快速方法）？
- CMOS 晶体管是否脱离饱和状态（这会导致加载失真和变化）？

流程如图 6-11 所示。

初学者最常犯的错误之一是到处使用理想的源。通常在最初的阶段这么做是没问题的。理想源是非常理想的，电压源可以无限制地提供任何电流。例如，假设我们有一些 $50\,\Omega$ 的射频（RF）输入并且使用理想电压源对此进行建模，它将拥有无限带宽！在大量的设计工作之后，带宽实际上已经下降，而由于某些理想化的条件而没有被察觉。而这不仅适用于信号源，用理想的电源替换供电电压电源同样会出现以上情况。芯片周围的封装通常会在电源节点中表现出显著的电感，为了应对这种大量的去耦需求，需要在芯片上使用电容器来降低快速开关信号的阻抗（见图 6-12）。

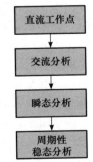

图 6-11　典型的设计流程

同样，对于电流源，有时需要在完整的偏置模块准备好之前进行设计。在这种情况下，请正确镜像理想电流以设置偏置，不要在差分对的公共源点直接使用理想电流，而是如图 6-13 所示使用镜像电路来设置偏置。理想的电流源应该用在偏置电流最终会消失的地方。

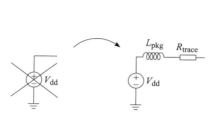

图 6-12　使用电压电源的正确方式

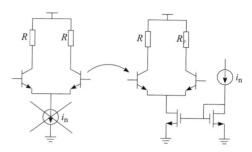

图 6-13　使用理想电流源的正确方式

始终使用真实的电压源和电流源。

也许对于小模块电路来说最重要的是使用真实的源阻抗和负载阻抗。

从一开始就使用真实的源阻抗和负载阻抗。

6.2.2　小型数字电路仿真策略

对于大型数字电路，需要遵循寄存器传送逻辑（Register Transfer Level，RTL）流程，其中电路以 Verilog 等高级硬件描述语言（Hardware Description Language，HDL）进行描述。与我们在本书中描述的连续时间仿真器相比，这些是使用基于事件的仿真器进行仿真的。然而，我们可能偶尔需要相对较小的数字模块和状态机来控制一些模拟电路。这些电路可以用我们在这里讨论过的连续时间仿真器来仿真，与模拟连续时间的情况相比，可以简化仿真策略。

对于小型数字电路，需要进行直流仿真。

- 查看偏置点，所有数字门输出应为地或 V_{dd}；否则，某些连接可能会无意中浮动。

对纯数字电路运行交流仿真是没有意义的；相反，应该继续进行瞬态仿真，并且应该查看时序：

- 信号之间的时序是否正确？否则，某些缓冲区的大小可能是错误的，无法正确驱动负载。
- 边沿速率是否合理？这是负载不合适的另一个指标。合理的含义直接取决于具体应用。

稳定的仿真器通常很难处理具有大量快速切换边沿的电路。打靶法就是典型的例子，因为它的固有假设是最终状态弱依赖于初始状态的变化（见 5.5 节），并且这一点对于快速变化的边沿是无法适用的，牛顿–拉夫森法就可能因此找不到合适的解。此外，可能没有一种简单的方法来研究电路中的周期性，或者这个过程可能真的很漫长，因此稳态的基本假设没有意义。在大多数时候，设计人员使用的仿真仅限于瞬态仿真。

6.3　大模块电路仿真

随着电路规模的增大，它的处理变得更加复杂。正如我们在第 2、4、5 章中讨论的那样，现代仿真器有一些非常好的功能，其中包括高效的矩阵求解器，但对于现代系统级芯片（SoC）来说，需要仿真的器件数量很容易达到数千万，即使如此强大的仿真工具也会很难处理。发生这种情况其实不足为奇，因为更强的计算机能够设计更强大的芯片，从而提升计算机的性能，进而制造出更强的芯片并不断进步。这是一项指数级增长的开发工作！

解决这种问题的一个比较好的方法是使用混合模式的仿真器，例如可以将 Verilog 事件类型仿真器与 SPICE 等微分方程求解器混合使用。如果没有这样的工具可用，一般建立一个可以在原理图和 Verilog-A 视图之间切换的简化 Verilog-A 模型会有所帮助。这些模型在 SPICE 仿真器中可以很好地运行，并且是一种更快的运行模式。对于 Verilog-A 视图，请记得引入适当的驱动和负载阻抗。

大模块电路仿真的关键是确保使用适当的负载和源阻抗来完全仿真信号路径。如果有的话还需要包括时钟分配路径。

- 能带隙、偏置电路开启后是否正常工作？
- 模块是否有正确的偏置电流？
- 寄存器是否可以正确编程？
- 是否正确开启所有模块？

请特别注意时钟。如果时钟未正确启动，则无法在数字域中测试任何内容，并且几乎没有模拟功能。这是一个非常重要的功能，因此经常会有时钟覆盖，可以使用低频外部时钟直接进入数字核心，绕过所有模拟电路。

模 – 数协同仿真策略

原则上，模拟模块与数字模块至少可以通过三种不同的方式进行协同仿真：①都使用类似 SPICE 的工具；②模拟模块使用 SPICE，数字模块使用 Verilog；③都使用 Verilog 工具。由于电路规模庞大，第一个选项很快就变得不可行了；另外两个更常见一些，而第二个选项是最常见的。当可能需要进行简单的信号路径分析时，偶尔会使用选项③，除非使用某种数字化，否则它显然无法处理仿真信号。

一个可行的设计方法是确保在施加电源电压时所有模拟模块是关闭的。这意味着带隙和相关电流方面的基本偏置下降了。然后，在启动时，可以逐个启用模拟模块并建立功能。直接打开所有模拟模块可能会导致异常行为，因为电路的状态可能是未知的，并且意外的大电流可能会开始破坏互连金属。

对于现代模拟模块，通常需要许多数字位才能详细控制偏置并针对温度、电压漂移和老化等因素进行调整，控制模拟电路所需的数字比特很容易达到数千。当然，在模拟仿器中无法对数字寄存器进行编程；寄存器编程序列的时间尺度可以是几微秒，而模拟电路的时间尺度可以是皮秒量级。寄存器的正确功能只能使用 Verilog 仿真器进行验证，并且又由于它们控制模拟模块，因此在混合仿真模式环境中执行此操作是理想化的。

在数据转换器或 RF 混频器等电路中，通常在某处有一个快速时钟，用于设置芯片功能的时间。为了在内部生成时钟，通常需要有一个准确的输入时钟，可能高达几 GHz（频率越高，在印刷电路板设计上的成本就越高）。由于涉及的时间尺度不同，仿真寄存器编程期间需要关闭该时钟。这通常可以通过时钟输入电路中的延迟语句轻松实现。芯片通常会在有内部带隙、固定电压和电流的情况下产生自己的偏置。一种有用的方法是在寄存器编程的帮助下对该带隙和电流发生器进行编程。为了防止偏置模块产生过多的噪声，该模块中通常有一个具有大时间常数的大电容器。根据电路的不同，这样的模块可能需要几十微秒才能正常启动，在此期间，所有更快的时间常数（如我们刚刚提到的时钟）都应该关闭，以便观察带隙的行为。

当偏置已被证明可以正常启动并利用 100~1000s 的电流偏置正确的电路模块时，我们就可以打开时钟和输入信号，以便研究详细的模拟行为。

6.4　本章小结

我们在本章中简要介绍了使用仿真器和现代代工厂模型设计模块时的优秀实践，我们特别指出，对于即将上线的技术节点，验证器件建模是非常重要的。现代代工厂工作的建模团队非常专业，但使用 BSIM 表征现代晶体管是一项需要大量测试且耗费时间的任务，尤其是早期版本容易出现缺陷。即使使用的是更成熟的技术，研究器件模型也是值得的。这样一来，缺陷更有可能发生在个人的理解上，而不是模型中。无论发生哪种情况，人们都会在事后感谢自己前期的辛勤工作使得后续的设计工作更加顺畅。

我们还讨论了小型模拟电路模块和大型模拟电路模块的设计以及仿真验证的有效策略。

本章仅基于作者的个人观点，许多经验丰富的设计工程师可能会有不同的见解。这些经验多年来指导了许多成功实践，对于设计集成电路具有借鉴意义。

6.5　练习

计算电阻退化差分对的三次谐波响应。

参考文献

1. Sahrling, M. (2019). *Fast techniques for integrated circuit design*. Cambridge, UK: Cambridge University Press.
2. Jespers, P. G. A., & Murmann, B. (2017). *Systematic design of analog CMOS circuits*. Cambridge, UK: Cambridge University Press.
3. Jespers, P. G. A. (2010). *The gm/Id methodology, a sizing tool for low-voltage analog CMOS circuits*. New York: Springer.

仿真器背后的数学

本章以一种更正式的方式描述了本书中电路分析背后的一些数学细节。我们首先以有向图的形式讨论网络，在其中定义了与电路理论及其性质相关的基本实体，进而对其进行节点分析及修正节点分析。后面一节讨论了微分方程的差分形式解。这是一个庞大的主题，在这里我们将占用一些篇幅来突出某些重要的内容。感兴趣的读者可阅读参考文献，其中包含了许多对未来研究有益的指南。

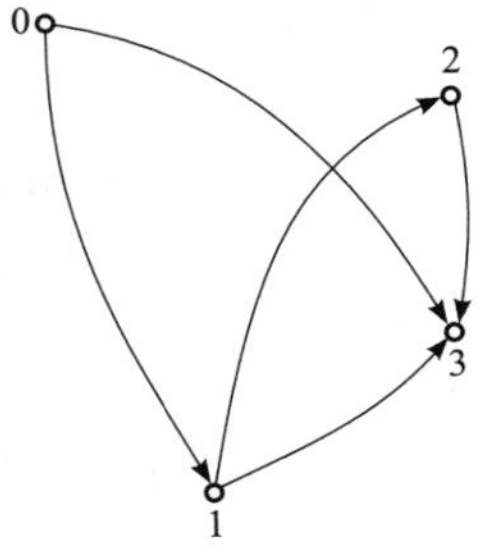

图 7-1　有向网络的图表示

7.1　网络理论

由各种有源和无源器件组成的电路网络可以看作有向图，其中节点（有时称为顶点）代表电压，有向边表示节点之间的电流 [1-3,5-6]。电流通过网络中的许多元素进行传输，如图 7-1 所示。

按照文献 [2-3] 中的符号，我们将节点电压定义为

$$v_j, j \in \{1, \cdots, n-1\} \tag{7-1}$$

这些电压表示节点 j 和参考节点（通常称为节点 0）之间的电势差。电流用边来表示，有大小和方向。我们定义电流为

$$i_k, k \in \{0, 1, \cdots, m-1\} \tag{7-2}$$

同时，将边定义为

$$e_k, k \in \{0, 1, \cdots, m-1\} \tag{7-3}$$

在此基础上，可以定义关联矩阵 M_{jk} 如下。令 M_{jk} 的行表示每个节点，列表示每条边，若电流离开当前节点，相应位置的数值为 +1；若电流进入该节点，则为 –1，其他情况数值为 0。可以发现，当电流仅离开或进入某一节点时，每一列都应该有一个 +1 和一个 –1。以图 7-1 为例，我们可以得到

$$\boldsymbol{M}_{jk} = \begin{pmatrix} 0 & 0 & 1 & 1 & 0 \\ 1 & 0 & -1 & 0 & 1 \\ -1 & -1 & 0 & -1 & 0 \\ 0 & 1 & 0 & 0 & -1 \end{pmatrix} \tag{7-4}$$

显然，这些列是线性相关的，如果将它们视作向量 $\boldsymbol{s}_j$，相加后可以得到

$$\sum_{j=0}^{n} \boldsymbol{s}_j \equiv 0 \rightarrow \boldsymbol{s}_l = -\sum_{\substack{j=0 \\ j \neq l}}^{n} \boldsymbol{s}_j \tag{7-5}$$

换言之，矩阵还包含着冗余的信息，可以通过移除其中一行，得到一个新的矩阵 $\boldsymbol{A}$，通常称为降阶关联矩阵。在上述例子中，移除 $\boldsymbol{M}_{jk}$ 的第一行，可以得到

$$\boldsymbol{A} = \begin{pmatrix} 1 & 0 & -1 & 0 & 1 \\ -1 & -1 & 0 & -1 & 0 \\ 0 & 1 & 0 & 0 & -1 \end{pmatrix} \tag{7-6}$$

这有助于我们定义每条边上的电压：

$$u_k = v(\boldsymbol{e}_{k,\text{tail}}) - v(\boldsymbol{e}_{k,\text{head}}) \tag{7-7}$$

其矩阵形式为

$$\boldsymbol{u} = \boldsymbol{A}^{\mathrm{T}} \boldsymbol{v} \tag{7-8}$$

式中，上标 T 表示矩阵的转置。该方程可视作基尔霍夫电压定律（KVL）的简要表达式。

类似地，基尔霍夫电流定律可以表示为

$$\sum_{\boldsymbol{e}_l \in E_i} i_{kl} - \sum_{\boldsymbol{e}_l \in E_o} i_{kl} = 0 \tag{7-9}$$

每个节点（即 $\boldsymbol{A}$ 的行）的所有输入和输出电流之和为零。以矩阵形式表示，即

$$\boldsymbol{A}\boldsymbol{i} = 0 \tag{7-10}$$

注意，我们已经删除了一行，并简单地选择了"0"这个在电路理论中作为参考的节点。我们将不考察进出这个参考节点的电流，因为它自然地由其他节点中的电流的和给出。这是我们在前文中已经使用过的便捷方法。

现在可以将基尔霍夫的两个定律结合成一个矩阵方程：

$$\begin{pmatrix} \boldsymbol{A} & 0 & 0 \\ 0 & \boldsymbol{I} & -\boldsymbol{A}^{\mathrm{T}} \end{pmatrix} \begin{pmatrix} \boldsymbol{i} \\ \boldsymbol{u} \\ \boldsymbol{v} \end{pmatrix} = \begin{pmatrix} 0 \\ 0 \end{pmatrix} \tag{7-11}$$

该方程通常称为拓扑约束，因为它只关注其本身的网络拓扑以及电路元件的细节，由刺激产生的响应并没有考虑在内。上式包含了 $2m+n-1$ 个未知数，以及 $m+n-1$ 个方程，需补充 m 个方程才能进行求解。这 m 个方程是来自电路元件的分支方程，将它们都考虑在内，就能得到一个完整的可求解系统。该方程组的优点在于，左侧的矩阵因其多项为零是稀疏的。这样的系统相较于一般的矩阵系统更容易求解。

7.1.1 稀疏表分析

首先考虑线性电路元件，观察分支方程是如何产生的。这类电路元件可视为由电压刺激产生的电流响应：

$$i=yv \tag{7-12}$$

或反过来表示为

$$v=zi \tag{7-13}$$

众所周知，y 表示导纳，z 表示阻抗。一般来说，对于一组 m 个分支方程，我们有

$$Zi+Yu=s \tag{7-14}$$

式中，Z 和 Y 是 $m \times m$ 的稀疏矩阵，s 为已知的 $1 \times m$ 向量（通常为零）。将分支方程组与拓扑约束结合起来可以得到

$$\begin{pmatrix} A & 0 & 0 \\ 0 & I & -A^{\mathrm{T}} \\ Z & Y & 0 \end{pmatrix} \begin{pmatrix} i \\ u \\ v \end{pmatrix} = \begin{pmatrix} 0 \\ 0 \\ s \end{pmatrix} \tag{7-15}$$

这就是稀疏表分析（STA）公式（见文献 [1]）。该公式因其一般性和稀疏性，可以快速求解，但也还是有些许冗余。由于经常研究大型电路，现代电路仿真器的内存空间常常是需要考虑的问题。从而我们对上式进行化简，将 KVL（$u=A^{\mathrm{T}}v$）代入分支方程可得

$$Zi+Yu = Zi+YA^{\mathrm{T}}v = s \tag{7-16}$$

此时，网络矩阵变为

$$\begin{pmatrix} A & 0 \\ Z & YA^{\mathrm{T}} \end{pmatrix} \begin{pmatrix} i \\ v \end{pmatrix} = \begin{pmatrix} 0 \\ s \end{pmatrix} \tag{7-17}$$

该式又称简化表形式。

7.1.2 节点分析

下面考虑，如果将 i 写成导纳 Y 和 s 的函数：

$$i=Yu+s \tag{7-18}$$

代入 KVL 就可以得到一个完全不依赖支路电流的简化矩阵系统：

$$AYA^{\mathrm{T}}v=-As \tag{7-19}$$

上式称为网络方程的节点分析（NA）形式。它是一个更小的 $(n-1) \times (n-1)$ 矩阵且只有节点是未知的。这表示，支路电流不要求包含理想电压源，因为一个理想的独立电压源的方程不包含其电流：

$$v(a)-v(b)=V \tag{7-20}$$

两节点之间的节点电压与电流无关（换句话说，理想独立电压源具有 0Ω 输出电阻）。网络方程在没有独立电压源的情况下可以消除电流的良好特性极具吸引力，接下来我们将讨论解决这个问题的一般方法。

7.1.3 修正节点分析

修正节点分析由文献 [2] 提出，它源于上面讨论的节点分析，在此基础上进行一些修改，将其电流元素添加到分支方程组中。例如，文献 [2-3] 谈到了属于两组之一的元素。

元素组的定义 需要消除电流的元素属于第一组，所有其他元素属于第二组。

可根据元素组的元素来划分支路电流和电压，我们有

$$i = \begin{pmatrix} i_1 \\ i_2 \end{pmatrix}, \quad u = \begin{pmatrix} u_1 \\ u_2 \end{pmatrix} \tag{7-21}$$

式中，第一组元素的电流用 i_1 表示，电压用 u_2 表示，以此类推。第一组元素的分支方程为

$$i_1 + Z_{12}i_2 = Y_{11}u_1 + Y_{12}u_2 + s_1 \tag{7-22}$$

对于第二组元素，其分支方程如下：

$$Z_{22}i_2 = Y_{21}u_1 + Y_{22}u_2 + s_2 \tag{7-23}$$

写成矩阵的形式为

$$\begin{pmatrix} I & Z_{12} \\ 0 & Z_{22} \end{pmatrix} \begin{pmatrix} i_1 \\ i_2 \end{pmatrix} - \begin{pmatrix} Y_{11} & Y_{12} \\ Y_{21} & Y_{22} \end{pmatrix} \begin{pmatrix} u_1 \\ u_2 \end{pmatrix} = \begin{pmatrix} s_1 \\ s_2 \end{pmatrix} \tag{7-24}$$

基尔霍夫定律也可以写作元素组成员的函数：

$$A_1 i_1 + A_2 i_2 = 0 \tag{7-25}$$

$$u_1 = A_1^T v \quad u_2 = A_2^T v \tag{7-26}$$

将支路电流 i_1 代入 KCL，同时结合 u_1 和 u_2 的 KVL 方程，可得

$$A_1(-Z_{12}i_2 + Y_{11}A_1^T v + Y_{12}A_2^T v + s_1) + A_2 i_2 = 0 \tag{7-27}$$

提取未知数并将已知量移至右侧，最终可得

$$A_1(Y_{11}A_1^T + Y_{12}A_2^T)v + (A_2 - A_1 Z_{12})i_2 = -A_1 s_1 \tag{7-28}$$

为得到完整的修正节点方程组，现在需要添加第二组元素的分支方程，然后再次使用 KVL 方程，可得

$$\begin{pmatrix} A_2 - A_1 Z_{12} & A_1(Y_{11}A_1^T + Y_{12}A_2^T) \\ Z_{22} & -Y_{21}A_1^T - Y_{22}A_2^T \end{pmatrix} \begin{pmatrix} i_2 \\ v \end{pmatrix} = \begin{pmatrix} -A_1 s_1 \\ s_2 \end{pmatrix} \tag{7-29}$$

这是修正节点分析法方程组的一般形式。在某些情况下，还可以进一步简化。例如，假设没有受控源，也就是说，矩阵 Z_{12}、Y_{12}、$Y_{21}=0$ 且 Y_{11} 是对角的，我们有

$$\begin{pmatrix} A_2 & A_1 Y_{11} A_1^T \\ Z_{22} & -Y_{22}A_2^T \end{pmatrix} \begin{pmatrix} i_2 \\ v \end{pmatrix} = \begin{pmatrix} -A_1 s_1 \\ s_2 \end{pmatrix} \tag{7-30}$$

此外，如果在网络中没有电流源，$Y_{22}=I$，我们将得到文献中常用的修正节点分析法公式：

$$\begin{pmatrix} A_2 & A_1 Y_{11} A_1^{\mathrm{T}} \\ Z_{22} & -A_2^{\mathrm{T}} \end{pmatrix} \begin{pmatrix} i_2 \\ v \end{pmatrix} = \begin{pmatrix} -A_1 s_1 \\ s_2 \end{pmatrix} \tag{7-31}$$

注意，第一个方程组只是 KCL 在所有节点上的简单表示结果，而第二个方程组来自分支方程。我们现在可以按照以下方法构建网络方程组：

1）从电路网表中读取一个元素。

2）如果该元素属于第一组，则用其分支方程消除电流，并用 KVL 替换支路电压；如果该元素属于第二组，则编写包括其电流在内的分支方程，并使用 KVL 消除所有支路电压。

这个方法自然会为电路网表中的每个元素提供一个特定标签，就像前文中描述的那样。

至于电容器和电感器等动态元件，当电流和支路电压的导数起作用时，情况略有不同。一般来说，可以得到分支方程如下：

$$Zi + L\frac{\mathrm{d}i}{\mathrm{d}t} - Yu - C\frac{\mathrm{d}u}{\mathrm{d}t} = s \tag{7-32}$$

其矩阵形式为

$$\begin{pmatrix} I & Z_{12} \\ 0 & Z_{22} \end{pmatrix} \begin{pmatrix} i_1 \\ i_2 \end{pmatrix} + \begin{pmatrix} 0 & 0 \\ 0 & L_{22} \end{pmatrix} \begin{pmatrix} \mathrm{d}i_1 / \mathrm{d}t \\ \mathrm{d}i_2 / \mathrm{d}t \end{pmatrix} - \begin{pmatrix} Y_{11} & Y_{12} \\ Y_{21} & Y_{22} \end{pmatrix} \begin{pmatrix} u_1 \\ u_2 \end{pmatrix} -$$
$$\begin{pmatrix} C_{11} & 0 \\ 0 & C_{22} \end{pmatrix} \begin{pmatrix} \mathrm{d}u_1 / \mathrm{d}t \\ \mathrm{d}u_2 / \mathrm{d}t \end{pmatrix} = \begin{pmatrix} s_1 \\ s_2 \end{pmatrix} \tag{7-33}$$

注意，电感器是第二组的成员，这是因为它在直流处有零阻抗。如果可以保证分析过程中不会发生直流的情况，就可以将其移至第一组，但一般来说，它应该是第二组的一个元素。我们现在可以按照之前的步骤，对动态元件建立修正节点分析：

$$\begin{pmatrix} A_2 - A_1 Z_{12} & A_1(Y_{11}A_1^{\mathrm{T}} + Y_{12}A_2^{\mathrm{T}}) \\ Z_{22} & -Y_{21}A_1^{\mathrm{T}} - Y_{22}A_2^{\mathrm{T}} \end{pmatrix} \begin{pmatrix} i_2 \\ v \end{pmatrix} + \begin{pmatrix} 0 & A_1 C_{11} A_1^{\mathrm{T}} \\ L_{22} & -C_{22}A_2^{\mathrm{T}} \end{pmatrix} \begin{pmatrix} \mathrm{d}i_2 / \mathrm{d}t \\ \mathrm{d}v / \mathrm{d}t \end{pmatrix} = \begin{pmatrix} -A_1 s_1 \\ s_2 \end{pmatrix} \tag{7-34}$$

7.2 微分方程的数值求解技术

为完整性起见，我们已在上一节中对标准电路矩阵系统进行了推导，详情可见参考文献 [1-5]。在本节中，我们将简要讨论这些方程的求解。由矩阵理论可知，为使矩阵方程可解，通常需要矩阵可逆。显然，如果右侧项为零，平凡解（零）总是可能的（若本身没有解，则找不到）。因此，研究修正节点分析法方程组的可解性就是研究矩阵本身及它的逆。当然，如果矩阵是对角型的，该矩阵可解。所以在较差的情况下，若矩阵是强对角型的，那么解可能存在。我们将在这里花几页的篇幅来讨论这些有趣的案例。

显然，修正节点分析方程的解一般不存在。我们需要对元素和网络施以额外的约束，从而增加求解的概率。可以试想，例如，在同一支路上有两个具有不同电压的独立电压源，将导致一种不可能发生的情况，即该支路电流无限大。有时，在示意图环境中设置仿真时，一些错误可能会引发这种情况。现代仿真器常常因发生非法分支拓扑的错误而退出。还有一种互补形式的问题，两个以不同电流值串联的独立电流源，往往也会造成一种不可能发生的情况。这些错误的情况是不被允许的，通常称为一致性要求。

截至目前，我们所讨论的方程通常为微分代数方程（Differential Algebraic Equation，DAE）。相较于与网络系统相关的常微分方程（Ordinary Differential Equation，ODE），它更难求解，而 ODE 的发展历史悠久且有许多已知的求解方法。当动态元素矩阵 $\begin{pmatrix} 0 & A_1 C_{11} A_1^T \\ L_{22} & -C_{22} A_2^T \end{pmatrix}$ 非线性或奇异时，网络方程的求解就变得困难。非线性电容在电路中十分常见，例如反向偏置结二极管和 MOSFET 中信道电容随栅极电压变化的影响将显著增加问题的难度。在本书中，我们仅关注 L、C 为常数的较为简单的问题，在这里传统的 ODE 方法表现良好。考虑到一般网络方程求解的困难，在本节中，我们将专注于讨论 ODE。

ODE 求解方法

本节将围绕 ODE 讨论其基本数学属性及定理。以下内容主要依赖于参考文献 [3-4]。

初值问题

初值问题（Initial Value Problem，IVP）的解在某时刻是已知的，我们称该时刻为 $t=0$，系统受一个微分方程从某一时刻到另一最终时刻 t_f 的控制。形式上，我们有

$$\frac{d(t)}{dt} = f(x(t),t) \quad x(0) = x_0 \tag{7-35}$$

式中，x 是一个 m 维实向量，向量 x_0 是在 $t=0$ 时刻的已知量。

并非所有的 IVP 都只有一个解，有时可能有几个解，我们称其为特定方程解的存在唯一性。在讨论这些属性前，需要详细说明所讨论的解的种类，及其所在的定义域（时空域）。首先，定义区域 D，我们对定义在 $\mathbf{R}^m \times \mathbf{R}$ 上的解很感兴趣，即

$$D = \{(x,t) \mid x \in \mathbf{R}^m \text{且} 0 \leqslant t \leqslant t_f\} \tag{7-36}$$

对类似于式（7-35）的问题，需要在小的扰动下仍表现良好（有数值舍入误差）而非杂乱无章。这样的系统称为适定的。

> **定义 7.1**　令 $(\delta(t),\delta_0)$ 和 $(\tilde{\delta}(t),\tilde{\delta}_0)$ 为方程 $\dot{x}(t) = f(x,t), x(t_0) = x_0$ 的两个扰动且设 $\hat{x}(t)$ 和 $\tilde{x}(t)$ 是由此产生的两个扰动解。若存在 $S>0$，使得对所有 $t \in [0,t_f]$，$\varepsilon>0$，当 $\|\delta(t) - \tilde{\delta}(t)\| \leqslant \varepsilon$ 且 $\|\delta_0 - \tilde{\delta}_0\| \leqslant \varepsilon$ 时，都有 $\|\hat{x}(t) - \tilde{x}(t)\| \leqslant S\varepsilon$，则称该方程是完全稳定的或适定的。

其思想是，如果解在小扰动下相差不大，那么解就是稳定的。现在，考虑一个数字 CMOS 门，当它在触发点附近时，其输入略有变化。这样的系统适定吗？考虑到门的增益，输出将发生巨大变化。但还是有可能找到符合定义条件的 $S > 0$，使得系统在技术上

达到适定。不过，这并不意味着它对于求解过程有意义。此外，许多分析方法在应用于临界点附近时非常艰难（例如，第 4 章的打靶法）。

我们还需要定义式（7-35）中函数 f 上所谓的利普希茨（Lipschitz）条件。

定义 7.2 利普希茨（Lipschitz）连续性。假设存在一个常数 L 使得 f 对任意 $(x,t),(x',t) \in D$ 都有

$$\| f(x,t) - f(x',t) \| \leqslant \| Lx - x' \| \tag{7-37}$$

则 f 称为是利普希茨连续的。

它是一个连续性条件，但不如可微性强[4]。

下述定理确保了唯一解的存在。

定理 7.1 设 $f(x,t)$ 关于 t 在 D 上连续且关于 x 在 D 上利普希茨连续，那么对于任意的 $x_0 \in \mathbf{R}^m$，存在方程 $\dot{x}(t)=f(x,t)$，$x(t_0)=x_0$ 的唯一解 $x(t)$ 且 $x(t)$ 在 D 上连续可微。此外，方程是适定的。

最后，通过以下线性系统的定义来总结数学定义。这里假设本章中所研究的系统都满足定理 7.1。

定义 7.3（线性系统） 如果 $f(x,t)$ 可写作如下形式，则方程 $\dot{x}(t) = f(x,t)$ 可认为是线性的：

$$f(x,t) = A(t)x + b(t)$$

式中，$A(t)$ 通常是一个 $m \times m$ 矩阵，b 是 m 维的列向量。若 $A(t)=A$，换言之，它是与时间无关的常数，则称该系统是常系数线性系统：

$$\dot{x}(t) = Ax + b(t)$$

若 $b=0$，则为齐次系统：

$$\dot{x}(t) = Ax$$

考虑一个齐次系统的通解 $\hat{x}(t)$ 和一个常系数方程的特解 $\tilde{x}(t)$，可以证明 $x(t) = \hat{x}(t) + \tilde{x}(t)$ 是常系数方程的通解[3-4]。由于 A 是一个矩阵，我们可以通过如下方法求得其特征值和特征向量：

$$Aq_i = \lambda_i q_i, i \in \{1,2,\cdots,\ m\} \tag{7-38}$$

可以证明

$$\hat{x}(t) = \sum_{i=1}^m c_i \mathrm{e}^{\lambda_i t} q_i \tag{7-39}$$

是齐次系统的通解，其中常数 c_i 是任意的[3-4]。因此，常系数方程的解为

$$\boldsymbol{x}(t) = \tilde{\boldsymbol{x}}(t) + \sum_{i=1}^{m} c_i e^{\lambda_i t} \boldsymbol{q}_i \qquad (7\text{-}40)$$

稍后，当我们讨论 ODE 的稳定性时，将用到这些线性方程的解和性质。

线性多步法的分类

最常见的求解方法称为线性多步（Linear Multi–Step，LMS）法。该方法依赖于多个已知的解，在新的时间步长下计算新解。形式上，除文献 [4] 中给出的最初形式外，还有文献 [3]：

$$\sum_{j=-1}^{k-1} \alpha_j \boldsymbol{x}_{n-j} = h \sum_{j=-1}^{k-1} \beta_j \boldsymbol{f}(\boldsymbol{x}_{n-j}, t_{n-j}), k \geq 1, \alpha_{-1} \equiv 1 \qquad (7\text{-}41)$$

式中，与当前假设的时间步长一致。若 $\beta_{-1} \neq 0$，我们称这个方法是隐式的；否则是显式的。

任何求解方法都需要通过一些重要的属性彰显其意义。首先，方法应该是收敛的，我们将很快证明这一点。其次，它应该是稳定的。在接下来的几小节中，我们将讨论这两个属性。

收敛性

我们可以将收敛看作一种通过时间步长 $h \to 0$（目前不讨论舍入误差）使数值方法接近精确解的方式。下面的定义是相当直观的。

> **定义 7.4** 一个数值方法称作是收敛的，如果对于任意满足定理 7.1 条件的 IVP，都有
>
> $$\lim_{h \to 0} \left[\max_{t_n \in [t_0, t_f]} \boldsymbol{x}(t_n) - \boldsymbol{x}_n \right] = 0$$

注意，我们在离散时间点 t_n 上计算精确解 $\boldsymbol{x}$。基本上可以说，当时间步长趋近零时，数值解接近精确解。但有必要通过一种方式来衡量是否接近精确解，可以通过以下极限的形式。

> **定义 7.5** 一个数值方法称作是一致的，如果对于任意满足定理 7.1 条件的 IVP，都有
>
> $$\lim_{h \to 0} \left(\max_{t_n \in [t_0, t_f]} \frac{1}{h} \boldsymbol{R}_{n+1} \right) = 0$$

这里 $\boldsymbol{R}_{n+1}$ 是余项，可定义为

$$\boldsymbol{R}_{n+1} = \sum_{j=-1}^{k-1} \alpha_j \boldsymbol{x}(t_{n-j}) - h \sum_{j=-1}^{k-1} \beta_j \boldsymbol{f}(\boldsymbol{x}(t_{n-j}), t_{n-j}) \qquad (7\text{-}42)$$

它本质上和我们在第 4 章中讨论的局部截断误差（LTE）相同。如果 $\boldsymbol{R}_{n+1}$ 为零，表示数值解准确地收敛到精确解。接下来讨论一个重要的定义——第一特征多项式。它将在本节后续讨论稳定性时使用。

定义 7.6a　对于线性多步法，我们定义 $z \in \mathbf{C}$ 中的第一特征多项式为

$$\rho(z) = \sum_{j=-1}^{k-1} \alpha_j z^{k-j-1} = \alpha_{-1} z^k + \alpha_0 z^{k-1} + \cdots + \alpha_{k-1}$$

正如读者所见，这里仅使用 LMS 方法左侧的系数来定义。这是因为当 $h \to 0$ 时，只有左侧项决定算法的动态变化，从而它应是研究的重点所在。此外，还有第二特征多项式。

定义 7.6b　对于线性多步法，我们定义 $z \in \mathbf{C}$ 中的第二特征多项式为

$$\sigma(z) = \sum_{j=-1}^{k-1} \beta_j z^{k-j-1} = \beta_{-1} z^k + \beta_0 z^{k-1} + \cdots + \beta_{k-1}$$

在本节中，我们将聚焦一种求解 IVP 的数值方法。为使问题可解，IVP 必须满足适定性。对于数值方法本身，也有类似的考量，首先讨论所谓的零稳定微分系统。

定义 7.7　令 $\{\delta_n\}$ 和 $\{\hat{\delta}_n\}$ 是微分系统的任意两个扰动且设 $\{x_n\}$ 和 $\{\hat{x}_n\}$ 是由此产生的两个扰动解。若存在常数 S 和 h_0 使得对所有 $0 < h \leqslant h_0$，当 $\delta_n - \hat{\delta}_n \leqslant \varepsilon\ (\forall n)$ 时，都有 $x_n - \hat{x}_n \leqslant S\varepsilon (\forall n)$，就称该微分系统是零稳定的。

注意，这与微分方程的适定性定义在连续时间方面是类似的。

如前所述，第一特征多项式对于研究零稳定性十分重要。事实上，我们有如下定理。

定理 7.2　一个微分系统是零稳定的，当且仅当它满足所谓的根条件：若特征多项式 $\rho(z)$ 的所有根都包含在单位圆内（在复平面中）或在单位圆上。

有了这些定义和定理，可以得到一个研究 IVP 的基本定理。

定理 7.3　一个微分系统是收敛的，当且仅当它是一致且零稳定的。

我们将通过本书中提到的多种方法，来考察这些条件。

微分方程的阶

微分方程阶的概念将很快被定义，我们首先需要定义所谓的微分算子。

一个 LMS 方法的线性微分算子（用 D 表示）是一个由光滑时间函数 $s(t)$ 产生另一个时间函数的算子：

$$D[s(t); h] \equiv \sum_{j=-1}^{k-1} \alpha_j s(t - jh) - h \sum_{j=-1}^{k-1} \beta_j s'(t - jh) \tag{7-43}$$

注意，当 D 应用于精确解时，它就变成了残差。有了这样的定义，人们可以很容易地定义 LMS 方法的阶。泰勒展开式常常用于描述函数的阶，我们从 $s(\tau)$ 在 $\tau = t$ 附近的展开

式开始：

$$s(\tau) = s(t) + \sum_{q=1}^{\infty} \frac{1}{q!} \frac{\mathrm{d}^q s(t)}{\mathrm{d}t^q} (\tau - t)^q$$

$s(\tau)$ 关于 τ 的导数为

$$\frac{\mathrm{d}s(\tau)}{\mathrm{d}\tau} = \sum_{q=1}^{\infty} \frac{1}{(q-1)!} \frac{\mathrm{d}^q s(t)}{\mathrm{d}t^q} (\tau - t)^{q-1}$$

将 $\tau = t - jh$ 代入上述两个表达式，可得

$$s(t - jh) = s(t) + \sum_{q=1}^{\infty} \frac{1}{q!} \frac{\mathrm{d}^q s(t)}{\mathrm{d}t^q} (-jh)^q$$

$$\frac{\mathrm{d}s(t - jh)}{\mathrm{d}\tau} = \sum_{q=1}^{\infty} \frac{1}{(q-1)!} \frac{\mathrm{d}^q s(t)}{\mathrm{d}t^q} (-jh)^{q-1}$$

现在将这两个表达式代入 D 的定义中，合并同类项，有

$$D[s(t); h] = C_0 s(t) + C_1 h \frac{\mathrm{d}s(t)}{\mathrm{d}t} + \cdots + C_q h^q \frac{\mathrm{d}^q s(t)}{\mathrm{d}t^q} + \cdots$$

式中，常数为

$$C_0 = \sum_{j=-1}^{k-1} \alpha_j$$

$$C_1 = \sum_{j=-1}^{k-1} j\alpha_j - \sum_{j=-1}^{k-1} \beta_j$$

$$C_q = \frac{(-1)^q}{q!} \sum_{j=-1}^{k-1} j^q \alpha_j - \frac{(-1)^{q-1}}{(q-1)!} \sum_{j=-1}^{k-1} j^{q-1} \beta_j$$

定义 7.8 如果 $C_0 = \cdots = C_p = 0$，但 $C_{p+1} \neq 0$，则称 LMS 方法是 p 阶的，且 C_{p+1} 称为 LMS 方法的误差常数。

可以证明，阶数是 LMS 方法的一个良定的固有性质[3-4]。p 阶 LMS 方法的残差为

$$R_{n+1} = C_{p+1} h^{p+1} \frac{\mathrm{d}^{p+1} x(t_n)}{\mathrm{d}t^{p+1}} + \cdots$$

它对于讨论局部截断误差来说更加方便。有了这些定义和定理，我们可以观察到一些有趣的现象：

$$C_0 = \rho(1), \quad C_1 = \frac{\mathrm{d}\rho(1)}{\mathrm{d}z} - \sigma(1) - (k-1)\rho(1)$$

此外，LMS 方法是一致的，当且仅当

$$\lim_{h \to 0} \frac{1}{h} [C_0 x(t_n) + C_1 h x'(t_n) + C_2 h^2 x''(t_n) + \cdots] = 0$$

显然要使方法一致，$C_0 = C_1 = 0$。换言之，阶数必须 ≥ 1，从而应保证

$$\rho(1){=}0 \text{ 且 } \frac{\mathrm{d}\rho(1)}{\mathrm{d}z}{=}\sigma(1)$$

有趣的是，如果 $\sigma(1){=}0 \rightarrow \rho(1){=}\rho'(1){=}0$，这意味着 $z{=}{+}1$ 是 $\rho(z)$ 的二重根且该方法不可能是零稳定的。基本上，我们已经证明了一致且零稳定的方法必须满足

$$\sigma(1) \neq 0$$

在此基础之上，局部截断误差（LTE）自然可以定义为

$$\text{LTE} = C_{p+1}h^{p+1}\frac{\mathrm{d}^{p+1}x(t_n)}{\mathrm{d}t^{p+1}} + \cdots$$

第一项通常称为主要局部截断误差（Principal Local Truncation Error，PLTE）。

有了这些准备工作，我们现在考虑集成方法及其特性。

前向欧拉法

前向欧拉法包含这样的序列 $x_{n+1}{=}x_n{+}hf_n$，可以写成如下形式：

$$x_{n+1}{-}x_n{=}hf_n$$

结合泰勒展开式，我们有

$$x(t_{n+1}) = x(t_n) + hx'(t_n) + \frac{1}{2}h^2x''(t_n) + \cdots$$

因此，前向欧拉法的 LTE 阶数为 2。

后向欧拉法

类似地，对于后向欧拉法，我们有 $x_{n+1}{-}x_n{=}hf_{n+1}$，由 $\alpha_{-1}{=}1$，$\alpha_0{=}{-}1$，$\beta_{-1}{=}1$，可知

$$C_0 = 0,\ C_1 = 0,\ C_2 = -\frac{1}{2}$$

这意味着后向欧拉法是 1 阶的，而由下式可知，其 LTE 是 2 阶的：

$$\tau_{n+1}(h) = -\frac{1}{2}h^2x''(t_n) + \cdots$$

梯形方法

梯形方法有

$$x_{n+1} - x_n = \frac{h}{2}(f_{n+1} + f_n)$$

我们可以发现其系数 $\alpha_{-1}{=}1$，$\alpha_0{=}{-}1$，$\beta_{-1}{=}\beta_0{=}1/2$，从而

$$C_0 = 0,\ C_1 = 0,\ C_2 = 0,\ C_3 = -\frac{1}{12}$$

因此，这个方法是 2 阶的，而其 LTE 是 3 阶的：

$$\tau_{n+1}(h) = -\frac{1}{12}h^3x'''(t_n) + \cdots$$

二阶 Gear 法

我们把这个问题留给读者来进一步探索。

线性多步法的稳定性

我们定义了所谓的零稳定性。本质上，我们考察 LMS 方法是通过观察当时间步长 $h \to 0$ 时，它是否接近精确解。这显然是数值方法的一个理想的性质。同时，微分方程的零稳定性和适定性概念之间的相似性，对于 $h \to 0$ 时具有连续时间公式的数值方法来说是十分自然的。实际上，我们不能令 $h=0$，相反我们需要建立关于有限 h 的稳定性的思想。在现实中，误差可能会随着逐步求解的过程而累积，这样的误差会完全破坏所求的解。第 2 章中曾展示过前向欧拉法的此类行为。由于其重要性，稳定性的概念多年来得到了深入的研究，甚至在电子计算机问世之前，就已经有人进行了这方面的探索。对于这个被广泛研究的课题，我们仅限于对线性稳定性理论进行介绍。虽然在非线性稳定性的领域也有深入的探讨，但我们在这里不做过多讨论。线性稳定性涉及测试系统的检验。在连续时间里，我们有

$$\frac{\mathrm{d}\boldsymbol{x}(t)}{\mathrm{d}t} = \boldsymbol{A}\boldsymbol{x}(t) \tag{7-44}$$

人们通常假设这类系统的解会随时间推移而消失，但严格来说，有些情况下这是不正确的，例如振荡器。我们在这里假设系统的解满足 $\boldsymbol{x}(t) \to 0$，$t \to \infty$，这并不会使讨论过于复杂化。可以预期，这个系统的数值近似也可以在长时间后下降，$\boldsymbol{x}_n \to 0$，$n \to \infty$。这就是我们讨论的数值系统的稳定性。但如何才能确信我们的数值方法就是这样的？正如前文所述，一个线性系统有解

$$\boldsymbol{x}(t) = \sum_{i=1}^{m} c_i \mathrm{e}^{\lambda_i t} \boldsymbol{q}_i$$

式中，λ_i 为复特征值，$\boldsymbol{q}_i$ 为矩阵 $\boldsymbol{A}$ 的特征向量。为简单起见，我们假设所有的特征值都不相同。为了使解随时间推移趋于零，只需要要求

$$\mathrm{Re}(\lambda_i) < 0, \ \forall i$$

如果我们对系统应用 LMS 方法，最终将得到如下序列：

$$\sum_{j=-1}^{k-1} \alpha_j \boldsymbol{x}_{n-j} - h \sum_{j=-1}^{k-1} \beta_j \boldsymbol{A}\boldsymbol{x}_{n-j} = \sum_{j=-1}^{k-1} (\alpha_j \boldsymbol{I} - h\beta_j \boldsymbol{A})\boldsymbol{x}_{n-j} = 0$$

现在需要知道，在哪些情况下，解会随着时间推移而消失：

$$\boldsymbol{x}_n \to 0, \ n \to \infty$$

从矩阵理论中，我们知道一个非奇异矩阵 $\boldsymbol{Q}$ 可以将 $\boldsymbol{A}$ 转换为对角矩阵 $\boldsymbol{\Lambda} = \boldsymbol{Q}^{-1}\boldsymbol{A}\boldsymbol{Q}$，其对角元素等于 $\boldsymbol{A}$ 的特征值 λ_i。对得到的序列左乘 $\boldsymbol{Q}^{-1}$，并在 $\boldsymbol{A}$ 右侧插入 $\boldsymbol{I} = \boldsymbol{Q}\boldsymbol{Q}^{-1}$。

$$\sum_{j=-1}^{k-1} (\alpha_j \boldsymbol{Q}^{-1} - h\beta_j \boldsymbol{Q}^{-1}\boldsymbol{A}\boldsymbol{Q}\boldsymbol{Q}^{-1})\boldsymbol{x}_{n-j} = \sum_{j=-1}^{k-1} (\alpha_j \boldsymbol{Q}^{-1} - h\beta_j \boldsymbol{\Lambda}\boldsymbol{Q}^{-1})\boldsymbol{x}_{n-j} = 0$$

接着，我们定义 $\boldsymbol{x}_n = \boldsymbol{Q}\boldsymbol{y}_n$，则有

$$\sum_{j=-1}^{k-1} (\alpha_j \boldsymbol{Q}^{-1} - h\beta_j \boldsymbol{\Lambda}\boldsymbol{Q}^{-1})\boldsymbol{Q}\boldsymbol{y}_{n-j} = \sum_{j=-1}^{k-1} (\alpha_j \boldsymbol{I} - h\beta_j \boldsymbol{\Lambda})\boldsymbol{y}_{n-j} = 0$$

y_n 通常很复杂。可以看到，形成了 m 个单变量方程序列（每个特征值对应一个），我们需要针对每个序列寻找条件，使得 $y_n \to 0$，$n \to \infty$：

$$\lim_{n \to \infty} y_n = 0$$

然后，我们就可以简单地用单变量序列重新描述这个问题：

$$\sum_{j=-1}^{k-1} (\alpha_j - h\beta_j\lambda_i)y_{n-j} = \sum_{j=-1}^{k-1} \gamma_j y_{n-j} = 0$$

并寻找在何种条件下，才能使解满足该极限。由于此过程对所有 m 个方程都相同，我们只需要考虑针对其中一个方程找到那个条件。假设系数为常数，对于这样的序列，我们可以得到如下的解。解的待定形式为 $y_n = r_i^n$，其中 $r_i \in \mathbf{C}$ 且 $r_i \neq 0$：

$$\sum_{j=-1}^{k-1} \gamma_j y_{n-j} = \sum_{j=-1}^{k-1} \gamma_j r_i^{n-j} = r_i^{n-k+1}(\gamma_{-1}r_i^k + \gamma_0 r_i^{k-1} + \cdots + \gamma_{k-1})$$

可以看到，如果 r_i 是特征多项式的根，那么这个序列就是一个解：

$$\sum_{j=-1}^{k-1} \gamma_j r_i^{k-j-1} = \gamma_{-1}r_i^k + \gamma_0 r_i^{k-1} + \cdots + \gamma_{k-1}$$

事实上，可以证明，如果 r_i 是特征多项式的解，那么以下序列也都是解：

$$\{r_i^n\},\ \{nr_i^n\},\ \{n^2 r_i^n\},\cdots,\{n^{\mu_i-1}r_i^n\}$$

进一步可以证明，通解是这些序列的简单线性组合。考虑到这一点，要使解随时间的推移消失，必须限制特征多项式的所有根都满足 $|r_i| < 1$。用 LMS 方法的第一和第二特征多项式来表示特征多项式：

$$\pi(r,\hat{h}) = \sum_{j=-1}^{k-1} (\alpha_j - \hat{h}\beta_j)r^{k-j-1} = \rho(r) - \hat{h}\sigma(r),\ \hat{h} = h\lambda_i$$

该多项式在文献中通常被称为稳定多项式。

> **定义 7.9**　如果对于一个给定 $\hat{h}$，$\pi(r,\hat{h})$ 的所有根都严格包含于复平面的单位圆内，则称 LMS 方法对于 $\hat{h}$ 是绝对稳定的；否则称其为绝对不稳定的。

可以发现，如果 $\rho(r)$ 和 $\sigma(r)$ 有相同的根，则多项式也以其为根。一般来说，这不太可能，所以我们通过一个给定的 $\hat{h}$ 来找到根 r_0：

$$\hat{h}_0 = \frac{\rho(r_0)}{\sigma(r_0)}$$

可以证明 $\sigma(r_0) \neq 0$。事实上，我们可以看到这些根是由 h 参数化的，根会随着 $\hat{h}$ 的变化而变化，所以对于相同的 $\hat{h}$ 值，系统是稳定的。这就引出了下面的定义。

> **定义 7.10** 在一个区域 $\mathcal{R}_A$ 中，如果对所有 $\hat{h} \in \mathcal{R}_A$ 都稳定，则称 $\mathcal{R}_A$ 是 LMS 方法的绝对稳定域。

这意味着人们可以通过控制时间步长来满足稳定性。这是时间步长在精度控制外的其他用途。限制可用的时间步长，就可以延长任意仿真，从而为了稳定性考量，首选不依赖时间步长的方法。

现在研究我们的集成方法并确定它们的稳定区域。这里主要详细介绍欧拉方法。

前向欧拉法

前向欧拉公式这样的序列 $x_{n+1} = x_n + hf_n$，可以写成如下形式：

$$x_{n+1} - x_n = hf_n$$

我们可以发现其系数 $\alpha_{-1} = 1$，$\alpha_0 = -1$，$\beta_0 = 1$，特征多项式为

$$\rho(z) = z - 1，\quad \sigma(z) = 1$$

其稳定性多项式为

$$\pi(r, \hat{h}) = \rho(r) - \hat{h}\sigma(r) = r - \hat{h} - 1$$

有一个根为

$$r = \hat{h} + 1$$

为了使这个序列稳定，我们必须要求 $\hat{h}$ 在以 -1 为中心的单位圆内。可以发现，人们总是可以通过选择一个足够小的 h 来使方法具有稳定性。

后向欧拉法

对于后向欧拉法有 $x_{n+1} - x_n = hf_{n+1}$，且 $\alpha_{-1} = 1$，$\alpha_0 = -1$，$\beta_{-1} = 1$，从而有

$$\rho(z) = z - 1，\quad \sigma(z) = z$$

其稳定性多项式为

$$\pi(r, \hat{h}) = \rho(r) - \hat{h}\sigma(r) = r - 1 - \hat{h}r$$

其根为

$$r = \frac{1}{1 - \hat{h}}$$

与前向欧拉法相反，我们需要使 $\hat{h}$ 在以 1 为中心的单位圆外。$\mathcal{R}_A$ 包含了整个左半平面，该方法对所有时间步长 h 都是绝对稳定的！其特殊之处在于，对于真实解是常数且不会随着时间而消失的情况（例如振荡器），该方法仍然会产生一个接近零的序列。从某种意义上说，它过于稳定了。

梯形方法、二阶 Gear 方法

对于梯形和二阶 Gear 方法也可以进行类似的研究，但大多情况下，其根都需要通过数值方法找到。这里我们不再进一步研究。

时间步长的控制算法

当使用可调时间步长时，用于控制时间步长的方法是十分重要的。基本可以推测，如

果在一个时间步长上取得成功，就可以增加下一个时间步长，其目的是在精度范围内，以尽可能短的物理时间达到最终目标。那么一次应该增加多少步长？如果在某个时间步长下没有达到期望的精度，又该减少多少呢？专业电路仿真器的实际选择尚不清楚，但关于微分方程数值解的文献提出了一些建议[3-4]。基本思想是以某种方式衡量给定时间步长与失败之间的误差接近程度：如果接近失败，就需要更小的时间步长；如果远离失败，就需要更大的时间步长；如果在二者之间，则不需要更改时间步长。然后，问题就变成了寻找当前距离失败时间步长有多远。假设有这样的规范，称之为 ρ，我们有

$$\text{若}\begin{cases}\rho \geqslant 0.9, & \text{时间步长减少 } x\% \\ 0.2 < \rho < 0.9, & \text{不改变时间步长} \\ \rho \leqslant 0.2, & \text{时间步长增长 } y\%\end{cases}$$

我们如何才能找到这样的规范，并且当需要时应对时间步长做出怎样的改变？时间步长本身十分受 LTE 要求的控制。我们现在可以定义一个标准如下：

$$\rho = \frac{|v_n(t) - v_{n,\text{pred}}(t)|}{|\alpha(\text{reltol } v_{n,\max} + \text{vabstol})|}$$

当然，如果需要的话，分段考虑时间步长，其变化会更多，我们鼓励读者这样做。同时，在实践过程中，当需要的时候，我们对时间步长减小 10% 或增加 0.1%。更多的内容有待读者进一步探索。

7.3　牛顿 – 拉夫森定理

在本节中，我们将详细介绍牛顿 – 拉夫森算法的更多推导细节，并指出在应用它时可能会遇到的一些潜在问题。正如我们在第 2 章中已经讨论过的，牛顿 – 拉夫森是求解非线性方程的主要方法，它几乎应用在所有需要这类求解器的地方，而且只要跟踪的函数足够平滑，它通常表现良好。我们将在本节中简要讨论一些该方法的不足之处。

7.3.1　任意维度上的基本推导

考虑下面的 n 维方程：

$$f(x) = 0, \ f = f_n, \ n > 1 \tag{7-45}$$

式中，f 是一个以 f_n 为分量的向量，我们需要求解 x，其分量为 x_n。首先在点 x_0 处做泰勒展开，该点并非方程的解，但与之接近。我们有

$$f_n(x = x_0 + \Delta x) = f_n(x_0) + \frac{\partial f_i}{\partial x_j}(x_0)\Delta x = 0$$

$\partial f_i / \partial x_j$ 是一个矩阵，通常称为雅可比矩阵。通过求雅可比矩阵的逆，我们可以得到误差 Δx 如下：

$$\Delta x = \left(\frac{\partial f_i}{\partial x_j}\right)^{-1} f(x_0) \tag{7-46}$$

显然，如果雅可比矩阵是非奇异的，那么这个过程与一维情况类似。

收敛速率

牛顿－拉夫森方法的收敛速率与 Δx^2 成正比，这是根据泰勒展开式中的误差项得出的。

7.3.2 常见难点及其解决办法

牛顿－拉夫森方法的主要难点来自雅可比矩阵。如果它是奇异的，那么该方法显然失败。如果它接近于零，即使初值靠近真实解，最终得到的解也会远离真实解。非奇异雅可比矩阵常常代表着分支方程中很可能出现的电路问题，其中较差的器件模型会导致较差的雅可比矩阵。

此外，在一些情况下，函数 f 有一个局部最小值。如果在迭代过程中，解接近这样一个点，它将围绕这个局部最优点持续迭代下去 [5]。如果初值点"足够"接近真实解，就可以保证牛顿－拉夫森算法收敛。幸运的是，在大多数电路中，初值点是前一个时间步长，如果时间步长本身足够小，那么牛顿－拉夫森方法通常是可行的。

7.4 打靶法理论

与前文一致，我们有控制方程 [6] 如下：

$$f(v(t)) = i(v(t)) + \dot{q}(v(t)) + u = 0 \qquad (7\text{-}47)$$

下面写出用所有元素表示的完整形式。用电阻器表示为

$$i(v) = \frac{1}{R}v$$

用电感器表示为

$$i(v) = \int \frac{1}{L} v(t)\mathrm{d}t$$

电容器在式（7-47）的第二项中自然出现：

$$q(v) = Cv$$

或

$$i(v) = \dot{q}(v) = C\frac{\mathrm{d}v}{\mathrm{d}t}$$

最后，晶体管在线性情况下有

$$i(v) = g_\mathrm{m} v$$

类似文献 [5]，我们用 $v(t)$ 表示特定时间 t 下的电路电压状态。寻找满足以下性质的解：

$$v(t) = v(t+T)$$

定义一个函数来表示这两个时刻间的状态差异：

$$h_i(v_i(t), v_i(t+T)) = v_i(t) - v_i(t+T)$$

我们知道，当找到合适的解时，这个函数应该为零。对于中间的迭代，我们可以在 h 处做泰勒展开：

$$h_{i+1} = h_i + \frac{\partial h_i}{\partial v_i} \Delta v_i = v_i(t) - v_i(t+T) + \frac{\partial [v_i(t) - v_i(t+T)]}{\partial v_i} \Delta v_i(t)$$

$$\approx v_i(t) - v_i(t+T) + \left[I - \frac{\Delta v_i(t+T)}{\Delta v_i(t)} \right] \Delta v_i(t) = v_i(t) - v_i(t+T) + [I - J_{\varphi,ij}(T)] \Delta v_i(t) = 0$$

式中，雅可比矩阵 $J_{\varphi,ij}(T)$ 表示由初始状态变化所引起的最终状态的灵敏度变化。方程现在可以重写为

$$\Delta v_i(t) = [I - J_{\varphi,ij}(T)]^{-1}[-v_i(t) + v_i(t+T)]$$

根据牛顿 – 拉夫森的思想，初始状态的变化可以从前一次迭代的雅可比矩阵中计算出来。

我们用链式法则将雅可比矩阵写成如下形式：

$$J_{\varphi,ij}(T) = \frac{\partial v_N}{\partial v_{N-1}} \frac{\partial v_{N-1}}{\partial v_{N-2}} \cdots \frac{\partial v_1}{\partial v_0} \frac{\partial v_0}{\partial v_0}$$

换句话说，它是所有时间步长之间的状态灵敏度的乘积，其中右边最后一个因子是单位矩阵 I。当前状态对上一状态的灵敏度可以通过对式（7-47）关于 v_0 求导得到

$$\frac{\partial f(v(t_n))}{\partial v_0} = \frac{\partial [i(v(t_n)) + \dot{q}(v(t_n)) + u]}{\partial v_0}$$

$$= \frac{\partial i(v(t_n))}{\partial v_0} + \frac{\partial [q(v(t_n)) - q(v(t_{n-1}))]}{\Delta t \partial v_0} = 0$$

应用链式法则后，可得

$$\frac{\partial i(v(t_n))}{\partial v(t_n)} \frac{\partial v(t_n)}{\partial v_0} + \frac{1}{\Delta t} \left[\frac{\partial q(v(t_n))}{\partial v(t_n)} \frac{\partial v(t_n)}{\partial v_0} - \frac{\partial q(v(t_{n-1}))}{\partial v(t_{n-1})} \frac{\partial v(t_{n-1})}{\partial v_0} \right] = 0$$

可整理为

$$\left[\frac{\partial i(v(t_n))}{\partial v(t_n)} + \frac{1}{\Delta t} \frac{\partial q(v(t_n))}{\partial v(t_n)} \right] \frac{\partial v(t_n)}{\partial v_0} = \frac{1}{\Delta t} \frac{\partial q(v(t_{n-1}))}{\partial v(t_{n-1})} \frac{\partial v(t_{n-1})}{\partial v_0}$$

左侧的表达式就是之前时域迭代的雅可比矩阵 J_f，从而

$$\frac{\partial v(t_n)}{\partial v_0} = \frac{1}{\Delta t} J_f^{-1} \frac{\partial q(v(t_{n-1}))}{\partial v(t_{n-1})} \frac{\partial v(t_{n-1})}{\partial v_0}$$

对于电容器，我们知道板上的电荷与电压有关：

$$C(v) = \frac{\partial q}{\partial v}$$

从而最终可得

$$\frac{\partial v(t_n)}{\partial v_0} = \frac{1}{\Delta t} J_f^{-1} C(v(t_{n-1})) \frac{\partial v(t_{n-1})}{\partial v_0} \qquad (7\text{-}48)$$

t_n 时刻的状态与 $t=0$ 时刻的状态间的依赖关系可以通过将前一步的相关矩阵乘以有效电容矩阵及新时刻下电路方程的雅可比矩阵来实现。

7.5　谐波平衡法理论

下面考虑基于函数 $f(v_k)$ 的电路方程，类似文献 [6] 中的讨论：

$$f(v(t)) = i(v(t)) + \dot{q}(v(t)) + u \qquad (7\text{-}49)$$

对上述方程做傅里叶变换，可得

$$F(V) = I(V) + \Omega Q(V) + U \qquad (7\text{-}50)$$

这里 V 表示每个节点上电压的傅里叶系数。利用

$$F(\dot{q}(v(t))) = F(\dot{q}_k(v_l(t))) = F\left(\frac{dq_k(v_l)}{dv_l}\frac{dv_l(t)}{dt}\right) = F\left(\frac{dq_k(v_l)}{dv_l}\sum_m j\omega_m v_{lm}e^{j\omega_m t}\right)$$

对于线性系统，我们有

$$F(\dot{q}(v(t))) = F(\dot{q}_k(v_l(t))) = F\left(C_{kl}\frac{dv_l(t)}{dt}\right) = C_{kl}\sum_m j\omega_m v_{lm} = \Omega Q(V)$$

$$\Omega = \begin{pmatrix} j\omega & \cdots & 0 \\ \vdots & \ddots & \vdots \\ 0 & \cdots & j\omega \end{pmatrix}, \quad \omega = (\omega_1, \cdots, \omega_k)$$

对于非线性函数 i、q，该过程是对时域内的电压进行傅里叶逆变换，求解那里的时间演化问题（这里是谐波），然后经傅里叶变换回到频域。求解式 (7-50) 的方法有很多，我们在这里使用一种称为牛顿谐波的方法，它与我们之前在时域中使用的牛顿 – 拉夫森法非常相似。定义雅可比矩阵

$$J_{ij} = \frac{\partial F_i}{\partial V_j}$$

我们有

$$J(V) = \frac{\partial I(V)}{\partial V} + \Omega \frac{\partial Q(V)}{\partial V}$$

应用牛顿 – 拉夫森方法，我们得到迭代

$$V^{j+1} = V^j - J^{-1}(V^j)F(V^j)$$

矩阵 J 被称为谐波若当矩阵或转换矩阵。它告诉我们某个节点 j 上的傅里叶分量是如何与节点 i 上的另一个傅里叶分量耦合的。注意，该矩阵内部实际上嵌套了小矩阵。每个电路节点包含一组傅里叶向量分量，它们与其他节点上的傅里叶分量耦合。现在分析过程与时域中的情形十分相似。我们设置矩阵 F 和矩阵 J，并继续迭代。通过 U 设置的边界条件集上有固定的分量，我们可以很容易地经过迭代找到正确的解。这里使用了许多的变

量，每个节点都有 k 个傅里叶分量，但只要迭代收敛，就能得到我们想要的答案。

7.6 矩阵求解器：简介

矩阵求解器是目前最重要的算法之一，远不只在工程中应用。随着人工智能在硬件领域中的应用，该类型的系统也直接融入硬件，成为日常生活的重要组成部分。因为我们总是在量化或离散化所研究的问题，工程和科学的问题最终都会转化为矩阵方程。对于电路应用，由于未知电压和电流的数量有限，因此可以自然而然地得到矩阵方程。此外，在像电磁场求解器这些更为连续的系统中，我们可以在离散网格上考虑所研究的系统，其元素或为常数或变化缓慢，所以自然地构建成矩阵方程。构造适用于所有问题的求解器十分困难，这也是当前研究的重点领域。对于电路系统，得益于矩阵是稀疏的，故可以有效地进行迭代求解，我们将在 7.6.3 节中讨论这一点。当遇到矩阵稠密或维数较低的情况时，我们可以采用直接求解的方法，这将在 7.6.1 节和 7.6.2 节中讨论。这里主要参考了文献 [7-8] 中的内容。

7.6.1 高斯 – 若当消元法

用高斯法求解线性方程组由来已久 [7]。在这里，我们对其简化版本进行数学推导。高斯方法实际上是进行一系列的行列变换，目的是避免如第 2 章中描述的在主元出现小值的情况。该方法通常是将方程左侧的矩阵变换为单位矩阵，此时右侧就生成了该矩阵的逆 [7]：

$$Ax=b$$

乘以 A^{-1}，

$$A^{-1}Ax = Ix = A^{-1}b$$

式中，x 和 b 可以是矩阵。若 b 的值已知，则可知右侧的逆矩阵 A^{-1}。由于需要知道方程右侧的值，很容易就会有舍入误差，因此人们在求逆矩阵时很少将它作为首选方案。该方法的关键是避免在调整行列时出现小的主元。选择最大的可用主元常常是最佳策略。有趣的是，主元的选择取决于问题的原始规模。因此，常见的做法是调整问题的规模，使得最大的元素为单位 1。这种方法称为隐式旋转。下面让我们更加深入地研究行列变换。容易发现，行变换可以通过左乘一个矩阵 R 实现。逐行高斯消元其实是左乘一系列矩阵：

$$Ax=b$$

$$R_1R_2\cdots R_nAx = Ix = R_1R_2\cdots R_nb$$

式中，我们用左乘的一系列算子定义逆矩阵。列变换对应右乘矩阵 C，我们得到

$$Ax=b$$

$$AC_1C_1^{-1}x = b$$

$$AC_1C_2C_2^{-1}C_1^{-1}x = b$$

$$AC_1C_2\cdots C_nC_n^{-1}\cdots C_2^{-1}C_1^{-1}x = b$$

矩阵乘积 $AC_1C_2\cdots C_n=I$ ，则有

$$x=C_1C_2\cdots C_n b$$

通过这个方程我们发现，首先需要在右侧乘以找到的最后一个矩阵，因此需要已知所有矩阵 C。这使得列变换代价较高，而在左侧进行这样的操作则非常简单。

7.6.2 LU 分解

我们在第 2 章中曾举例的 LU 分解方法是一种确定矩阵逆的更好方法。在这种方法中，我们不需要已知方程的右侧项就可以直接重新表示矩阵 [7]：

$$Ax=LUx=b$$

式中，U 是右上三角矩阵，L 是左下三角形矩阵。我们只需要求解方程组 $Ux=y$ 和 $Ly=b$ 即可。由于 LU 矩阵是三角形的，因此上述方程组可直接求解。这听起来似乎很不错，但慎重的读者一定会质疑这种分解方式的复杂性。事实上，有一种称为克劳特（Crout）算法的分解办法可以很容易地将一个矩阵分解成这两部分。

$$L=\begin{pmatrix} l_{11} & \cdots & 0 \\ \vdots & \ddots & \vdots \\ l_{n1} & \cdots & l_{nn} \end{pmatrix} \quad U=\begin{pmatrix} u_{11} & \cdots & u_{1n} \\ \vdots & \ddots & \vdots \\ 0 & \cdots & u_{nn} \end{pmatrix}$$

结果表明，L 的对角线总是可以选成单位 $l_{ii}=1$。接下来，具体写出矩阵方程 $LU=A$ 的一行：

$$l_{i1}u_{1j}+l_{i2}u_{2j}+\cdots+l_{in}u_{nj}=a_{ij}$$

结合 L、U 的三角性质，我们发现左侧和式的项数很大程度上取决于 i 和 j 的关系：

① $i=j$ ： $l_{i1}u_{1i}+l_{i2}u_{2i}+\cdots+l_{ii}u_{ii}=a_{ii}$

② $i<j$ ： $l_{i1}u_{1j}+l_{i2}u_{2j}+\cdots+l_{ii}u_{ij}=a_{ij}$

③ $i>j$ ： $l_{i1}u_{1j}+l_{i2}u_{2j}+\cdots+l_{ij}u_{jj}=a_{ij}$

克劳特算法的步骤如下：

1）设 $l_{ii}=1$。

2）对每个 $j=1,2,\cdots,N$ 执行：

对 $i=1,2,\cdots,j$，使用①和②求解 u_{ij}：

$$u_{ij}=a_{ij}-\sum_{k=1}^{i-1}l_{ik}u_{kj}$$

对 $i=j+1,j+2,\cdots,N$，使用③求解 a_{ij}：

$$l_{ij}=\frac{1}{u_{jj}}a_{ij}-\sum_{k=1}^{j-1}a_{ik}u_{kj}$$

3）经这些步骤后可见，其实是用如下新矩阵替换了原始矩阵 A：

$$\begin{pmatrix} u_{11} & u_{12} & u_{1n} \\ l_{21} & u_{22} & u_{2n} \\ l_{n1} & l_{n2} & u_{nn} \end{pmatrix}$$

该新矩阵就是由 LU 分量组成的！读者自然会意识到，旋转也是计算的关键步骤。实际上，该过程并不是对 A 进行 LU 分解，而是进行行变换。

7.6.3　迭代矩阵求解器

迭代求解器的思想易于理解 [7]。假设我们有一个 $Ax=b$ 的近似解，记作 x_0，则有 $x=x_0+\delta x$，从而

$$Ax=A(x_0+\delta x)=b$$

进一步，我们可以用 $b=b_0+\delta b$ 表示，其中 $A\delta x=\delta b$、$Ax_0=b_0$。现在将这些关系式代入矩阵方程，则有

$$Ax=A(x_0+\delta x)=b_0+\delta b \rightarrow A\delta x=b-b_0$$

式中，方程右侧是已知的。现在我们只需要求解这个关于 δx 的方程，然后从最初的预测 x_0 中去掉它就得到一个新的预测解。显然，收敛性等问题很重要，基于此有许多理论，接下来我们对其进行简单介绍。

如第 2 章所述，属于 Krylov 子空间方法的一类求解矩阵方程的迭代法十分有效，特别是对于求解大规模稀疏矩阵。它使用投影的思想迭代到正确解 [8]：

$$Ax=b$$

首先考虑第一个预测解 $x\approx x_0$。我们定义残差为

$$r_0=Ax_0-b \tag{7-51}$$

残差很有可能非零。现定义一个向量序列如下：

$$r_0,\ Ar_0,\ A^2r_0,\ \cdots,\ A^{m-1}r_0$$

这个向量序列组成了一个子空间，即 Krylov 子空间 K_m。这里我们对此不做证明，详情请参见文献 [8]。

一般步骤

一般来说，迭代过程是相似的，我们已经定义了 Krylov 子空间 K_m。现在用 L_m 表示另一个子空间：

1）对于由空间 x_0+K_m 中的向量组成的子空间，我们在其中取一个近似解 x_m。

2）要求 $(b-Ax_m) \perp L_m$，即所得残差不能属于子空间 L_m。检查误差。返回步骤 1。

经这些步骤可以产生逆矩阵的某种多项式近似。其中，L_m 的选择至关重要。有时，$L_m=K_m$；有时，$L_m=AK_m$。该方法有许多变体。下面我们讨论 Kyrlov 子空间及其性质。

Kyrlov 子空间

假设有一个 Kyrlov 子空间，其组成如下：

$$K_m(A,v)=\text{span}\{r_0,Ar_0,A^2r_0,\ \cdots,\ A^{m-1}r_0\}$$

随着迭代的进行，m 增加，从而子空间的维数增加。向量 v 与一个最低次数非零的最小多项式之间满足关系式 $p(A)v=0$。这个次数通常称为 v 关于 A 的等级。v 的等级不能超过空间 R^n 的维数 n。该子空间有一些有趣的性质：

1）K_m 是由所有可以写成 $p(A)v$ 多项式形式的向量组成的子空间，其中 p 是次数 ≤ $m-1$

的多项式。

2）如果令 γ 表示 v 的等级，则对于 $m \geq \gamma$，我们有 $K_m = K_\gamma$。

3）$\dim(K_m) = m \leftrightarrow \text{grade}(v) \geq m$。

Krylov 子空间方法的步长受 Krylov 子空间最大维数 d 的限制。如果没有找到 x_m 或它不是唯一的，投影过程就在第 m 步中断。当迭代步 $m \leq d$ 时，我们自然对确保每个 x_m 存在且唯一的方法十分感兴趣。如果一种方法 d 步的精确解终止，则称其为良定的。这就是有限终止性。它取决于矩阵 A 的性质。现在我们假设矩阵 A 是非奇异的，我们注意到

$$x_m \in x_0 + K(A, r_0) \qquad r_m \in r_0 + AK(A, r_0)$$

代入误差 $x - x_m$，残差 r_n 可写作多项式形式：

$$x - x_m = p_m(A)(x - x_0), \qquad r_m = p_m(A)r_0$$

式中，p_m 是至多 m 次的多项式且初值为 1。在这里，我们仅讨论了这些有效方法的基本内容，更多细节请参阅文献 [7-8]。

收敛性

由于这些方法仅包含有限步，其收敛的思想与其他方法有些许不同，例如对于牛顿 – 拉夫森方法，只要迭代更多步就可以越来越接近精确解。在这里，一旦达到了最大子空间维数 d 就完成了迭代，并且此时应找到了精确解（如果所使用的方法像我们上面讨论的那样是适定的）。我们对细节不再做过多讨论，但需要明确的一点是，收敛速率和收敛思想是完全不同的，并且它们通常没有一般的定义 [8]。

参考文献

1. Hachtel, G. D., Brayton, R. K., & Gustavson, F. G. (1971). The sparse tableau approach to network analysis and design. *IEEE Transactions on Circuit Theorym, 18*(1), 101–113.
2. Ho, C.-W., Zein, A., Ruehli, A. E., & Brennan, P. A. (1975). The modified nodal approach to network analysis. *IEEE Transactions on Circuits and Systems, 22*, 504–509.
3. Najm, F. N. (2010). *Circuit simulation*. Hobroken: Wiley.
4. Lambert, J. D. (1991). *Numerical methods for ordinary differential systems*. Chichester: Wiley & Sons.
5. Pedro, J., Root, D., Xu, J., & Nunes, L. (2018). *Nonlinear circuit simulation and modeling: fundamentals for microwave design* (The Cambridge RF and microwave engineering series). Cambridge: Cambridge University Press. https://doi.org/10.1017/9781316492963.
6. Kundert, K., White, J., & Sangiovanni-Vicentelli. (1990). *Steady-state methods for simulating analog and microwave circuits*. Norwell, MA: Kluwer Academic Publications.
7. Press, W. H., Teukolsky, S. A., Vetterling, W. T., & Flannery, B. P. (2007). *Numerical recipes*. Cambridge: Cambridge University Press.
8. Saad, Y. (2003). *Iterative method for sparse linear systems* (2nd ed.). Philadelphia: Society for Industrial and Applied Mathematics.

示例的完整 Python 代码

附录包含了本书中所研究的所有仿真示例的完整代码。首先，有几点需要注意：
- 该代码的主要目的是让没有任何代码专业知识背景的人也能够读懂。因此，**Python** 的许多小技巧可能还没有得到充分利用。
- 除了所展示的网表之外，其他的代码段还没有被充分调试，所以如果尝试其他网表，可能会出现一些报错。

A.1 引言

在这里，我们首先定义将要用到的各种变量，并展示我们在前文中讨论的 **Python** 实现示例。

A.1.1 变量

这里从变量的定义等开始讨论 Python 代码。

DeviceCount：网表中器件数量的计数器。

NDevices：器件数量的最大值。

DevType[]：长度为 NDevices 的数组，其中每个元素描述每个器件的类型。

DevLabel[]：长度为 NDevices 的数组，其中每个元素包含一个表示器件标签的字符串。

DevNode1[]：长度为 NDevices 的数组，其中每个元素包含一个表示器件第 1 个节点名的字符串。

DevNode2[]：长度为 NDevices 的数组，其中每个元素包含一个表示器件第 2 个节点名的字符串。

DevNode3[]：长度为 NDevices 的数组，其中每个元素包含一个表示器件第 3 个节点名的字符串。

DevNode4[]：长度为 NDevices 的数组，其中每个元素包含一个表示器件第 4 个节点名的字符串。

DevValue[]：长度为 NDevices 的数组，其中每个元素包含一个表示器件数值的数字，例如阻值大小。

Nodes[]：节点名的字符串列表。它将在读取网表时进行动态分配。

NumberOfNodes：Nodes[] 数组的长度。

STA_matrix[][]：大小为 [NumberOfNodes+DeviceCount][NumberOfNodes+DeviceCount] 的稀疏矩阵。

STA_rhs[]：方程式的右侧项。它的大小为 [NumberOfNodes+DeviceCount]。

A.1.2　基本结构

STA_matrix 的定义如下：首先，NumberOfNodes 行包含基尔霍夫电流定律描述的节点；其次，DeviceCount 行包含每个器件的分支方程。STA_rhs 也遵循这个结构。

A.1.3　网表语法

网表遵循基本 SPICE 网表的格式。

SPICE 网表格式最初是由美国加州大学伯克利分校 SPICE 仿真器背后的团队构想的。所有版本的网表具有以下格式：

```
TITLE
ELEMENT DESCRIPTIONS
.MODEL STATEMENTS
OUTPUT COMMANDS
.END
```

要点：

- 第一行通常是一个电路名称标签，前面有一个注释符"*"。在这里，我们只是依照管理传统，将这样的一行作为网表的开始。我们将它视为注释。
- 以"*"为开头注释整行。
- 只有独立源可以包含接地节点 0。

电路描述

SPICE 中的电路描述，通常称为网表，由定义每个电路元器件的语句组成。电路的连接通过节点的命名来描述（实际上节点名通常是数字）。每一个节点名都有其具体的定义。节点 0 是地线，此节点只能与独立源相连接。

节点列表中没有其他元器件可以直接接地，除了特殊定义的节点（如 vss）可通过独立源连接到地。

元器件描述的格式为

<字母> <名称> <n1> <n2>...[mname][parval]

其中，<...> 内的参数是必须设置的，[...] 内的是可选的。

- <字母> 是表示组件类型的单个字母。
- <名称> 是描述此组件特定实例的唯一字母 – 数字组合。
- <ni> 是节点名。

- [mname] 是模型名称（可选的）。
- [parval] 是参数值（有时是可选的）。

符号约定

进入器件端口的电流是正电流，否则为负电流。

无源器件

以元件英文拼写首字母"< 字母 >"开始的实例用来表示电路中的元件。其中，无源器件包括：R 或 r 用于表示电阻，L 或 l 用于表示电感，C 或 c 用于表示电容。

该 < 字母 > 后跟的是该元件的独有名称，然后按顺序跟的是与其正 / 负相连接的节点以及相关参数（R、L 或 C）的值。该值必须是实数。

示例

- R 1 50 20000：定义了一个 $20\,000\,\Omega$ 的电阻，正极连接节点 1，负极连接节点 50。
- cloadn IN GND 250e-15：定义了一个名为 loadn 且值为 250e-15F 的电容，正极连接节点 IN，负极连接节点 GND。
- L41 22 21 4e-9：定义了一个名为 41 且值为 4e-9H 的电感，正极连接节点 22，负极连接节点 21。

独立源

$$V< 名称 ><n+><n->[类型]< 值 >$$

定义了一个独立的电压源，其正极是节点 n+，负极是节点 n-。

$$I< 名称 ><n+><n->[类型]< 值 >$$

定义了一个独立的电流源，其电流流经源从节点 n+ 到节点 n-。

只有独立的源才能定义节点 0，其他的器件都不能。此规则是为了减少代码中条件语句的数量。

示例

- Vdd 4 0 5：定义了一个 5V 的电压源，正极连接节点 4，负极连接节点 0（地）。
- Ibias 18 4 15e-3：定义了一个 15e-3A 的电流源，正极连接节点 18，负极连接节点 4。
- Vin vin 0 sin：定义了具有特定偏移、振幅、频率和相位的正弦波。
- Vpwl vin 0 pwl(t1 val1 t2 val2)：定义了一个分段线性器件，其时间 / 值点由列表定义。

双极晶体管

双极晶体管（BJT）还需要网表语句和 .MODEL。BJT 包含在网表中，并带有以下形式的声明：

$$Q< 名称 ><nc><nb><ne>< 模型名称 >$$

其中，集电极连接节点 nc，基极连接节点 nb，发射极连接节点 ne。

示例

- Q3 6 3 0 my-npn：对应名为 3 的双极晶体管，集电极连接节点 6，基极连接节点 3，发射极连接节点 0，使用的模型名称为 `my-npn`。

模型名称定义为

$$\text{.MODEL}<\text{模型名称}>\text{Early=, K=}$$

其中，`Early` 指的是第 3 章中讨论的厄利电压，`K` 是 3.4.3 节中定义的电流 I_0。

MOSFET

如上，双极晶体管需要声明网表和 `.MODEL`。MOSFET 的描述与之类似，具体格式如下：

$$\text{M}<\text{名称}><\text{nd}><\text{ng}><\text{ns}><\text{模型名称}>$$

其中，漏极、栅极和源极分别连接节点 `nd`、`ng` 和 `ns`。长度 `L` 和宽度 `W` 是可选的。

模型名称定义为

$$\text{.MODEL}<\text{模型名称}>\text{K=, VT=, lambdaT=}$$

对应 3.4.2 节中的基本参数。

A.1.4 控制语句

可能有四种类型的控制语句：`.options`、`.ic`、`.write` 和 `.plot`。语法很简单，但要注意末尾的空格：

- `.options parameter1=val1 parameter2=val2`。
- `.ic v(out)=1 v(in)=0`：该语句仅控制此时的电压初始条件。
- `.write filename v(out) v(in)`：该语句将电压节点输出和输入的解值写入文件 `filename`。
- `.plot v(out) v(in)`：该语句将电压输出到 Python 输出窗口。

A.2 AnalogDef.py

```python
#!/usr/bin/env python3
# -*- coding: utf-8 -*-
"""
Created on Tue Jan 28 12:04:22 2020

@author: mikael
"""
import sys
import re
import math
import matplotlib.pyplot as plt
import numpy
from scipy.fftpack import fft, ifft

Vthermal=1.38e-23*300/1.602e-19
TINY=1e-5
```

```python
def readnetlist(netlist,modeldict,ICdict,Plotdict,Writedict,Opt
iondict,DevType,DevValue,DevLabel,DevNode1,DevNode2,DevNode3,DevM
odel,Nodes,MaxNDevices):
    try:
        myfile=open(netlist,'r')
    except:
        print('netlist file',netlist,' not found')
        sys.exit()
    DeviceCount=0
    if len(modeldict)==0:
        print('Warning: model dictionary is empty!')
    line=myfile.readline()
    while line !='' :
        DevType[DeviceCount]='empty'
        if line[0]=='*':
            print('comment')
        if line[0]=='v':
            print('VoltSource')
            DevType[DeviceCount]='VoltSource'
        if line[0]=='i':
            print('CurrSource')
            DevType[DeviceCount]='CurrentSource'
        if line[0]=='r':
            print('resistor')
            DevType[DeviceCount]='resistor'
        if line[0]=='f':
            print('Special Oscillator filter found')
            DevType[DeviceCount]='oscfilter'
        if line[0]=='l':
            print('inductor')
            DevType[DeviceCount]='inductor'
        if line[0]=='c':
            print('capacitor')
            DevType[DeviceCount]='capacitor'
        if line[0]=='m':
            print('transistor')
            DevType[DeviceCount]='transistor'
        if line[0]=='q':
            print('bipolar')
            DevType[DeviceCount]='bipolar'
        if re.split(' ',line)[0]=='.ic':
            print('Initial Condition Statement')
            lineSplit=re.split(' ',line)
            for i in range(len(lineSplit)-1):
```

```
                          ConditionSplit=re.split('\(|\)|=|\n',re.split
(",line)[i+1])
                          if len(ConditionSplit)>2:
                              try:
                                  ICdict[i]={}
                                  ICdict[i]['NodeName']=ConditionSplit[1]
                                  ICdict[i]['Value']=float(ConditionSplit
[3])
                              except:
                                  print('Syntax Error in .ic statement')
                                  sys.exit()
                          else:
                              print('Warning: Odd characters in IC state-
ment \'',ConditionSplit,'\'')
          if re.split(' ',line)[0]=='.plot':
              print('Plot Statement')
              lineSplit=re.split(' ',line)
              for i in range(len(lineSplit)-1):
                  ConditionSplit=re.split('\(|\)|=|\n',re.split
(",line)[i+1])
                      if len(ConditionSplit)>2:
                          try:
                              Plotdict[i]={}
                              Plotdict[i]['NodeName']=ConditionSplit
[1]
                          except:
                              print('Syntax Error in .plot statement')
                              sys.exit()
                      else:
                          print('Warning: Odd characters in .plot state-
ment \'',ConditionSplit,'\'')
          if re.split(' ',line)[0]=='.write':
              print('Write Statement')
              lineSplit=re.split(' ',line)
              Writedict[0]={}
              Writedict[0]['filename']=lineSplit[1]
              for i in range(len(lineSplit)-2):
                  ConditionSplit=re.split('\(|\)|=|\n',re.split
(",line)[i+2])
                      if len(ConditionSplit)>2:
                          try:
                              Writedict[i+1]={}
                              Writedict[i+1]['NodeName']=ConditionSpl
it[1]
                          except:
```

```
                    print('Syntax Error in .write statement')
                    sys.exit()
            else:
                print('Warning: Odd characters in .write
statement \'',ConditionSplit,'\'')
        if re.split(' ',line)[0]=='.options':
            print('Option Statement')
            lineSplit=re.split(' ',line)
            for i in range(len(lineSplit)-1):
                ConditionSplit=re.split('=|\n',re.split(' ',line)
[i+1])
                if len(ConditionSplit)>=2:
                    try:
                        Optiondict[ConditionSplit[0]]=float(Cond
itionSplit[1])
                    except:
                        try:
                            Optiondict[ConditionSplit[0]]=Condi
tionSplit[1]
                        except:
                            print('Syntax Error in .options sta
tement')
                            sys.exit()
                else:
                    print('Warning: Odd characters in .options
statement \'',ConditionSplit,'\'')
        if DevType[DeviceCount]!='empty':
                if DevType[DeviceCount] != 'transistor' and
DevType[DeviceCount] != 'bipolar':
                    try:
                        DevLabel[DeviceCount]=line.split(' ')[0]
                    except:
                        print('Syntax Error in line:',line)
                        sys.exit();
                    try:
                        DevNode1[DeviceCount]=line.split(' ')[1]
                    except:
                        print('Syntax Error in line:',line)
                        sys.exit()
                    if DevType[DeviceCount] != 'VoltSource' and
DevType[DeviceCount]    !=    'CurrentSource'    and    DevNode
1[DeviceCount]=='0':
```

```
                    print('Error: Node \'0\' only allowed for
independent sources')
                    print('line',line)
                    sys.exit()
            try:
                DevNode2[DeviceCount]=line.split(' ')[2]
            except:
                print('Syntax Error in line:',line)
                sys.exit()
            if DevType[DeviceCount] != 'VoltSource' and
DevType[DeviceCount]            !=            'CurrentSource'            and
DevNode2[DeviceCount]=='0':
                    print('Error: Node \'0\' only allowed for
independent sources')
                print('line',line)
                sys.exit()
            try:
             DevValue[DeviceCount]=float(line.split(' ')[3])
            except:
                print('Value is not a number')
                if DevType[DeviceCount] != 'VoltSource' and
DevType[DeviceCount] != 'CurrentSource':
                    sys.exit(0)
            srcdict={}
            try:
                DevValue[DeviceCount]=re.split((' |\('),
line)[3]

            except:
                print('Syntax Error in line:',line)
                sys.exit();
            srcdict[0]={}
            srcdict[0]['type']=DevValue[DeviceCount]
            if DevValue[DeviceCount]=='pwl':
                DoneReadingPoints=False
                pnt=1
                while not DoneReadingPoints:
                    try:
                        TimePnt=float(re.split((' |\('),
line)[2+pnt*2])
                    except:
                        DoneReadingPoints=True
                    if not DoneReadingPoints:
                        srcdict[pnt]={}
                        srcdict[pnt]['time']=TimePnt
                        try:
```

```
                                SrcPnt=float(re.split((' |\
(|\)'),line)[3+pnt*2])
                            except:
                                print('Syntax Error in lin
e:',line)
                            sys.exit();
                        srcdict[pnt]['value']=SrcPnt
                        pnt=pnt+1
                if DevValue[DeviceCount]=='sin':
                    srcdict[1]={}
   #                try:
                        srcdict['Offset']=float(re.split((' |\
('),line)[4])
                    except:
                        print('Syntax Error in line:',line)
                        sys.exit();
                    try:
                        srcdict['Amplitude']=float(re.split
((' |\('),line)[5])
                    except:
                        print('Syntax Error in line:',line)
                        sys.exit();
                    try:
                        srcdict['Freq']=float(re.split((' |\
('),line)[6])
                    except:
                        print('Syntax Error in line:',line)
                        sys.exit();
                    try:
                        srcdict['TDelay']=float(re.split
(('|\('),line)[7])
                    except:
                        print('Syntax Error in line:',line)
                        sys.exit();
                    try:
                        srcdict['Theta']=float(re.split((' |
\(|\)'),line)[8])
                    except:
                        print('Syntax Error in line:',line)
                        sys.exit();
                DevValue[DeviceCount]=srcdict
                if DevNode1[DeviceCount] not in Nodes and
DevNode1[DeviceCount]!='0':
                    Nodes.append(DevNode1[DeviceCount])
                if DevNode2[DeviceCount] not in Nodes and
```

```
DevNode2[DeviceCount]!='0':
                        Nodes.append(DevNode2[DeviceCount])
            else:
                try:
                    DevLabel[DeviceCount]=line.split(' ')[0]
                except:
                    print('Syntax Error in line:',line)
                    sys.exit();
                try:
                    DevNode1[DeviceCount]=line.split(' ')[1]
                except:
                    print('Syntax Error in line:',line)
                    sys.exit();
                if DevNode1[DeviceCount]=='0':
                    print('Error: Node \'0\' only allowed for
independent sources')
                    print('line',line)
                    sys.exit()
                try:
                    DevNode2[DeviceCount]=line.split(' ')[2]
                except:
                    print('Syntax Error in line:',line)
                    sys.exit();
                if DevNode2[DeviceCount]=='0':
                    print('Error: Node \'0\' only allowed for
independent sources')
                    print('line',line)
                    sys.exit()
                try:
                    DevNode3[DeviceCount]=line.split(' ')[3]
                except:
                    print('Syntax Error in line:',line)
                    sys.exit();
                if DevNode3[DeviceCount]=='0':
                    print('Error: Node \'0\' only allowed for
independent sources')
                    print('line',line)
                    sys.exit()
                try:
                    DevModel[DeviceCount]=line.split(' ')[4]
                    DevModel[DeviceCount]=DevModel[DeviceCount].
rstrip('\n')
```

```
                              modelIndex=findmodelIndex(modeldict,DevModel
[DeviceCount])
                    except:
                        print('Syntax Error in line4:',line)
                        sys.exit();
                      DevValue[DeviceCount]=-1/modeldict[modelIndex]
['K']#-1/K
                        if DevNode1[DeviceCount] not in Nodes and
DevNode1[DeviceCount]!='0':
                        Nodes.append(DevNode1[DeviceCount])
                        if DevNode2[DeviceCount] not in Nodes and
DevNode2[DeviceCount]!='0':
                        Nodes.append(DevNode2[DeviceCount])
                        if DevNode3[DeviceCount] not in Nodes and
DevNode3[DeviceCount]!='0':
                        Nodes.append(DevNode3[DeviceCount])
                DeviceCount+=1
                if DeviceCount>=MaxNDevices:
                        print('Too many devices in the netlist: Max is
set to ',MaxNDevices)
                        sys.exit()
            line=myfile.readline()
        return DeviceCount

  def readmodelfile(filename):
        modeldict={}
        index=0
        modelfile=open(filename,'r')
        line=modelfile.readline()
        while line != '' :
            modeldict[index]={}
            name=line.split(' ')[0]
            print('Reading model ',name)
            modeldict[index]['modelName']=name
            for i in range(3):
                dum=line.split(' ')[i+1]
                try:
                    dum.index("=")
                except:
                    print('Syntax error in model file, line ',line)
                    sys.exit()
                Parname=dum.split('=')[0]
                try:
                    ParValue=float(dum.split('=')[1])
                except:
```

```
                        print('Syntax error: Parameter',Parname,' value
is not a number',dum)
                    modeldict[index][Parname]=ParValue
            index=index+1
            line=modelfile.readline()
        return modeldict

    def findmodelIndex(modeldict,name):
        for i in range(len(modeldict)):
            if modeldict[i]['modelName'] == name:
                return i
        print('model name ',name,' is not found in modelfile' )
        sys.exit()

    def getSourceValue(DevValue,SimTime):
        if type(DevValue)==float:
            return DevValue
        if type(DevValue)==dict:
            if DevValue[0]['type']=='sin':
                A=DevValue['Amplitude']
                freq=DevValue['Freq']
                Offset=DevValue['Offset']
                TDelay=DevValue['TDelay']
#                Theta=DevValue['Theta']
                            return   Offset+A*math.sin(freq*2*math.
pi*(SimTime-TDelay))
            if DevValue[0]['type']=='pwl':
                TimeIndex=1
                while SimTime >= DevValue[TimeIndex]['time'] and
TimeIndex<len(DevValue)-1:
                    TimeIndex=TimeIndex+1
                if SimTime>=DevValue[len(DevValue)-1]['time']:
                    return DevValue[len(DevValue)-1]['value']
                else:
                    PrevTime=DevValue[TimeIndex-1]['time']
                    NextTime=DevValue[TimeIndex]['time']
                    PrevValue=DevValue[TimeIndex-1]['value']
                    NextValue=DevValue[TimeIndex]['value']
                    return (NextValue-PrevValue)*(SimTime-PrevTime)/
(NextTime-PrevTime)+PrevValue

    def findParameter(modeldict,modelname,parameterName):
        for i in range(len(modeldict)):
            if modeldict[i]['modelName']==modelname:
                try:
```

```
                    return modeldict[i][parameterName]
            except:
                print('Error: Parameter ',parameterName,' not
found in ',modeldict[i])

    def setupDicts(SimDict,SetupDict,Optdict,DevType,DevValue,DevLa
bel,DevNode1,DevNode2,DevNode3,DevModel,Nodes,MatrixSize,Jacobian,
STA_matrix,STA_rhs,STA_nonlinear,sol,solm1,solm2,f):
        SetupDict['NumberOfNodes']=10
        SetupDict['NumberOfCurrents']=10
        SetupDict['DeviceCount']=10
        SetupDict['Nodes']=Nodes
        SetupDict['DevNode1']=DevNode1
        SetupDict['DevNode2']=DevNode2
        SetupDict['DevNode3']=DevNode3
        SetupDict['DevValue']=DevValue
        SetupDict['DevType']=DevType
        SetupDict['DevModel']=DevModel
        SetupDict['MatrixSize']=MatrixSize
        SetupDict['Jacobian']=Jacobian
        SetupDict['STA_matrix']=STA_matrix
        SetupDict['STA_rhs']=STA_rhs

        SetupDict['STA_nonlinear']=STA_nonlinear
        SetupDict['Vthermal']=1.38e-23*300/1.602e-19
        Optdict['reltol']=1e-3
        Optdict['iabstol']=1e-7
        Optdict['vabstol']=1e-6
        Optdict['lteratio']=2
        Optdict['MaxTImeStep']=1e-11
        Optdict['FixedTimeStep']='False'
        Optdict['GlobalTruncation']='True'
        Optdict['deltaT']=3e-13
        Optdict['MaxSimulationIterations']=200000
        Optdict['MaxSimTime']=1e-8
        Optdict['MaxNewtonIter']=5
        SimDict['deltaT']=1e-12
        SimDict['sol']=sol
        SimDict['solm1']=solm1
        SimDict['solm2']=solm2
        SimDict['f']=f

    def plotdata(Plotdict,NumberOfNodes,retime,reval,Nodes):
        if len(Plotdict)> 0:
            ax = plt.subplot(111)
            for j in range(NumberOfNodes):
```

```
                    for i in range(len(Plotdict)):
                        if Plotdict[i]['NodeName']==Nodes[j]:
                            ax.plot(retime, reval[j], label=Nodes[j])
                plt.title('Voltage vs time')
                ax.legend(loc='upper center', bbox_to_anchor=(1.2, 0.97),
shadow=True, ncol=2)
                plt.xlabel('time [s]')
                plt.ylabel('Voltage [V]')
                plt.show()

    def printdata(Printdict,NumberOfNodes,retime,reval,Nodes):
        if len(Printdict)> 0:
            fp=open(Printdict[0]['filename'],"w+")
            fp.write('time ')
            for i in range(len(Printdict)-1):
                fp.write('%s ' % Printdict[i+1]['NodeName'])
            fp.write('\n')
            for i in range(len(retime)):
                fp.write("%g " % retime[i])
                for j in range(NumberOfNodes):
                    for k in range(len(Printdict)-1):
                        if Printdict[k+1]['NodeName']==Nodes[j]:
                            fp.write("%g " % reval[j][i])
                fp.write('\n')
            fp.close()

    def build_SysEqns(SetupDict, SimDict, modeldict):
        DeviceCount=SetupDict['DeviceCount']
        DevType=SetupDict['DevType']
        deltaT=SimDict['deltaT']
        for i in range(DeviceCount):
            if DevType[i]=='resistor':
                build_SysEqn_resistor(i, SetupDict)
            if DevType[i]=='capacitor':
                build_SysEqn_capacitor(deltaT, i, SetupDict, SimDict)
            if DevType[i]=='inductor':
                build_SysEqn_inductor(deltaT, i, SetupDict, SimDict)
            if DevType[i]=='VoltSource':
                build_SysEqn_VSource(i, SetupDict)
            if DevType[i]=='CurrentSource':
                build_SysEqn_ISource(i, SetupDict)
            if DevType[i]=='transistor':
                build_SysEqn_MOS(i, SetupDict, SimDict, modeldict)
            if DevType[i]=='bipolar':
                build_SysEqn_bipolar(i, SetupDict, SimDict, modeldict)
```

```python
    def update_SysEqns(SimTime, SetupDict, SimDict, modeldict):
        DeviceCount=SetupDict['DeviceCount']
        DevType=SetupDict['DevType']
        deltaT=SimDict['deltaT']
        for i in range(DeviceCount):
            if DevType[i]=='capacitor':
              update_SysEqn_capacitor(deltaT, i, SetupDict, SimDict)
            if DevType[i]=='inductor':
                update_SysEqn_inductor(deltaT, i, SetupDict, SimDict)
            if DevType[i]=='VoltSource':
                update_SysEqn_VSource(i, SimTime, SetupDict)
            if DevType[i]=='CurrentSource':
                update_SysEqn_ISource(i, SimTime, SetupDict)
            if DevType[i]=='transistor':
                update_SysEqn_MOS(i, SetupDict, SimDict, modeldict)
            if DevType[i]=='bipolar':
                    update_SysEqn_bipolar(i, SetupDict, SimDict,
modeldict)

    def build_Jacobian(SetupDict, SimDict, modeldict):
        DeviceCount=SetupDict['DeviceCount']
        DevType=SetupDict['DevType']
        for i in range(DeviceCount):
            if DevType[i]=='transistor':
                build_Jacobian_MOS(i, SetupDict, SimDict, modeldict)
            if DevType[i]=='bipolar':
                build_Jacobian_bipolar(i, SetupDict, SimDict, modeld
ict)

    def build_Jacobian_HB(SetupDict, Simdict, modeldict):
        DeviceCount=SetupDict['DeviceCount']
        DevType=SetupDict['DevType']
        for i in range(DeviceCount):
            if DevType[i]=='transistor':
                    build_Jacobian_MOS_HB(i, SetupDict, Simdict,
modeldict)

    def update_SysEqns_HB(SetupDict, SimDict, modeldict):
        DeviceCount=SetupDict['DeviceCount']
        DevType=SetupDict['DevType']
        TotalHarmonics=SetupDict['TotalHarmonics']
        for i in range(DeviceCount):
            for row in range(TotalHarmonics):
                if DevType[i]=='transistor':
                    update_SysEqn_MOS_HB(i, row, SetupDict, SimDict,
```

```
modeldict)
                if DevType[i]=='bipolar':
                    print('Error: Harmonic Balance for Bipolar Tran
sistors not implemented')
                    sys.exit(0)

    def build_SysEqns_HB(SetupDict, SimDict, modeldict):
        DeviceCount=SetupDict['DeviceCount']
        DevType=SetupDict['DevType']
        TotalHarmonics=SetupDict['TotalHarmonics']
        for i in range(DeviceCount):
            for row in range(TotalHarmonics):
                if DevType[i]=='resistor':
                    build_SysEqn_resistor_HB(i, row, SetupDict)
                if DevType[i] == 'oscfilter':
                    build_SysEqn_oscfilter_HB(i, row, SetupDict)
                if DevType[i]=='capacitor':
                    build_SysEqn_capacitor_HB(i, row, SetupDict,
SimDict)
                if DevType[i]=='inductor':
                    build_SysEqn_inductor_HB(i, row, SetupDict,
SimDict)
                if DevType[i]=='VoltSource':
                    build_SysEqn_VSource_HB(i, row, SetupDict)
                if DevType[i]=='CurrentSource':
                    build_SysEqn_ISource_HB(i, row, SetupDict)
                if DevType[i]=='transistor':
                    build_SysEqn_MOS_HB(i, row, SetupDict, SimDict,
modeldict)
                if DevType[i]=='bipolar':
                    print('Error: Harmonic Balance for Bipolar
Transistors not implemented')
                    sys.exit(0)

    def build_SysEqn_oscfilter_HB(DeviceNr, row, SetupDict):
        NumberOfNodes=SetupDict['NumberOfNodes']
        TotalHarmonics=SetupDict['TotalHarmonics']
        DevValue=SetupDict['DevValue']
        DevNode1=SetupDict['DevNode1']
        DevNode2=SetupDict['DevNode2']
        Nodes=SetupDict['Nodes']
        STA_matrix=SetupDict['STA_matrix']
        Jacobian_Offset=SetupDict['Jacobian_Offset']
        if row==Jacobian_Offset+1 or row==Jacobian_Offset-1:
            OscFilterValue=DevValue[DeviceNr]
```

```
        else:
            OscFilterValue=1e18
        STA_matrix[(NumberOfNodes+DeviceNr)*TotalHarmonics+row][(Num
berOfNodes+DeviceNr)*TotalHarmonics+row]=-OscFilterValue
            STA_matrix[(NumberOfNodes+DeviceNr)*TotalHarmonics+row]
[Nodes.index(DevNode1[DeviceNr])*TotalHarmonics+row]=1
        STA_matrix[Nodes.index(DevNode1[DeviceNr])*TotalHarmonics+
row][(NumberOfNodes+DeviceNr)*TotalHarmonics+row]=1
            STA_matrix[(NumberOfNodes+DeviceNr)*TotalHarmonics+row]
[Nodes.index(DevNode2[DeviceNr])*TotalHarmonics+row]=-1
        STA_matrix[Nodes.index(DevNode2[DeviceNr])*TotalHarmonics+
row][(NumberOfNodes+DeviceNr)*TotalHarmonics+row]=-1


    def build_SysEqn_resistor_HB(DeviceNr, row, SetupDict):
        NumberOfNodes=SetupDict['NumberOfNodes']
        DevValue=SetupDict['DevValue']
        TotalHarmonics=SetupDict['TotalHarmonics']
        DevNode1=SetupDict['DevNode1']
        DevNode2=SetupDict['DevNode2']
        Nodes=SetupDict['Nodes']
        STA_matrix=SetupDict['STA_matrix']
        STA_matrix[(NumberOfNodes+DeviceNr)*TotalHarmonics+row][(Num
berOfNodes+DeviceNr)*TotalHarmonics+row]=-DevValue[DeviceNr]
            STA_matrix[(NumberOfNodes+DeviceNr)*TotalHarmonics+row]
[Nodes.index(DevNode1[DeviceNr])*TotalHarmonics+row]=1
        STA_matrix[Nodes.index(DevNode1[DeviceNr])*TotalHarmonics+
row][(NumberOfNodes+DeviceNr)*TotalHarmonics+row]=1
            STA_matrix[(NumberOfNodes+DeviceNr)*TotalHarmonics+row]
[Nodes.index(DevNode2[DeviceNr])*TotalHarmonics+row]=-1
        STA_matrix[Nodes.index(DevNode2[DeviceNr])*TotalHarmonics+
row][(NumberOfNodes+DeviceNr)*TotalHarmonics+row]=-1


    def build_SysEqn_capacitor_HB(DeviceNr, row, SetupDict, SimDict):
        NumberOfNodes=SetupDict['NumberOfNodes']
        DevValue=SetupDict['DevValue']
        TotalHarmonics=SetupDict['TotalHarmonics']
        DevNode1=SetupDict['DevNode1']
        DevNode2=SetupDict['DevNode2']
        Nodes=SetupDict['Nodes']
        STA_matrix=SetupDict['STA_matrix']
        omegak=SetupDict['omegak']
        STA_matrix[(NumberOfNodes+DeviceNr)*TotalHarmonics+row][(Num
berOfNodes+DeviceNr)*TotalHarmonics+row]=-1
            STA_matrix[(NumberOfNodes+DeviceNr)*TotalHarmonics+row]
[Nodes.index(DevNode1[DeviceNr])*TotalHarmonics+row]=1j*omegak[ro
```

```
w]*DevValue[DeviceNr]
        STA_matrix[Nodes.index(DevNode1[DeviceNr])*TotalHarmonics+
row][(NumberOfNodes+DeviceNr)*TotalHarmonics+row]=1
            STA_matrix[(NumberOfNodes+DeviceNr)*TotalHarmonics+row]
[Nodes.index(DevNode2[DeviceNr])*TotalHarmonics+row]=-1j*omegak[r
ow]*DevValue[DeviceNr]
        STA_matrix[Nodes.index(DevNode2[DeviceNr])*TotalHarmonics+
row][(NumberOfNodes+DeviceNr)*TotalHarmonics+row]=-1


  def build_SysEqn_inductor_HB(DeviceNr, row, SetupDict, SimDict):
      NumberOfNodes=SetupDict['NumberOfNodes']
      DevValue=SetupDict['DevValue']
      TotalHarmonics=SetupDict['TotalHarmonics']
      DevNode1=SetupDict['DevNode1']
      DevNode2=SetupDict['DevNode2']
      Nodes=SetupDict['Nodes']
      STA_matrix=SetupDict['STA_matrix']
      omegak=SetupDict['omegak']
      STA_matrix[(NumberOfNodes+DeviceNr)*TotalHarmonics+row][(Num
berOfNodes+DeviceNr)*TotalHarmonics+row]=-1j*omegak[row]*DevValue
[DeviceNr]
            STA_matrix[(NumberOfNodes+DeviceNr)*TotalHarmonics+row]
[Nodes.index(DevNode1[DeviceNr])*TotalHarmonics+row]=1
        STA_matrix[Nodes.index(DevNode1[DeviceNr])*TotalHarmonics+
row][(NumberOfNodes+DeviceNr)*TotalHarmonics+row]=1
            STA_matrix[(NumberOfNodes+DeviceNr)*TotalHarmonics+row]
[Nodes.index(DevNode2[DeviceNr])*TotalHarmonics+row]=-1
        STA_matrix[Nodes.index(DevNode2[DeviceNr])*TotalHarmonics+
row][(NumberOfNodes+DeviceNr)*TotalHarmonics+row]=-1


  def build_SysEqn_VSource_HB(DeviceNr, row, SetupDict):
      NumberOfNodes=SetupDict['NumberOfNodes']
      DevValue=SetupDict['DevValue']
      TotalHarmonics=SetupDict['TotalHarmonics']
      DevNode1=SetupDict['DevNode1']
      DevNode2=SetupDict['DevNode2']
      DevLabel=SetupDict['DevLabel']
      Nodes=SetupDict['Nodes']
      STA_matrix=SetupDict['STA_matrix']
      STA_rhs=SetupDict['STA_rhs']
      Jacobian_Offset=SetupDict['Jacobian_Offset']
      STA_matrix[(NumberOfNodes+DeviceNr)*TotalHarmonics+row][(Num
berOfNodes+DeviceNr)*TotalHarmonics+row]=0
        if DevNode1[DeviceNr] != '0' :
            STA_matrix[(NumberOfNodes+DeviceNr)*TotalHarmonics+row]
```

```
[Nodes.index(DevNode1[DeviceNr])*TotalHarmonics+row]=1
        STA_matrix[Nodes.index(DevNode1[DeviceNr])*TotalHarmoni
cs+row][(NumberOfNodes+DeviceNr)*TotalHarmonics+row]=1
    if DevNode2[DeviceNr] != '0' :
        STA_matrix[(NumberOfNodes+DeviceNr)*TotalHarmonics+row]
[Nodes.index(DevNode2[DeviceNr])*TotalHarmonics+row]=-1
        STA_matrix[Nodes.index(DevNode2[DeviceNr])*TotalHarmoni
cs+row][(NumberOfNodes+DeviceNr)*TotalHarmonics+row]=-1
      if DevLabel[DeviceNr] != 'vinp' and DevLabel[DeviceNr]
!= 'vinn':
        STA_rhs[(NumberOfNodes+DeviceNr)*TotalHarmonics+row]=ge
tSourceValue(DevValue[DeviceNr],0)*(row==Jacobian_Offset)
    if(DevLabel[DeviceNr] == 'vinp'):
        STA_rhs[(NumberOfNodes+DeviceNr)*TotalHarmonics+row]=.5
*((row==Jacobian_Offset+1)+(row==Jacobian_Offset-1))
    if(DevLabel[DeviceNr] == 'vinn'):
            STA_rhs[(NumberOfNodes+DeviceNr)*TotalHarmonics+
row]=-.5*((row==Jacobian_Offset+1)+(row==Jacobian_Offset-1))
    if(DevLabel[DeviceNr] == 'vin'):
            STA_rhs[(NumberOfNodes+DeviceNr)*TotalHarmonics+
row]=-.02*((row==Jacobian_Offset+1)+(row==Jacobian_
Offset-1))+0.2*(row==Jacobian_Offset)


  def build_SysEqn_ISource_HB(DeviceNr, row, SetupDict):
    NumberOfNodes=SetupDict['NumberOfNodes']
    DevValue=SetupDict['DevValue']
    TotalHarmonics=SetupDict['TotalHarmonics']
    DevNode1=SetupDict['DevNode1']
    DevNode2=SetupDict['DevNode2']
    Nodes=SetupDict['Nodes']
    STA_matrix=SetupDict['STA_matrix']
    STA_rhs=SetupDict['STA_rhs']
    Jacobian_Offset=SetupDict['Jacobian_Offset']
    STA_matrix[(NumberOfNodes+DeviceNr)*TotalHarmonics+row][(Num
berOfNodes+DeviceNr)*TotalHarmonics+row]=1
    STA_rhs[(NumberOfNodes+DeviceNr)*TotalHarmonics+row]=getSou
rceValue(DevValue[DeviceNr],0)*(row==Jacobian_Offset)
    if DevNode1[DeviceNr] != '0' and DevNode2[DeviceNr]!='0':
        STA_matrix[Nodes.index(DevNode1[DeviceNr])*TotalHarmoni
cs+row][(NumberOfNodes+DeviceNr)*TotalHarmonics+row]=1
        STA_matrix[Nodes.index(DevNode2[DeviceNr])*TotalHarmoni
cs+row][(NumberOfNodes+DeviceNr)*TotalHarmonics+row]=-1
    elif DevNode2[DeviceNr] != '0' :
        STA_matrix[Nodes.index(DevNode2[DeviceNr])*TotalHarmoni
cs+row][(NumberOfNodes+DeviceNr)*TotalHarmonics+row]=-1
```

```
        elif DevNode1[DeviceNr] != '0' :
            STA_matrix[Nodes.index(DevNode1[DeviceNr])*TotalHarmoni
cs+row][(NumberOfNodes+DeviceNr)*TotalHarmonics+row]=1

    def build_SysEqn_MOS_HB(DeviceNr, row, SetupDict, SimDict,
modeldict):
        NumberOfNodes=SetupDict['NumberOfNodes']
        TotalHarmonics=SetupDict['TotalHarmonics']
        NSamples=SetupDict['NSamples']
        DevNode1=SetupDict['DevNode1']
        DevNode2=SetupDict['DevNode2']
        DevNode3=SetupDict['DevNode3']
        DevModel=SetupDict['DevModel']
        Nodes=SetupDict['Nodes']
        sol=SimDict['sol']
        STA_matrix=SetupDict['STA_matrix']
        STA_nonlinear=SetupDict['STA_nonlinear']
        lambdaT=findParameter(modeldict,DevModel[DeviceNr],'lambdaT')
        VT=findParameter(modeldict,DevModel[DeviceNr],'VT')
        K=findParameter(modeldict,DevModel[DeviceNr],'K')
        Vg=[0 for i in range(TotalHarmonics)]
        Vs=[0 for i in range(TotalHarmonics)]
        Vd=[0 for i in range(TotalHarmonics)]
        TransistorOutputTime=[0 for i in range(NSamples)]
        TransistorOutputFreq=[0 for i in range(TotalHarmonics)]
#       if row==0:
        for j in range(TotalHarmonics):
                Vg[j]=sol[Nodes.index(DevNode2[DeviceNr])*TotalHa
rmonics+j]
                Vs[j]=sol[Nodes.index(DevNode3[DeviceNr])*TotalHa
rmonics+j]
                Vd[j]=sol[Nodes.index(DevNode1[DeviceNr])*TotalHa
rmonics+j]
        TransistorOutputTime=TransistorModel(idft(Vg,TotalHarmonics
),idft(Vs,TotalHarmonics),idft(Vd,TotalHarmonics),NSamples,    K,
VT, lambdaT)
        TransistorOutputFreq=dft(TransistorOutputTime,NSamples)
        STA_matrix[(NumberOfNodes+DeviceNr)*TotalHarmonics+row][(Num
berOfNodes+DeviceNr)*TotalHarmonics+row]=-1
            STA_matrix[Nodes.index(DevNode1[DeviceNr])*TotalHarmonics+
row][(NumberOfNodes+DeviceNr)*TotalHarmonics+row]=1
            STA_matrix[Nodes.index(DevNode3[DeviceNr])*TotalHarmonics+
row][(NumberOfNodes+DeviceNr)*TotalHarmonics+row]=-1
        STA_nonlinear[(NumberOfNodes+DeviceNr)*TotalHarmonics+row]=
TransistorOutputFreq[row]
```

```python
    def update_SysEqn_MOS_HB(DeviceNr, row, SetupDict, SimDict,
modeldict):
        NumberOfNodes=SetupDict['NumberOfNodes']
        TotalHarmonics=SetupDict['TotalHarmonics']
        NSamples=SetupDict['NSamples']
        DevNode1=SetupDict['DevNode1']
        DevNode2=SetupDict['DevNode2']
        DevNode3=SetupDict['DevNode3']
        DevModel=SetupDict['DevModel']
        Nodes=SetupDict['Nodes']
        sol=SimDict['sol']
        STA_nonlinear=SetupDict['STA_nonlinear']
        lambdaT=findParameter(modeldict,DevModel[DeviceNr],'lambdaT')
        VT=findParameter(modeldict,DevModel[DeviceNr],'VT')
        K=findParameter(modeldict,DevModel[DeviceNr],'K')
        STA_nonlinear=SetupDict['STA_nonlinear']
        Vg=[0 for i in range(TotalHarmonics)]
        Vs=[0 for i in range(TotalHarmonics)]
        Vd=[0 for i in range(TotalHarmonics)]
        TransistorOutputTime=[0 for i in range(NSamples)]

        TransistorOutputFreq=[0 for i in range(TotalHarmonics)]
#       if row==0: This worked on the toplevel but not here ...
        for j in range(TotalHarmonics):
                Vg[j]=sol[Nodes.index(DevNode2[DeviceNr])*TotalHa
rmonics+j]
                Vs[j]=sol[Nodes.index(DevNode3[DeviceNr])*TotalHa
rmonics+j]
                Vd[j]=sol[Nodes.index(DevNode1[DeviceNr])*TotalHa
rmonics+j]
        TransistorOutputTime=TransistorModel(idft(Vg,TotalHarmonics),
idft(Vs,TotalHarmonics),idft(Vd,TotalHarmonics),NSamples,      K,
VT, lambdaT)
        TransistorOutputFreq=dft(TransistorOutputTime,NSamples)
        STA_nonlinear[(NumberOfNodes+DeviceNr)*TotalHarmonics+row]=
TransistorOutputFreq[row]

    def build_SysEqn_resistor(DeviceNr, SetupDict):
        NumberOfNodes=SetupDict['NumberOfNodes']
        DevValue=SetupDict['DevValue']
        DevNode1=SetupDict['DevNode1']
        DevNode2=SetupDict['DevNode2']
        Nodes=SetupDict['Nodes']
        STA_matrix=SetupDict['STA_matrix']
                        STA_matrix[NumberOfNodes+DeviceNr]
```

```
                [NumberOfNodes+DeviceNr]=-DevValue[DeviceNr]
                            STA_matrix[NumberOfNodes+DeviceNr][Nodes.
    index(DevNode1[DeviceNr])]=1
                            STA_matrix[Nodes.index(DevNode1[DeviceNr])]
    [NumberOfNodes+DeviceNr]=1
                            STA_matrix[NumberOfNodes+DeviceNr][Nodes.
    index(DevNode2[DeviceNr])]=-1
                            STA_matrix[Nodes.index(DevNode2[DeviceNr])]
    [NumberOfNodes+DeviceNr]=-1

    def build_SysEqn_capacitor(deltaT, DeviceNr, SetupDict, SimDict):
        NumberOfNodes=SetupDict['NumberOfNodes']
        DevValue=SetupDict['DevValue']
        DevNode1=SetupDict['DevNode1']
        DevNode2=SetupDict['DevNode2']
        Nodes=SetupDict['Nodes']
        STA_matrix=SetupDict['STA_matrix']
        STA_rhs=SetupDict['STA_rhs']
        method=SetupDict['method']
        sol=SimDict['sol']
        solm1=SimDict['solm1']
        deltaT=SimDict['deltaT']
    STA_matrix[NumberOfNodes+DeviceNr][NumberOfNodes+DeviceNr]=1
                        STA_matrix[Nodes.index(DevNode1[DeviceNr])]
    [NumberOfNodes+DeviceNr]=1
                        STA_matrix[Nodes.index(DevNode2[DeviceNr])]
    [NumberOfNodes+DeviceNr]=-1
        if method=='trap':
                            STA_matrix[NumberOfNodes+DeviceNr][Nodes.
    index(DevNode1[DeviceNr])]=-2.0*DevValue[DeviceNr]/deltaT
            STA_matrix[NumberOfNodes+DeviceNr][Nodes.index(DevNode2
    [DeviceNr])]=2.0*DevValue[DeviceNr]/deltaT
            STA_rhs[NumberOfNodes+DeviceNr]=-2*DevValue[DeviceNr]/
    deltaT*(sol[Nodes.index(DevNode1[DeviceNr])]-sol[Nodes.
    index(DevNode2[DeviceNr])])-sol[NumberOfNodes+DeviceNr]
        elif method=='gear2':
                            STA_matrix[NumberOfNodes+DeviceNr][Nodes.
    index(DevNode1[DeviceNr])]=-3.0/2.0*DevValue[DeviceNr]/deltaT
            STA_matrix[NumberOfNodes+DeviceNr][Nodes.index(DevNode2
    [DeviceNr])]=3.0/2.0*DevValue[DeviceNr]/deltaT
                STA_rhs[NumberOfNodes+DeviceNr]=DevValue[DeviceNr]/
    deltaT*(-2*(sol[Nodes.index(DevNode1[DeviceNr])]-sol[Nodes.index(
    DevNode2[DeviceNr])])+1/2*(solm1[Nodes.
    index(DevNode1[DeviceNr])]-solm1[Nodes.
    index(DevNode2[DeviceNr])]) )
```

```python
    elif method=='be':
                    STA_matrix[NumberOfNodes+DeviceNr][Nodes.
index(DevNode1[DeviceNr])]=-1.0*DevValue[DeviceNr]/deltaT
        STA_matrix[NumberOfNodes+DeviceNr][Nodes.index(DevNode2
[DeviceNr])]=1.0*DevValue[DeviceNr]/deltaT
            STA_rhs[NumberOfNodes+DeviceNr]=-DevValue[DeviceNr]/
deltaT*(sol[Nodes.index(DevNode1[DeviceNr])]-sol[Nodes.
index(DevNode2[DeviceNr])])
    else:
        print('Warning: unknown integration method',method)

    def update_SysEqn_capacitor(deltaT, DeviceNr, SetupDict,
SimDict):
        NumberOfNodes=SetupDict['NumberOfNodes']
        DevValue=SetupDict['DevValue']
        DevNode1=SetupDict['DevNode1']
        DevNode2=SetupDict['DevNode2']
        Nodes=SetupDict['Nodes']
        STA_matrix=SetupDict['STA_matrix']
        STA_rhs=SetupDict['STA_rhs']
        method=SetupDict['method']
        sol=SimDict['sol']
        solm1=SimDict['solm1']
        if method=='trap':
                    STA_matrix[NumberOfNodes+DeviceNr][Nodes.
index(DevNode1[DeviceNr])]=-2.0*DevValue[DeviceNr]/deltaT
        STA_matrix[NumberOfNodes+DeviceNr][Nodes.index(DevNode2
[DeviceNr])]=2.0*DevValue[DeviceNr]/deltaT
            STA_rhs[NumberOfNodes+DeviceNr]=-2*DevValue[DeviceNr]/
deltaT*(sol[Nodes.index(DevNode1[DeviceNr])]-sol[Nodes.
index(DevNode2[DeviceNr])])-sol[NumberOfNodes+DeviceNr]
        elif method=='gear2':
                    STA_matrix[NumberOfNodes+DeviceNr][Nodes.
index(DevNode1[DeviceNr])]=-3.0/2.0*DevValue[DeviceNr]/deltaT
        STA_matrix[NumberOfNodes+DeviceNr][Nodes.index(DevNode2
[DeviceNr])]=3.0/2.0*DevValue[DeviceNr]/deltaT
            STA_rhs[NumberOfNodes+DeviceNr]=DevValue[DeviceNr]/
deltaT*(-2*(sol[Nodes.index(DevNode1[DeviceNr])]-sol[Nodes.index(
DevNode2[DeviceNr])])+1/2*(solm1[Nodes.
index(DevNode1[DeviceNr])]-solm1[Nodes.
index(DevNode2[DeviceNr])]) )
        elif method=='be':
                    STA_matrix[NumberOfNodes+DeviceNr][Nodes.
index(DevNode1[DeviceNr])]=-1.0*DevValue[DeviceNr]/deltaT
        STA_matrix[NumberOfNodes+DeviceNr][Nodes.index(DevNode2
```

```
[DeviceNr])]=1.0*DevValue[DeviceNr]/deltaT
            STA_rhs[NumberOfNodes+DeviceNr]=-DevValue[DeviceNr]/
deltaT*(sol[Nodes.index(DevNode1[DeviceNr])]-sol[Nodes.
index(DevNode2[DeviceNr])])
        else:
            print('Warning: unknown integration method',method)

  def build_SysEqn_inductor(deltaT, DeviceNr, SetupDict, SimDict):
      NumberOfNodes=SetupDict['NumberOfNodes']
      DevValue=SetupDict['DevValue']
      DevNode1=SetupDict['DevNode1']
      DevNode2=SetupDict['DevNode2']
      Nodes=SetupDict['Nodes']
      STA_matrix=SetupDict['STA_matrix']
      STA_rhs=SetupDict['STA_rhs']
      method=SetupDict['method']
      sol=SimDict['sol']
      solm1=SimDict['solm1']
    STA_matrix[NumberOfNodes+DeviceNr][NumberOfNodes+DeviceNr]=1
    STA_matrix[Nodes.index(DevNode1[DeviceNr])][NumberOfNodes+De
viceNr]=1
                        STA_matrix[Nodes.index(DevNode2[DeviceNr])]
[NumberOfNodes+DeviceNr]=-1
        if method=='trap':
                        STA_matrix[NumberOfNodes+DeviceNr][Nodes.
index(DevNode1[DeviceNr])]=-deltaT/DevValue[DeviceNr]/2
            STA_matrix[NumberOfNodes+DeviceNr][Nodes.index(DevNode2
[DeviceNr])]=deltaT/DevValue[DeviceNr]/2
            STA_rhs[NumberOfNodes+DeviceNr]=sol[NumberOfNodes+Devic
eNr]+deltaT*(sol[Nodes.index(DevNode1[DeviceNr])]-sol[Nodes.
index(DevNode2[DeviceNr])])/(2*DevValue[DeviceNr])
        elif method=='gear2':
                        STA_matrix[NumberOfNodes+DeviceNr][Nodes.
index(DevNode1[DeviceNr])]=-2/3*deltaT/DevValue[DeviceNr]
            STA_matrix[NumberOfNodes+DeviceNr][Nodes.index(DevNode2
[DeviceNr])]=2/3*deltaT/DevValue[DeviceNr]
            STA_rhs[NumberOfNodes+DeviceNr]=4/3*sol[NumberOfNodes+D
eviceNr]-1/3*solm1[NumberOfNodes+DeviceNr]
        elif method=='be':
                        STA_matrix[NumberOfNodes+DeviceNr][Nodes.
index(DevNode1[DeviceNr])]=-deltaT/DevValue[DeviceNr]
            STA_matrix[NumberOfNodes+DeviceNr][Nodes.index(DevNode2
[DeviceNr])]=deltaT/DevValue[DeviceNr]
                    STA_rhs[NumberOfNodes+DeviceNr]=sol[NumberOfNodes
+DeviceNr]
```

```
        else:
            print('Warning: unknown integration method',method)

def update_SysEqn_inductor(deltaT, DeviceNr, SetupDict, SimDict):
    NumberOfNodes=SetupDict['NumberOfNodes']
    DevValue=SetupDict['DevValue']
    DevNode1=SetupDict['DevNode1']
    DevNode2=SetupDict['DevNode2']
    Nodes=SetupDict['Nodes']
    STA_matrix=SetupDict['STA_matrix']
    STA_rhs=SetupDict['STA_rhs']
    method=SetupDict['method']
    sol=SimDict['sol']
    solm1=SimDict['solm1']
    deltaT=SimDict['deltaT']
    if method=='trap':
                        STA_matrix[NumberOfNodes+DeviceNr][Nodes.
index(DevNode1[DeviceNr])]=-deltaT/DevValue[DeviceNr]/2
            STA_matrix[NumberOfNodes+DeviceNr][Nodes.index(DevNode2
[DeviceNr])]=deltaT/DevValue[DeviceNr]/2
            STA_rhs[NumberOfNodes+DeviceNr]=sol[NumberOfNodes+Devic
eNr]+deltaT*(sol[Nodes.index(DevNode1[DeviceNr])]-sol[Nodes.
index(DevNode2[DeviceNr])])/(2*DevValue[DeviceNr])
        elif method=='gear2':
                        STA_matrix[NumberOfNodes+DeviceNr][Nodes.
index(DevNode1[DeviceNr])]=-2/3*deltaT/DevValue[DeviceNr]
            STA_matrix[NumberOfNodes+DeviceNr][Nodes.index(DevNode2
[DeviceNr])]=2/3*deltaT/DevValue[DeviceNr]
            STA_rhs[NumberOfNodes+DeviceNr]=4/3*sol[NumberOfNodes+
DeviceNr]-1/3*solm1[NumberOfNodes+DeviceNr]
        elif method=='be':
                        STA_matrix[NumberOfNodes+DeviceNr][Nodes.
index(DevNode1[DeviceNr])]=-deltaT/DevValue[DeviceNr]
            STA_matrix[NumberOfNodes+DeviceNr][Nodes.index(DevNode2
[DeviceNr])]=deltaT/DevValue[DeviceNr]
                STA_rhs[NumberOfNodes+DeviceNr]=sol[NumberOfNodes
+DeviceNr]
        else:
            print('Warning: unknown integration method',method)

  def build_SysEqn_VSource(DeviceNr, SetupDict):
    NumberOfNodes=SetupDict['NumberOfNodes']
    DevValue=SetupDict['DevValue']
    DevNode1=SetupDict['DevNode1']
```

```
            DevNode2=SetupDict['DevNode2']
            Nodes=SetupDict['Nodes']
            STA_matrix=SetupDict['STA_matrix']
            STA_rhs=SetupDict['STA_rhs']
            if DevNode1[DeviceNr] != '0' :
                            STA_matrix[NumberOfNodes+DeviceNr][Nodes.
    index(DevNode1[DeviceNr])]=1
                        STA_matrix[Nodes.index(DevNode1[DeviceNr])]
    [NumberOfNodes+DeviceNr]=1
        if DevNode2[DeviceNr] != '0' :
                            STA_matrix[NumberOfNodes+DeviceNr][Nodes.
    index(DevNode2[DeviceNr])]=-1
                        STA_matrix[Nodes.index(DevNode2[DeviceNr])]
    [NumberOfNodes+DeviceNr]=-1
            STA_matrix[NumberOfNodes+DeviceNr][NumberOfNodes+DeviceNr]=0
            STA_rhs[NumberOfNodes+DeviceNr]=getSourceValue(DevValue[Devi
    ceNr],0)


    def update_SysEqn_VSource(DeviceNr, SimTime, SetupDict):
        NumberOfNodes=SetupDict['NumberOfNodes']
        DevValue=SetupDict['DevValue']
        STA_rhs=SetupDict['STA_rhs']
        STA_rhs[NumberOfNodes+DeviceNr]=getSourceValue(DevValue[Dev
    iceNr],SimTime)


    def build_SysEqn_ISource(DeviceNr, SetupDict):
        NumberOfNodes=SetupDict['NumberOfNodes']
        DevValue=SetupDict['DevValue']
        DevNode1=SetupDict['DevNode1']
        DevNode2=SetupDict['DevNode2']
        Nodes=SetupDict['Nodes']
        STA_matrix=SetupDict['STA_matrix']
        STA_rhs=SetupDict['STA_rhs']
        if DevNode1[DeviceNr] != '0' :
                            STA_matrix[NumberOfNodes+DeviceNr][Nodes.
    index(DevNode1[DeviceNr])]=0
                        STA_matrix[Nodes.index(DevNode1[DeviceNr])]
    [NumberOfNodes+DeviceNr]=0
        if DevNode2[DeviceNr] != '0' :
                            STA_matrix[NumberOfNodes+DeviceNr][Nodes.
    index(DevNode2[DeviceNr])]=0
                        STA_matrix[Nodes.index(DevNode2[DeviceNr])]
    [NumberOfNodes+DeviceNr]=0
                            STA_matrix[NumberOfNodes+DeviceNr][NumberOf
    Nodes+DeviceNr]=1
```

```
                        STA_rhs[NumberOfNodes+DeviceNr]=getSourceVa
lue(DevValue[DeviceNr],0)
        if DevNode1[DeviceNr] != '0' and DevNode2[DeviceNr]!='0':
                        STA_matrix[Nodes.index(DevNode1[DeviceNr])]
[NumberOfNodes+DeviceNr]=1
                        STA_matrix[Nodes.index(DevNode2[DeviceNr])]
[NumberOfNodes+DeviceNr]=-1
        elif DevNode2[DeviceNr] != '0' :
                        STA_matrix[Nodes.index(DevNode2[DeviceNr])]
[NumberOfNodes+DeviceNr]=-1
        elif DevNode1[DeviceNr] != '0' :
                        STA_matrix[Nodes.index(DevNode1[DeviceNr])]
[NumberOfNodes+DeviceNr]=1


  def update_SysEqn_ISource(DeviceNr, SimTime, SetupDict):
      NumberOfNodes=SetupDict['NumberOfNodes']
      DevValue=SetupDict['DevValue']
      STA_rhs=SetupDict['STA_rhs']
      STA_rhs[NumberOfNodes+DeviceNr]=getSourceValue(DevValue[Dev
iceNr],SimTime)


  def build_SysEqn_MOS(DeviceNr, SetupDict, SimDict, modeldict):
      NumberOfNodes=SetupDict['NumberOfNodes']
      DevValue=SetupDict['DevValue']
      DevNode1=SetupDict['DevNode1']
      DevNode2=SetupDict['DevNode2']
      DevNode3=SetupDict['DevNode3']
      DevModel=SetupDict['DevModel']
      Nodes=SetupDict['Nodes']
      STA_matrix=SetupDict['STA_matrix']
      STA_nonlinear=SetupDict['STA_nonlinear']
      sol=SimDict['sol']
    lambdaT=findParameter(modeldict,DevModel[DeviceNr],'lambdaT')
      VT=findParameter(modeldict,DevModel[DeviceNr],'VT')
      STA_matrix[NumberOfNodes+DeviceNr][NumberOfNodes+DeviceNr]=
DevValue[DeviceNr]
      STA_matrix[NumberOfNodes+DeviceNr][Nodes.index(DevNode1[Dev
iceNr])]=0
      STA_matrix[Nodes.index(DevNode1[DeviceNr])][NumberOfNodes+D
eviceNr]=1
      STA_matrix[NumberOfNodes+DeviceNr][Nodes.index(DevNode3[Dev
iceNr])]=0
      STA_matrix[Nodes.index(DevNode3[DeviceNr])][NumberOfNodes+D
eviceNr]=-1
```

```
            VD=sol[Nodes.index(DevNode1[DeviceNr])]
            VG=sol[Nodes.index(DevNode2[DeviceNr])]
            VS=sol[Nodes.index(DevNode3[DeviceNr])]
            Vgs=VG-VS
            Vds=VD-VS
            if DevModel[DeviceNr][0]=='p':
                Vds=-Vds
                Vgs=-Vgs
            if Vds < Vgs-VT :
                             STA_nonlinear[NumberOfNodes+DeviceNr]=2*
((Vgs-VT)*Vds-0.5*Vds**2)
            else :
                             STA_nonlinear[NumberOfNodes+DeviceNr]=
(Vgs-VT)**2*(1+lambdaT*Vds)

    def update_SysEqn_MOS(DeviceNr, SetupDict, SimDict, modeldict):
        NumberOfNodes=SetupDict['NumberOfNodes']
        DevNode1=SetupDict['DevNode1']
        DevNode2=SetupDict['DevNode2']
        DevNode3=SetupDict['DevNode3']
        DevModel=SetupDict['DevModel']
        Nodes=SetupDict['Nodes']
        STA_nonlinear=SetupDict['STA_nonlinear']
        soltemp=SimDict['soltemp']
        lambdaT=findParameter(modeldict,DevModel[DeviceNr],'lambdaT')
        VT=findParameter(modeldict,DevModel[DeviceNr],'VT')
        VD=soltemp[Nodes.index(DevNode1[DeviceNr])]
        VG=soltemp[Nodes.index(DevNode2[DeviceNr])]
        VS=soltemp[Nodes.index(DevNode3[DeviceNr])]
        Vgs=VG-VS
        Vds=VD-VS
        if DevModel[DeviceNr][0]=='p':
            Vds=-Vds
            Vgs=-Vgs
        if Vgs<VT:
            STA_nonlinear[NumberOfNodes+DeviceNr]=1e-5
        elif Vds < Vgs-VT:
            STA_nonlinear[NumberOfNodes+DeviceNr]=2*((Vgs-VT)*Vds-
0.5*Vds**2)
        else :
            STA_nonlinear[NumberOfNodes+DeviceNr]=(Vgs-VT)**2*(1+
lambdaT*Vds)

    def build_Jacobian_MOS(DeviceNr, SetupDict, SimDict, modeldict):
        NumberOfNodes=SetupDict['NumberOfNodes']
```

```
        DevNode1=SetupDict['DevNode1']
        DevNode2=SetupDict['DevNode2']
        DevNode3=SetupDict['DevNode3']
        DevModel=SetupDict['DevModel']
        DevValue=SetupDict['DevValue']
        Nodes=SetupDict['Nodes']
        Jacobian=SetupDict['Jacobian']
        soltemp=SimDict['soltemp']
      lambdaT=findParameter(modeldict,DevModel[DeviceNr],'lambdaT')
        VT=findParameter(modeldict,DevModel[DeviceNr],'VT')
        Jacobian[NumberOfNodes+DeviceNr][NumberOfNodes+DeviceNr]=De
vValue[DeviceNr] # due to derfivative leading to double gain
        VD=soltemp[Nodes.index(DevNode1[DeviceNr])]
        VG=soltemp[Nodes.index(DevNode2[DeviceNr])]
        VS=soltemp[Nodes.index(DevNode3[DeviceNr])]
        Vgs=VG-VS
        Vds=VD-VS
        Vgd=VG-VD
        if DevModel[DeviceNr][0]=='p':
            PFET=-1
            Vgs=-Vgs
            Vds=-Vds
            Vgd=-Vgd

        else:
            PFET=1
        if Vgs<VT :
            Jacobian[NumberOfNodes+DeviceNr][Nodes.index(DevNode1[D
eviceNr])]=TINY
            Jacobian[NumberOfNodes+DeviceNr][Nodes.index(DevNode2[D
eviceNr])]=TINY
            Jacobian[NumberOfNodes+DeviceNr][Nodes.index(DevNode3[D
eviceNr])]=-2*TINY
            Jacobian[Nodes.index(DevNode1[DeviceNr])][NumberOfNodes
+DeviceNr]=1
            Jacobian[Nodes.index(DevNode3[DeviceNr])][NumberOfNodes
+DeviceNr]=-1
        elif Vds <= Vgs-VT:
            Jacobian[NumberOfNodes+DeviceNr][Nodes.index(DevNode1[D
eviceNr])]=PFET*2*(Vgd-VT)
            Jacobian[NumberOfNodes+DeviceNr][Nodes.index(DevNode2[D
eviceNr])]=PFET*2*Vds
            Jacobian[NumberOfNodes+DeviceNr][Nodes.index(DevNode3[D
eviceNr])]=-PFET*2*(Vgs-VT)
            Jacobian[Nodes.index(DevNode1[DeviceNr])][NumberOfNodes
```

```
+DeviceNr]=1
            Jacobian[Nodes.index(DevNode3[DeviceNr])][NumberOfNodes
+DeviceNr]=-1
        else :
            Jacobian[NumberOfNodes+DeviceNr][Nodes.index(DevNode1[D
eviceNr])]=PFET*lambdaT*(Vgs-VT)**2
            Jacobian[NumberOfNodes+DeviceNr][Nodes.index(DevNode2[D
eviceNr])]=PFET*2*(Vgs-VT)*(1+lambdaT*Vds)
            Jacobian[NumberOfNodes+DeviceNr][Nodes.index(DevNode3[D
eviceNr])]=PFET*(-2*(Vgs-VT)*(1+lambdaT*Vds)-lambdaT*(Vgs-VT)**2)
            Jacobian[Nodes.index(DevNode1[DeviceNr])][NumberOfNodes
+DeviceNr]=1
            Jacobian[Nodes.index(DevNode3[DeviceNr])][NumberOfNodes
+DeviceNr]=-1

    def build_SysEqn_bipolar(DeviceNr, SetupDict, SimDict, modeldict):
        NumberOfNodes=SetupDict['NumberOfNodes']
        DevValue=SetupDict['DevValue']
        DevNode1=SetupDict['DevNode1']
        DevNode2=SetupDict['DevNode2']
        DevNode3=SetupDict['DevNode3']
        DevModel=SetupDict['DevModel']
        Nodes=SetupDict['Nodes']
        STA_matrix=SetupDict['STA_matrix']

        STA_nonlinear=SetupDict['STA_nonlinear']
        soltemp=SimDict['soltemp']
        VEarly=findParameter(modeldict,DevModel[DeviceNr],'Early')
        STA_matrix[NumberOfNodes+DeviceNr][NumberOfNodes+DeviceNr]=
DevValue[DeviceNr]
        STA_matrix[NumberOfNodes+DeviceNr][Nodes.index(DevNode1[Dev
iceNr])]=0
        STA_matrix[Nodes.index(DevNode1[DeviceNr])][NumberOfNodes+D
eviceNr]=1
        STA_matrix[NumberOfNodes+DeviceNr][Nodes.index(DevNode3[Dev
iceNr])]=0
        STA_matrix[Nodes.index(DevNode3[DeviceNr])][NumberOfNodes+D
eviceNr]=-1
        VC=soltemp[Nodes.index(DevNode1[DeviceNr])]
        VB=soltemp[Nodes.index(DevNode2[DeviceNr])]
        VE=soltemp[Nodes.index(DevNode3[DeviceNr])]
        Vbe=VB-VE
        Vce=VC-VE
        if Vbe < 0 :
            STA_nonlinear[NumberOfNodes+DeviceNr]=0
        else :
```

```
            STA_nonlinear[NumberOfNodes+DeviceNr]=math.exp(Vbe/
Vthermal)*(1+Vce/VEarly)

    def build_Jacobian_MOS_HB(DeviceNr, SetupDict, SimDict,
modeldict):
        NumberOfNodes=SetupDict['NumberOfNodes']
        TotalHarmonics=SetupDict['TotalHarmonics']
        Jacobian_Offset=SetupDict['Jacobian_Offset']
        NSamples=SetupDict['NSamples']
        DevNode1=SetupDict['DevNode1']
        DevNode2=SetupDict['DevNode2']
        DevNode3=SetupDict['DevNode3']
        DevModel=SetupDict['DevModel']
        Nodes=SetupDict['Nodes']
        Jacobian=SetupDict['Jacobian']
        sol=SimDict['sol']
      lambdaT=findParameter(modeldict,DevModel[DeviceNr],'lambdaT')
        VT=findParameter(modeldict,DevModel[DeviceNr],'VT')
        K=findParameter(modeldict,DevModel[DeviceNr],'K')
        Vg=[0 for i in range(TotalHarmonics)]
        Vs=[0 for i in range(TotalHarmonics)]
        Vd=[0 for i in range(TotalHarmonics)]
        gm=[0 for i in range(TotalHarmonics)]
        for j in range(TotalHarmonics):
                Vg[j]=sol[Nodes.index(DevNode2[DeviceNr])*TotalHa
rmonics+j]
                Vs[j]=sol[Nodes.index(DevNode3[DeviceNr])*TotalHa
rmonics+j]
                Vd[j]=sol[Nodes.index(DevNode1[DeviceNr])*TotalHa
rmonics+j]
        gm=TransistorModel_dIdVg(idft(Vg,TotalHarmonics),idft(Vs,To
talHarmonics),idft(Vd,TotalHarmonics),NSamples,K, VT, lambdaT)
        go=TransistorModel_dIdVd(idft(Vg,TotalHarmonics),idft(Vs,To
talHarmonics),idft(Vd,TotalHarmonics),NSamples,K, VT, lambdaT)
        Jlkm=dft(gm,NSamples)
        Jlko=dft(go,NSamples)
        for j in range(TotalHarmonics):
  #             Jlk[j]=2*K*(j==Jacobian_Offset)+0j
            Jlkm[j]=Jlkm[j]+TINY*(j==Jacobian_Offset)
            Jlko[j]=Jlko[j]+TINY*(j==Jacobian_Offset)
        for row in range(TotalHarmonics):
            Jacobian[(NumberOfNodes+DeviceNr)*TotalHarmonics+row]
[(NumberOfNodes+DeviceNr)*TotalHarmonics+row]=-1
            Jacobian[Nodes.index(DevNode1[DeviceNr])*TotalHarmonics
+row][(NumberOfNodes+DeviceNr)*TotalHarmonics+row]=1
            Jacobian[Nodes.index(DevNode3[DeviceNr])*TotalHarmonics
```

```
+row][(NumberOfNodes+DeviceNr)*TotalHarmonics+row]=-1
            for col in range(TotalHarmonics):
                                if(col-row+Jacobian_Offset>=0   and
col-row+Jacobian_Offset<TotalHarmonics):
                        Jacobian[(NumberOfNodes+DeviceNr)*TotalHarmonic
s+row][Nodes.index(DevNode1[DeviceNr])*TotalHarmonics+col]=Jlko[
col-row+Jacobian_Offset]
                        Jacobian[(NumberOfNodes+DeviceNr)*TotalHarmonic
s+row][Nodes.index(DevNode2[DeviceNr])*TotalHarmonics+col]=Jlkm[
col-row+Jacobian_Offset]
                        Jacobian[(NumberOfNodes+DeviceNr)*TotalHarmonic
s+row][Nodes.index(DevNode3[DeviceNr])*TotalHarmonics+
col]=-Jlkm[col-row+Jacobian_Offset]-Jlko[col-row+Jacobian_Offset]


    def    update_SysEqn_bipolar(DeviceNr,   SetupDict,   SimDict,
modeldict):
        NumberOfNodes=SetupDict['NumberOfNodes']
        DevNode1=SetupDict['DevNode1']
        DevNode2=SetupDict['DevNode2']
        DevNode3=SetupDict['DevNode3']
        DevModel=SetupDict['DevModel']
        Nodes=SetupDict['Nodes']
        STA_nonlinear=SetupDict['STA_nonlinear']

        soltemp=SimDict['sol']
        VEarly=findParameter(modeldict,DevModel[DeviceNr],'Early')
        VC=soltemp[Nodes.index(DevNode1[DeviceNr])]
        VB=soltemp[Nodes.index(DevNode2[DeviceNr])]
        VE=soltemp[Nodes.index(DevNode3[DeviceNr])]
        Vbe=VB-VE
        Vce=VC-VE
        if Vbe<0:
            STA_nonlinear[NumberOfNodes+DeviceNr]=0
        else :
                STA_nonlinear[NumberOfNodes+DeviceNr]=math.exp(Vbe/
Vthermal)*(1+Vce/VEarly)


    def    build_Jacobian_bipolar(DeviceNr,   SetupDict,   SimDict,
modeldict):
        NumberOfNodes=SetupDict['NumberOfNodes']
        DevValue=SetupDict['DevValue']
        DevNode1=SetupDict['DevNode1']
        DevNode2=SetupDict['DevNode2']
        DevNode3=SetupDict['DevNode3']
        DevModel=SetupDict['DevModel']
        Nodes=SetupDict['Nodes']
        Jacobian=SetupDict['Jacobian']
```

```
        soltemp=SimDict['soltemp']
        VEarly=findParameter(modeldict,DevModel[DeviceNr],'Early')
        Jacobian[NumberOfNodes+DeviceNr][NumberOfNodes+DeviceNr]=De
vValue[DeviceNr] # due to derfivative leading to double gain
        VC=soltemp[Nodes.index(DevNode1[DeviceNr])]
        VB=soltemp[Nodes.index(DevNode2[DeviceNr])]
        VE=soltemp[Nodes.index(DevNode3[DeviceNr])]
        Vbe=VB-VE
        Vce=VC-VE
        Vbc=VB-VC
        if Vbe<=0 :
            Jacobian[NumberOfNodes+DeviceNr][Nodes.index(DevNode1[D
eviceNr])]=1e-5
            Jacobian[NumberOfNodes+DeviceNr][Nodes.index(DevNode2[D
eviceNr])]=1e-5
            Jacobian[NumberOfNodes+DeviceNr][Nodes.index(DevNode3[D
eviceNr])]=-1e-5
                    Jacobian[Nodes.index(DevNode1[DeviceNr])]
[NumberOfNodes+DeviceNr]=1
                    Jacobian[Nodes.index(DevNode3[DeviceNr])]
[NumberOfNodes+DeviceNr]=-1
        else :
                        Jacobian[NumberOfNodes+DeviceNr][Nodes.
index(DevNode1[DeviceNr])]=math.exp(Vbe/Vthermal)/VEarly
                        Jacobian[NumberOfNodes+DeviceNr][Nodes.
index(DevNode2[DeviceNr])]=math.exp(Vbe/Vthermal)*(1+Vce/VEarly)/
Vthermal
                        Jacobian[NumberOfNodes+DeviceNr][Nodes.
index(DevNode3[DeviceNr])]=(-math.exp(Vbe/Vthermal)/VEarly-math.
exp(Vbe/Vthermal)*(1+Vce/VEarly)/Vthermal)
                    Jacobian[Nodes.index(DevNode1[DeviceNr])]
[NumberOfNodes+DeviceNr]=1
                    Jacobian[Nodes.index(DevNode3[DeviceNr])]
[NumberOfNodes+DeviceNr]=-1

    def DidResidueConverge(SetupDict, SimDict ):#NumberOfNodes,
NumberOfCurrents, STA_matrix, sol, f, reltol, iabstol):
        NumberOfNodes=SetupDict['NumberOfNodes']
        NumberOfCurrents=SetupDict['NumberOfCurrents']
        STA_matrix=SetupDict['STA_matrix']
        soltemp=SimDict['soltemp']
        f=SimDict['f']
        reltol=SetupDict['reltol']
        iabstol=SetupDict['iabstol']
        ResidueConverged=True
        node=0
```

```
        while ResidueConverged and node<NumberOfNodes:
    # Let us find the maximum current going into node, Nodes[node]
            MaxCurrent=0
            for current in range(NumberOfCurrents):
                MaxCurrent=max(MaxCurrent,abs(STA_matrix[node][Numb
erOfNodes+current]*(soltemp[NumberOfNodes+current])))
            if f[node] > reltol*MaxCurrent+iabstol:
                ResidueConverged=False
            node=node+1
        return ResidueConverged


    def  DidUpdateConverge(SetupDict,  SimDict  ):#NumberOfNodes,
NumberOfCurrents, Jacobian, sol, f, reltol, vabstol, PointLocal,
GlobalTruncation):
        NumberOfNodes=SetupDict['NumberOfNodes']
        Jacobian=SetupDict['Jacobian']
        soltemp=SimDict['soltemp']
        f=SimDict['f']
        reltol=SetupDict['reltol']
        vabstol=SetupDict['vabstol']
        PointLocal=SetupDict['PointLocal']
        GlobalTruncation=SetupDict['GlobalTruncation']
        vkmax=SetupDict['vkmax']
     SolutionCorrection=numpy.matmul(numpy.linalg.inv(Jacobian),f)
        UpdateConverged=True
        if PointLocal:
            for node in range(NumberOfNodes):
                vkmax=max(abs(soltemp[node]),abs(soltemp[node]-Solutio
nCorrection[node]))
            if abs(SolutionCorrection[node])>vkmax*reltol+vabstol:
                    UpdateConverged=False
        elif GlobalTruncation:
            for node in range(NumberOfNodes):
                if abs(SolutionCorrection[node])>vkmax*reltol+vabstol:
                    UpdateConverged=False
        else:
            print('Error: Unknown truncation error')
            sys.exit()
        return UpdateConverged


    def  DidLTEConverge(SetupDict,  SimDict,  iteration,  LTEIter,
NewtonConverged, timeVector, SimTime, SolutionCorrection):
        NumberOfNodes=SetupDict['NumberOfNodes']
        sol=SimDict['sol']
        soltemp=SimDict['soltemp']
```

```
    solm1=SimDict['solm1']
    solm2=SimDict['solm2']
    PointLocal=SetupDict['PointLocal']
    GlobalTruncation=SetupDict['GlobalTruncation']
    lteratio=SetupDict['lteratio']
    vkmax=SetupDict['vkmax']
    reltol=SetupDict['reltol']
    vabstol=SetupDict['vabstol']
    LTEConverged=True
    MaxLTERatio=0
    PredMatrix=[[0 for i in range(2)] for j in range(2)]
    Predrhs=[0 for i in range(2)]
    if iteration>200 and NewtonConverged:
        LTEIter=LTEIter+1
        for i in range(NumberOfNodes):

tau1=(timeVector[iteration-2]-timeVector[iteration-3])

tau2=(timeVector[iteration-1]-timeVector[iteration-3])
            PredMatrix[0][0]=tau2
            PredMatrix[0][1]=tau2*tau2
            PredMatrix[1][0]=tau1
            PredMatrix[1][1]=tau1*tau1
            Predrhs[0]=sol[i]-solm2[i]
            Predrhs[1]=solm1[i]-solm2[i]
            Predsol=numpy.matmul(numpy.linalg.inv(PredMatrix),
Predrhs)
            vpred=solm2[i]+Predsol[0]*(SimTime-timeVector[itera
tion-3])+Predsol[1]*(SimTime-timeVector[iteration-3])*(SimTime-
timeVector[iteration-3])
            if PointLocal:
                for node in range(NumberOfNodes):
                    vkmax=max(abs(soltemp[node]),abs(soltemp[n
ode]-SolutionCorrection[node]))

                if abs(vpred-soltemp[i])> lteratio*(vkmax*r
eltol+vabstol):
                    LTEConverged=False
                else:
                    MaxLTERatio=max(abs(vpred-soltemp[i])/
(vkmax*reltol+vabstol),MaxLTERatio)
            elif GlobalTruncation:
                for node in range(NumberOfNodes):
                    if abs(vpred-soltemp[i])> lteratio*(vkmax*r
eltol+vabstol):
```

```
                        LTEConverged=False
            else:
                print('Error: Unknown truncation error')
                sys.exit()
        return LTEConverged, MaxLTERatio

    def UpdateTimeStep(SetupDict, SimDict, LTEConverged,
NewtonConverged, val, iteration, NewtonIter, MaxLTERatio, timeVec-
tor, SimTime):
        MatrixSize=SetupDict['MatrixSize']
        FixedTimeStep=SetupDict['FixedTimeStep']
        MaxTimeStep=SetupDict['MaxTimeStep']
        soltemp=SimDict['soltemp']
        sol=SimDict['sol']
        solm1=SimDict['solm1']
        solm2=SimDict['solm2']
        deltaT=SimDict['deltaT']
        ThreeLevelStep=SimDict['ThreeLevelStep']
        Converged=NewtonConverged and LTEConverged
        if Converged:
            if not NewtonConverged:# We can have a trap for just
skipping the time step reduction or if we do fixed time step just
skip the point
                print('Some trouble converging, skipping')
                NewtonConverged=True
            for i in range(MatrixSize):
                solm2[i]=solm1[i]
                solm1[i]=sol[i]
            if iteration > -1:
                for j in range(MatrixSize):
                    val[j][iteration]=soltemp[j]
                timeVector[iteration]=SimTime
            iteration=iteration+1
            if not FixedTimeStep:
                if ThreeLevelStep:
                    if 0.9<MaxLTERatio<1.0:
                        deltaT=deltaT/1.1
                    else:
                        if MaxLTERatio<0.1:
                            deltaT=1.01*deltaT
                else:
                    deltaT=1.001*deltaT
                deltaT=min(deltaT,MaxTimeStep)
#                   else:
#                       print('Unchanging')
```

```
        else:
            if FixedTimeStep:
                if iteration>100:
                    if not NewtonConverged:
                        print('Newton failed to converge',NewtonIter)
                    if not LTEConverged:
                        print('LTE failed to converge',NewtonIter)
                    sys.exit()
            else:
                SimTime=max(SimTime-deltaT,0)
                deltaT=deltaT/1.1
        return deltaT, iteration, SimTime, Converged

    def dft(Samples,N):
        sol=[0+0j for i in range(N+1) ]
        y=fft(Samples)
        for i in range(int(N/2)):
            sol[i]=y[int(N/2)+i]/N
        for i in range(int(N/2)+1):
            sol[int(N/2)+i]=y[i]/N
        # DC??
    return sol

def idft(Vk, N):
    y=[0 for i in range(N-1)]
    for i in range(int(N/2)+1):
        y[i]=Vk[int(N/2)+i]*(N-1)
    for i in range(int(N/2)-1):
        y[int(N/2)+i+1]=Vk[i+1]*(N-1)
    return ifft(y,N-1)

def TransistorModel(Vg, Vs, Vd, N, K, VT, lambdaT):
    Id=[0 for i in range(N)]
    for i in range(N):
        Vgs=Vg[i]-Vs[i]
        Vds=Vd[i]-Vs[i]
        if Vgs<VT:
            Id[i]=K*0
        elif Vds < Vgs-VT :
            Id[i]=2*K*((Vgs-VT)*Vds-0.5*Vds**2)
        else:
            Id[i]=K*(Vgs-VT)**2*(1+lambdaT*Vds)
    return Id
def TransistorModel_dIdVg(Vg, Vs, Vd, N, K, VT, lambdaT):
    gmm=[0 for i in range(N)]
    for i in range(N):
```

```
            Vgs=Vg[i]-Vs[i]
            Vds=Vd[i]-Vs[i]
            if Vgs<VT:
                gmm[i]=K*0
            elif Vds < Vgs-VT :
                gmm[i]=K*2*Vds
            else:
                gmm[i]=2*K*(Vgs-VT)*(1+lambdaT*Vds)
        return gmm
def TransistorModel_dIdVd(Vg, Vs, Vd, N, K, VT, lambdaT):
    goo=[0 for i in range(N)]
    for i in range(N):
        Vgs=Vg[i]-Vs[i]
        Vds=Vd[i]-Vs[i]
        Vgd=Vg[i]-Vd[i]
        if Vgs<VT:
            goo[i]=K*0
        elif Vds < Vgs-VT :
            goo[i]=2*K*(Vgd-VT)
          else:
              goo[i]=K*lambdaT*(Vgs-VT)**2
        return goo
    def TimeDerivative(inp,wk,N):
        deriv=[0+0j for i in range(N)]
        for i in range(N):
            deriv[i]=inp[i]*wk[i]*1j
        return deriv
```

A.3 Models.txt

正文中的晶体管有由如下文件定义的模型：

```
 nch K=1e-2 VT=400e-3 lambdaT=1e-5
 pch K=-1e-2 VT=400e-3 lambdaT=1e-5
 nch1 K=1e-3 VT=400e-6 lambdaT=1e-5
 pch1 K=-1e-3 VT=400e-6 lambdaT=1e-5
 nch2 K=1e-3 VT=400e-3 lambdaT=1e-2
 pch2 K=-1e-3 VT=400e-3 lambdaT=1e-2
 nchp1 K=1e-3 VT=3 lambdaT=1e-2
 pchp1 K=-1e-3 VT=3 lambdaT=1e-2
 nch3 K=3e-3 VT=400e-6 lambdaT=1e-5
 pch3 K=-3e-3 VT=400e-6 lambdaT=1e-5
 npn K=1e-15 Early=100 dum=1e-5
Models.txt
```